高等职业教育测绘地理信息类规划教材

国土空间总体规划

主　编　冯　兵　魏荣暖　黄汉山
副主编　张永霞　甘　柳　廖翠环
参　编　何喜林　韦慕兰　何艳阳　甘祥前
　　　　卢　青　韦秋培　施鸿智　蒋长盛

武汉大学出版社

图书在版编目(CIP)数据

国土空间总体规划／冯兵，魏荣暖，黄汉山主编． -- 武汉：武汉大学出版社，2025.3． -- 高等职业教育测绘地理信息类规划教材． -- ISBN 978-7-307-24461-0

Ⅰ.TU98

中国国家版本馆 CIP 数据核字第 2024G4W639 号

责任编辑：史永霞　　　责任校对：汪欣怡　　　版式设计：马　佳

出版发行：武汉大学出版社　　（430072　武昌　珞珈山）

（电子邮箱：cbs22@whu.edu.cn　网址：www.wdp.com.cn）

印刷：武汉图物印刷有限公司

开本：787×1092　1/16　印张：19.25　字数：486 千字　插页：1

版次：2025 年 3 月第 1 版　　2025 年 3 月第 1 次印刷

ISBN 978-7-307-24461-0　　定价：55.00 元

版权所有，不得翻印；凡购我社的图书，如有质量问题，请与当地图书销售部门联系调换。

前　言

党的二十大报告提出"健全主体功能区制度,优化国土空间发展格局"。自2018年党和国家机构改革以来,自然资源部坚决贯彻落实党中央、国务院决策部署,将主体功能区规划全面融入"五级三类"国土空间规划体系,在宏观、中观、微观不同空间尺度上系统深化细化,探索构建了一整套制度,分层分类落实完善,并且展开了改革、重塑国家治理体系的一系列重大举措。2018年初国家决定整合有关空间规划管理职能,交由新成立的自然资源部统一承担,并要求建立统一、有效的国家空间规划体系。2019年5月,中共中央、国务院正式印发《关于建立国土空间规划体系并监督实施的若干意见》,标志着国土空间规划体系构建的总体方向与层级、内容等基本明确,有关规划编制、监督与实施管理的实践工作也全面展开。2021年自然资源部、国家标准化管理委员会正式印发《国土空间规划技术标准体系建设三年行动计划(2021—2023年)》,充分发挥标准化工作在国土空间规划编制、审批、实施、监督全生命周期管理中的战略基础作用;2024年1月1日,《国土空间综合防灾规划编制规程》《国土空间历史文化遗产保护规划编制指南》正式实施,分别对各级各类国土空间规划中综合防灾、历史文化遗产保护的内容给出技术指引,并明晰其与相关领域其他专项规划的关系。国家决定建立统一的国家空间规划体系,这并非仅仅是某些行政主管部门的职责,也并非仅仅是专业技术领域的改良创新,而是面向中国特色社会主义新时代的发展要求、面向建设生态文明社会的重大战略,是国家进行的一项重大深化改革举措,是完善国家治理体系并推动治理能力现代化的重要行动之一。

我国的规划体系处于面向综合规划转变的关键时期,对学科的建设提出了新要求。面对新形势,秉承理工融合理念,现阶段高校国土空间规划人才培养应从课程设置和课堂教学等方面做出合理应对,顺应国土空间规划需求,强化空间信息技术的应用能力构建,创新复合型、创新型、应用型的人才培养模式。在教学和实践中,本教材为适应国土空间规划时代的要求、顺应国家规范变革对国土空间规划类教材的需求,阐述了国土空间规划的体系、规划基础与现状问题、城镇发展规模及发展愿景,详细介绍了市域空间保护利用、生态空间保护红线划定、耕地保护规划与乡村振兴规划、市域空间格局规划与管控、中心城区规划、基础设施专项规划等,深入浅出地阐述了历史文化遗产保护与城市特色塑造、生态修复与国土综合整治、规划传导与实施保障，以及国土空间总体规划数据库建设，且在编写过程中穿插了案例分析。

本教材面向生态文明时代国土空间规划发展的规划师与管理工作者，是指导专科生、本科生，以及注册城乡规划师在国土空间规划领域充分学习、理解其理论与模型的实用性教材。

本教材由广西自然资源职业技术学院、广西国土资源规划设计集团有限公司、广西壮族自治区国土测绘院共同开发，是校企合作协同开发的成果。教材由广西自然资源职业技术学院冯兵教授、魏荣暖高级工程师、黄汉山高级城市规划师担任主编，广西自然资源职业技术学院张永霞、甘柳、廖翠环担任副主编，参编人员包括何喜林、韦慕兰、何艳阳、甘祥前、卢青、韦秋培、施鸿智（广西壮族自治区国土测绘院）、蒋长盛（广西国土资源规划设计集团有限公司）。

由于编者知识水平有限，书中错误、缺失与疏漏之处在所难免，恳请广大读者谅解。

编者

2024 年 5 月

目 录

第1章 空间规划和国土空间规划 ... 1
1.1 规划和空间规划 ... 1
1.1.1 规划的含义 ... 1
1.1.2 空间规划的含义 ... 1
1.1.3 空间规划的作用 ... 1
1.2 我国空间规划发展演变 ... 3
1.2.1 我国空间规划的一般发展和演进过程 ... 3
1.2.2 我国空间规划体系的趋势 ... 3
1.3 国土空间规划的含义、性质和功能 ... 4
1.3.1 国土空间规划的含义 ... 4
1.3.2 国土空间规划的性质和功能 ... 5
1.4 国土空间规划知识体系 ... 5

第2章 中国国土空间规划的历史发展阶段 ... 8
2.1 以项目落地为导向的城市规划主导阶段(1949—1978年) ... 8
2.1.1 城市规划的建立和波折——城市规划和发展规划的协同发展 ... 8
2.1.2 与以农业生产为主的土地利用规划相协调,萌发土地利用规划制度 ... 9
2.2 以增长导向与耕地保护并行的两规主导阶段(1979—2005年) ... 9
2.2.1 恢复城市规划,重点是增长与建设 ... 9
2.2.2 建立并制定土地利用规划制度,将耕地保护作为土地利用规划的中心目标 ... 11
2.2.3 逐步构建生态要素与空间管控制度 ... 12
2.3 竞相突出全域空间管制的多规并存阶段(2006—2013年) ... 12
2.3.1 探索城市规划从城镇向区域管控转变 ... 12
2.3.2 规范土地利用总体规划 ... 13
2.3.3 提出主体功能区规划并组织实施 ... 13
2.3.4 多规共存的冲突 ... 14
2.4 习近平生态文明思想导向下的多规合一探索阶段(2014年至今) ... 14
2.4.1 转变发展理念,倡导习近平生态文明思想 ... 14
2.4.2 城乡规划建设指导思想发生变化 ... 15
2.4.3 "多规合一"试点探索 ... 15
小结 ... 16

第3章 国土空间规划的体系 ·················· 18
3.1 我国国土空间规划体系 ·················· 18
3.1.1 编制审批体系 ·················· 20
3.1.2 实施监督体系 ·················· 20
3.1.3 法规政策体系 ·················· 20
3.1.4 技术标准体系 ·················· 20
3.2 国土空间规划编制的基本内容 ·················· 21
3.2.1 国家级国土空间规划 ·················· 21
3.2.2 省级国土空间规划 ·················· 21
3.2.3 市级国土空间规划 ·················· 22
3.2.4 县级国土空间规划 ·················· 23
3.2.5 乡镇级国土空间规划 ·················· 24
3.2.6 村庄规划 ·················· 24
3.3 专项规划 ·················· 25
3.3.1 专项规划的含义 ·················· 25
3.3.2 专项规划的作用 ·················· 26

第4章 规划基础与现状问题 ·················· 27
4.1 国土空间规划基础 ·················· 27
4.1.1 国土空间总体规划 ·················· 27
4.1.2 案例解析——上海市国土空间总体规划 ·················· 28
4.1.3 详细规划 ·················· 29
4.2 资源环境承载力评价和国土空间开发适宜性评价 ·················· 29
4.2.1 "双评价"的基本概念 ·················· 29
4.2.2 "双评价"的目的 ·················· 30
4.2.3 评价思路 ·················· 31
4.2.4 评价资料需求 ·················· 31
4.2.5 "双评价"的技术过程 ·················· 33
4.2.6 评价结果应用 ·················· 48
4.3 上位和相关规划解读 ·················· 49
4.4 存在问题与挑战机遇 ·················· 52
4.4.1 我国国土空间规划目前存在的问题 ·················· 52
4.4.2 我国国土空间规划中存在问题的对策 ·················· 53
4.4.3 挑战与机遇 ·················· 53

第5章 城镇发展规模及发展愿景 ·················· 56
5.1 城市性质与职能 ·················· 56
5.1.1 城市性质 ·················· 56

  5.1.2 城市职能 ·· 60
5.2 发展目标和发展愿景 ·· 62
5.3 发展战略与区域协调 ·· 65
  5.3.1 发展战略 ·· 65
  5.3.2 区域协调 ·· 66
5.4 城镇发展布局特征 ·· 67
5.5 人口规模与城镇化水平预测 ·· 68
  5.5.1 人口规模预测 ·· 68
  5.5.2 城镇化水平预测 ·· 74
5.6 城镇用地规模预测 ·· 75
  5.6.1 建设用地预测原则 ·· 76
  5.6.2 建设用地需求量预测 ··· 76
5.7 案例解析——《南宁市国土空间总体规划（2021—2035 年）》（草案公示稿） ······ 78
课后习题 ··· 79

第 6 章 市域空间保护利用总体格局 ·· 80

6.1 总体格局需要考虑的主要因素 ··· 80
  6.1.1 实现区域一体化，完善区域协调格局 ····································· 80
  6.1.2 遵循自然地理格局，优先确定生态空间 ·································· 80
  6.1.3 守住耕地保护红线，保障农业发展空间 ·································· 81
  6.1.4 依托城镇发展基础，保障合理发展需求 ·································· 81
6.2 "三区三线"统筹划定 ·· 81
  6.2.1 "三区三线"内涵、特征与关系 ·· 81
  6.2.2 "三线"统筹划定 ··· 83
  6.2.3 生态空间与生态保护红线划定思路 ·· 89
  6.2.4 城镇开发边界的划定 ··· 92
  6.2.5 管理要求 ·· 96
6.3 市域城乡体系规划 ·· 97
  6.3.1 市域城乡体系规划的作用与任务 ·· 97
  6.3.2 市域城乡体系规划的编制原则 ··· 100
  6.3.3 市域城乡体系规划的编制内容 ··· 101
6.4 市域空间结构规划 ·· 101
  6.4.1 市域空间结构发展的阶段性 ··· 101
  6.4.2 市域空间结构的优化 ··· 103
  6.4.3 市域城乡空间的基本构成及空间管制 ····································· 104
  6.4.4 市域城镇空间组合的基本类型 ··· 106
  6.4.5 市域城镇发展布局规划的主要内容 ·· 106
  6.4.6 城市空间形态与布局结构 ·· 107

6.5 案例解析——《合肥市国土空间总体规划(2021—2035年)》(公示草案) ……… 108
　　6.5.1 市域空间保护利用总体格局 ……… 108
　　6.5.2 案例点评 ……… 111
课后习题 ……… 111

第7章 市域公共服务设施与基础设施规划 ……… 112
7.1 市域综合交通规划 ……… 112
　　7.1.1 市域综合交通规划的特点 ……… 112
　　7.1.2 市域综合交通规划的技术思路 ……… 112
　　7.1.3 案例解析——《上海市浦东新区国土空间总体规划(2017—2035)》 ……… 114
7.2 市域公共服务设施体系规划 ……… 115
　　7.2.1 城市公共活动中心的概念和特征 ……… 116
　　7.2.2 布局要求 ……… 116
　　7.2.3 配置标准和规划引导 ……… 117
　　7.2.4 案例解析——《上海市浦东新区国土空间总体规划(2017—2035)》 ……… 120
7.3 市政公用设施规划 ……… 124
　　7.3.1 市政公用设施规划 ……… 124
　　7.3.2 市政公用设施规划的主要任务和内容 ……… 125
7.4 市域国土空间功能分区及用途管制 ……… 128
　　7.4.1 市域规划分区和形成思路 ……… 128
　　7.4.2 市域主导功能区管控要求 ……… 132
7.5 案例解析——《鹤壁市国土空间总体规划(2021—2035年)》 ……… 133
　　7.5.1 市域空间格局规划与管控 ……… 133
　　7.5.2 案例点评 ……… 137
课后习题 ……… 137

第8章 中心城区规划 ……… 138
8.1 中心城区发展方向与规模预测 ……… 138
　　8.1.1 城市发展战略的研究 ……… 138
　　8.1.2 城市空间发展方向 ……… 139
　　8.1.3 城市规模 ……… 141
　　8.1.4 城市规模预测 ……… 142
8.2 中心城区功能布局与用地规划 ……… 144
　　8.2.1 城市总体布局 ……… 144
　　8.2.2 城市用地规划 ……… 152
8.3 中心城区公共服务设施规划 ……… 153
　　8.3.1 公共设施用地规划 ……… 153
　　8.3.2 案例解析——《鹤壁市国土空间总体规划(2021—2035年)》 ……… 158

8.4 中心城区绿地与景观系统规划 160
　8.4.1 城市绿地系统规划 160
　8.4.2 城市景观系统规划 167
　8.4.3 案例解析——《鹤壁市国土空间总体规划(2021—2035年)》 172
课后习题 176

第9章 中心城区基础设施专项规划 177

9.1 中心城区对外交通系统规划 177
　9.1.1 城市对外交通规划思想 177
　9.1.2 铁路规划 177
　9.1.3 城市综合客运枢纽布局规划 179
　9.1.4 公路规划 180

9.2 城市道路系统规划 181
　9.2.1 城市道路系统规划的基本要求 182
　9.2.2 道路网的布局形式 183
　9.2.3 道路网密度 184
　9.2.4 道路红线 185
　9.2.5 静态和慢行交通规划 186

9.3 道路交通设施规划 187
　9.3.1 公共交通系统构建和发展战略 188
　9.3.2 城市道路交通规划实例 189

9.4 给水工程规划 194
　9.4.1 城市给水工程系统的构成与功能 194
　9.4.2 城市给水工程规划的主要任务 194
　9.4.3 城市给水工程规划实例 199

9.5 排水工程规划 201
　9.5.1 城市排水工程 201
　9.5.2 城市排水工程规划的主要任务和相关技术标准 201
　9.5.3 城市排水工程规划实例 204

9.6 电力工程规划 205
　9.6.1 城市供电工程系统的构成与功能 205
　9.6.2 城市供电规划主要内容 206

9.7 通信工程规划 208
　9.7.1 通信工程规划的发展 208
　9.7.2 城市通信工程规划实例 209

9.8 燃气工程规划 212
　9.8.1 城市燃气工程系统的构成与作用 212
　9.8.2 燃气工程规划的主要内容 213

9.9 供热工程规划 ··· 215
9.10 环卫设施规划 ·· 216
　9.10.1 城市环境卫生工程系统的构成与功能 ······························ 216
　9.10.2 城市环境卫生工程规划 ··· 216
　9.10.3 城市环卫工程规划实例 ··· 219
9.11 防洪工程规划 ·· 220
　9.11.1 城市防洪(潮、汛)系统规划 ··· 220
　9.11.2 城市防洪工程规划实例 ··· 221
9.12 消防规划 ··· 222
9.13 抗震规划 ··· 224
9.14 人防工程规划 ·· 226
　9.14.1 人防系统规划的相关技术标准 ······································ 226
　9.14.2 城市人防工程规划实例 ··· 227
9.15 城市综合防灾减灾规划 ··· 228
　9.15.1 城市综合防灾减灾规划的编制依据 ································ 228
　9.15.2 城市综合防灾减灾规划的范畴与编制体系 ····················· 229
　9.15.3 城市综合防灾减灾规划的编制内容 ······························· 230
课后习题 ·· 231

第10章　历史文化遗产保护与城市特色塑造 ························· 232
10.1 历史文化遗产保护规划 ··· 232
　10.1.1 历史文化名城遗产保护规划 ·· 232
　10.1.2 城市规划在历史文化名城保护中的作用 ······················· 235
　10.1.3 名城保护规划与总体规划的关系 ·································· 237
　10.1.4 历史文化保护的框架体系 ·· 238
　10.1.5 建立具有适应性的保护体系 ·· 239
　10.1.6 历史文化名城保护规划中保护区的确定 ······················· 241
　10.1.7 历史文化名城保护制度 ··· 244
10.2 城市特色塑造 ·· 247
　10.2.1 历史文化名城特色的认识 ·· 248
　10.2.2 历史文化名城特色的表现 ·· 249
　10.2.3 历史文化名城特色的要素分析 ····································· 251
10.3 案例解析——广西北海老城区古街区复兴工程 ················· 254
课后习题 ·· 256

第11章　生态修复与国土综合整治 ·· 257
11.1 生态保护与修复 ··· 257
　11.1.1 生态修复原则 ··· 257

11.1.2　生态系统修复措施 258
　　11.1.3　全国重要生态系统保护和修复重大工程总体规划 259
　　11.1.4　目前国内重要生态系统保护和修复重大工程 262
　　11.1.5　国土综合整治与生态修复的重点任务的类型 266
　　11.1.6　案例解析——内蒙古乌梁素海流域生态修复治理 272
　11.2　环境保护规划 275
　　11.2.1　规划目标 275
　　11.2.2　环境污染防治措施 276
　11.3　土地整理与整治规划 278
　　11.3.1　土地利用规划 278
　　11.3.2　全域土地综合整治重点 279
　11.4　案例解析——世茂洲际酒店 281
　课后习题 283

第12章　规划传导与实施保障 284
　12.1　实施政策 284
　　12.1.1　建立自然资源全流程一体化管理机制 284
　　12.1.2　国土空间规划实施的内涵 285
　12.2　规划实施传导 286
　12.3　实施时序 289
　12.4　案例解析——"上海2035"规划传导机制和实施框架体系 289
　课后习题 294

参考文献 295

第1章 空间规划和国土空间规划

1.1 规划和空间规划

1.1.1 规划的含义

规划(plan program),就是一个人或一个组织所拟定的较全面的长远计划,它是针对将来整体性、长期性、基本性等问题进行考虑,并为将来设计出一套完整的行动指南。

规划对人类社会的持续发展具有举足轻重的影响,规划既可以解决当前存在的问题,又可以成为解决发展问题强有力的手段。我们对规划的认识可分为以下几个方面:

(1)规划就是要超前性地分配、安排客观事物、现象的将来发展。

(2)规划是根据过去与现在来研究将来的,属未来学研究领域。

(3)规划不是一种时点的行动,是一种时期的行动。

规划和人类社会经济活动相联系,它是对变化进行预测的科学。规划是对未来方向进行推荐的科学(未来学);规划是综合协调的科学(管理学);规划是理想思考的科学(系统学);规划是将来创造更好环境的科学(环境学);规划就是执行政策的科学(政策学),等等。

1.1.2 空间规划的含义

空间规划可追溯到19世纪末20世纪初,为了解决市场失灵这一难题,西方发达国家开始寻求空间秩序并逐渐建立现代城乡规划体制。关于"空间规划"这一概念,不同机构有不同的界定。欧洲理事会将区域空间规划视为以实现区域间平衡发展和空间安排为目的,以跨领域、综合性规划为手段的经济、社会、文化与生态政策的空间反映。美国国家科学基金会(NSF)把空间规划称为一项由政府主导并支持的以促进地区可持续发展为目的的技术;欧盟将空间规划作为一项新的国际合作工具加以研究和推广;日本则称之为战略规划;中国也有类似提法,各不相同。欧洲共同体委员会(CEC)认为空间规划可作为一种协调空间发展、融合目标、全面或具体安排空间要素的技术手段与政策方法,其功能已不限于用地空间安排,而是融合各种政策的一种重要空间工具。

1.1.3 空间规划的作用

一般认为空间规划作为规范城乡发展的一种思想在人类社会中出现得比较早,而且还有大量的规划、设计等实践工作。因此,空间规划的发展存在着一个由自发到自觉的演进过程,而在这一过程中,经济与社会的发展毫无疑问是最内在、最原始的推动力量。

1. 基本力量

广义的城乡空间发展整体受到以下三种基本力量的作用:

(1)空间自组织力。在空间系统发展、演变的过程中,结构与能量并非固定不变,而是受到新物质、新能量、新信息等直接刺激而发生社会经济变异、空间结构相应转化的过程,这种空间自发演化是空间发展自组织现象。自组织机制在空间发展中的实质是对系统平衡与恒定的不断否定,在空间发展进程中出现阶段性的稳定现象是暂时的,不稳定是经常出现的。

(2)经济社会的影响。研究城市空间布局问题对促进城市健康可持续发展有着十分重要的意义。城乡区域空间的开发是一个长期过程,这个过程是经济社会整体开发过程中的一个有机组成部分,因此空间的开发、演化及其所表现出的实际效果必然会受制于经济、政治、社会各阶层的权力与方式。

(3)空间规划的组织调控功能。作为人类生存与发展赖以存在的基础环境空间,其发展始终受到两种力量的制约与引导,即无意识的自然发展与有意识的人为调节,这两种力量交替作用,构成空间发展过程中多样化的形态与若干发展阶段。

2. 空间规划作用

空间规划的主要作用在于它对空间演化、发展的主动引导和规范。空间规划就是通过制定一国、一地区未来发展目标,制定达到目标的途径、流程和行动纲领,并通过对社会实践的引导和规范来介入空间开发。对空间规划作用的认识可以分为:

(1)空间规划是政府宏观调控的手段。政府对经济社会运行的干预必须借助于一些有效且具有可操作性的手段,空间规划也就是城市规划从产生之日起,便被政府紧紧地抓住了。作为一门独立学科的城市规划设计学,在西方国家已经有 300 多年历史。但随着现代市场经济与全球一体化进程的加速发展,特别是进入 21 世纪后,空间规划已成为世界各国普遍采用的一项基本手段,其地位日益显著。自近代工业革命以来,空间规划更是成为明确的政府职能,成为政府行政秩序与运行操作体系中的一个重要组成部分。空间规划是政府宏观调控经济与社会发展的主要工具,它是指根据国家、地区综合利益与长远利益最优化原则对市场经济运行进行必要的干预,并对大量分散在社会中的个体利益进行必要约束的过程。

(2)空间规划是既定的公共政策。空间规划与政策之间存在着密不可分的内在联系。在现代经济社会中,政策已经成为国家治理体系和治理能力现代化建设的重要组成部分。空间规划本身就是对这一有关空间开发的政策表述,它主要表现为政府对整个空间或某一地区的发展期望,明确各项保护要求、发展条件以及政府所能提供的支持,并采用多种方式对市场行为进行约束、刺激与引导。所以,空间规划是不同国家、不同地区经济社会发展过程中部门与利益主体之间博弈与决策整合的共同基础,它可以提高决策质量,尽量克服未来不确定性所带来的潜在损失。

(3)空间规划是保障社会公共利益与正义的重要途径。空间规划从社会、经济和自然环境分析入手,充分考虑未来发展的安排,从社会需求出发,进行各类空间利用和公共设施配置等方面的安排,并通过空间资源规划、用地安排等来提供公共利益,从而进行开发控制、监督保障公共利益不被侵犯,同时对自然资源、生态环境、耕地、历史文化遗产、自然灾害频发地区进行空间监督,严格把控,实现公共利益保护最优化。

(4)空间规划将空间总体协调架构作为控制的目标。空间规划的主要对象是包含城乡、区域自然和人类活动在内的空间系统,空间资源尤其是用地的规划与管理始终是空间规划的核心内容。空间规划通过对一国、一地区各种空间要素开发地点、保护或者利用目的、利用途径、利用强度等进行约束,对空间资源进行最佳配置,从而建立起符合一国、一区长远发展需要的空间结构,并保持整体发展的连续性、稳定性。

1.2 我国空间规划发展演变

1.2.1 我国空间规划的一般发展和演进过程

我国最早的空间规划为现代城市规划,起源于工业革命后大城市发展引发的"城市病"整治。1949年新中国成立后,经过几代规划师和专家们不懈探索与努力,最终形成了具有鲜明特色的社会主义新型城乡规划体系,即中华人民共和国历史上第一部关于全国城乡总体规划的法律——《城乡规划法》。这是一部综合性立法。空间规划编制应运而生,其诞生于规划经济时代,萌芽于改革开放之初。自20世纪20年代开始向西方学习,其间虽然经历了兴衰乃至断续,但是不断完善和延续到今天的规划,伴随着各个时期国家建设和发展的特定需求不断演变,逐渐在城市发展进程中占据了引领地位,是引导中国空间建设的主要力量。

现阶段我国国土空间规划分为"五级三类"。"五级"是从纵向看,对应我国的行政管理体系,分五个层级,就是国家级、省级、市级、县级、乡镇级。其中国家级规划侧重战略性,省级规划侧重协调性,市级、县级和乡镇级规划侧重实施性。

"三类"是指规划的类型,分为总体规划、详细规划、相关的专项规划。总体规划强调的是规划的综合性,是对一定区域,如行政区全域范围涉及的国土空间保护、开发、利用、修复做全局性的安排。详细规划强调实施性,一般是在市县以下组织编制,是对具体地块用途和开发强度等做出的实施性安排。详细规划是开展国土空间开发保护活动,包括实施国土空间用途管制、核发城乡建设项目规划许可,进行各项建设的法定依据。在城镇开发边界外,将村庄规划作为详细规划,进一步规范了村庄规划。相关的专项规划强调的是专门性,一般是由自然资源部门或者相关部门来组织编制,也可在国家级、省级和市县级层面进行编制,针对特定的区域或者流域,为体现特定功能对空间开发保护利用做出的专门性安排。

1.2.2 我国空间规划体系的趋势

1. "多规合一"建立城乡规划新秩序

规划通常有发展战略规划与空间配置规划之分。前者是国民经济与社会发展规划的扩展,是国家发展与改革部门牵头制定的决定社会与经济发展的目标、方向和任务的纲领文件；后者则是在原有多类规划管理部门牵头下，以城市发展为宗旨制定的保护性、生态性与空间发展性相结合的规划，它主要表现为其刚性规划在各种详细规划中的约束作用，空间规划实施后将推动社会发展与空间配置的协调，推动"多规合一"的规划新秩序的建立。

2. 壁垒破除与空间资源利用规则的重塑

空间规划需要将各种规划技术标准、基础数据标准进行统一，组成一个统一的信息平台，规划管理部门之间的空间管理事权需要自然资源部进行统一厘清。将各种生态保护控制线进行整合，制定统一管控规则，实现对资源保护、开发和配置的无堆叠管制。

3. 健全法治，确保空间规划的有效实施

空间规划实施前系统健全的法治体系，是突破实施空间配置多头管理的强有力工具。可以以现行的《城市规划法》《土地管理法》及其他城市规划相关法律法规和省市级技术标准为依据，对国土空间规划发展纲要进行整合，形成包括省市县和国家与区域空间规划在内的层级空间规划法治，其目的在于消除规划管理制度障碍与条文互斥，统一各空间规划法制文件与管理条文的价值定位，形成《空间规划法》，并以《空间规划法》为依据，对《城市规划法》与《土地管理法》中与空间规划相关的法规条文进行完善，实现法规条文法定地位与法规冲突的同步性。

1.3 国土空间规划的含义、性质和功能

1.3.1 国土空间规划的含义

"国土空间规划"一词的产生可追溯到20世纪80年代的《欧洲区域/空间规划宪章》，它首先把国土空间规划界定为"一切有空间意义的规划活动之统称"；《欧洲空间规划体系概要》则把国土空间规划表述为"公共部门为了营造更为合理的土地利用关系，规范环境保护与开发利用所采取的对未来空间分布产生影响的一种方式"；欧洲区域间规划则把国土空间规划界定为"一种通过对国土开发进行治理以及对产业政策进行调整以协调空间结构的方式"。

我国国土空间规划工作已全面铺开，国内学者从不同立场、不同角度对国土空间规划这一概念给出了各自的理解。浙江大学教授吴次芳指出，国土空间规划就是以自然资源调查与评估为基础，以优化空间布局、提高空间利用效率、统筹资源需求与经济发展协调共生、改善空间品质为目标，针对动态变化中国土空间布局、有序程度、参与人类活动情况等因素进行总体部署与战略安排。国内有学者认为，国土空间统筹规划应包括两个层次：一是以"生态优先"原则为导向的总体规划；二是以区域统筹为主线的专项规划。前者属于中观层面，后者属于微观层面。两者各有侧重，但又相互联系，相辅相成。

1.3.2 国土空间规划的性质和功能

1. 国土空间规划的性质

国土空间规划同时具有管控工具和公共政策双重属性。

(1)空间规划是管控工具。国土空间规划以限制各种空间要素被保护或者开发的位置、构建方式和强度为手段,优化空间资源及其使用模式,以构建可持续的空间框架,并在规划中起到战略引领、刚性管控等功能。

(2)空间规划是公共政策。国土空间规划为满足不同阶段国家治理的需求,不断转换其角色功能,2008年施行的《中华人民共和国城乡规划法》(以下简称《城乡规划法》)明确把城乡规划定位为政府的一项重要"公共政策属性"。这意味着国土空间规划已超越空间布局管控技术手段的范畴,而成为统筹配置空间资源利用与收益、推动经济社会良性发展的一项复杂治理活动。

2. 国土空间规划的功能

(1)国家治理体系重要组成部分和有效工具。历经改革开放后的迅速工业化和城镇化,中国已步入生态文明建设和高质量发展新时代,空间规划本质属性也将随之发生改变:由以往开展空间开发和保护规制的技术手段向统筹配置资源、有效利用资源和协调多元价值公共政策转变,向国家推进治理现代化转变。而这种变化需要以完善的制度为保障。

(2)形塑高质量国土,为满足人民美好生活需要提供支撑。国土空间规划要注重如何以规划为抓手推动区域均衡发展、城乡协调发展和人与自然协调发展。因此,必须坚持把经济社会发展放在第一位,在满足人民日益增长的物质文化需要的同时,努力建设资源节约型、环境友好型社会。

1.4 国土空间规划知识体系

在研究和实践领域的划分视角下,空间规划并不是某个独立的学科门类,它涉及城乡规划学、地理学、生态学、环境学、社会学、经济学、政治学和行政管理学等多个学科。其中城乡规划学始终引领空间规划的实际工作,可以说空间规划的学科属性是伴随着经济体制以及社会思潮变化而发展变化的,其实质就是城乡规划学作为其核心学科的根基,不断与地理学、生态学以及社会学等其他学科进行交叉融合,其学科属性也在不断扩展。

国土空间规划是由主体功能区规划、土地利用规划和城乡规划三个子部门整合而成的实务工作,其对象涵盖了城市、乡村、海洋及山水林田湖草国土空间中的各种元素,涉及的知识领域与内容分布于10余门一级学科,如城乡规划、土地管理、地理学、生态学、环境学、社会学、公共管理学等。

所以,国土空间规划知识体系充满了多元复杂性,这一知识体系包括国土空间规划概述、认识对象、未来开发研究、规划工作及相关知识5个基本模块。国土资源空间开发与利用是一个复杂的动态过程,涉及土地资源开发利用、生态环境建设以及经济社会可持续发展等诸多方面,其核心就是对土地利用结构、空间布局和数量关系进行优化配置。其知识体系具有层次性特征、整体性特征、动态性特征,从而产生图1-1所示的8个知识领域。

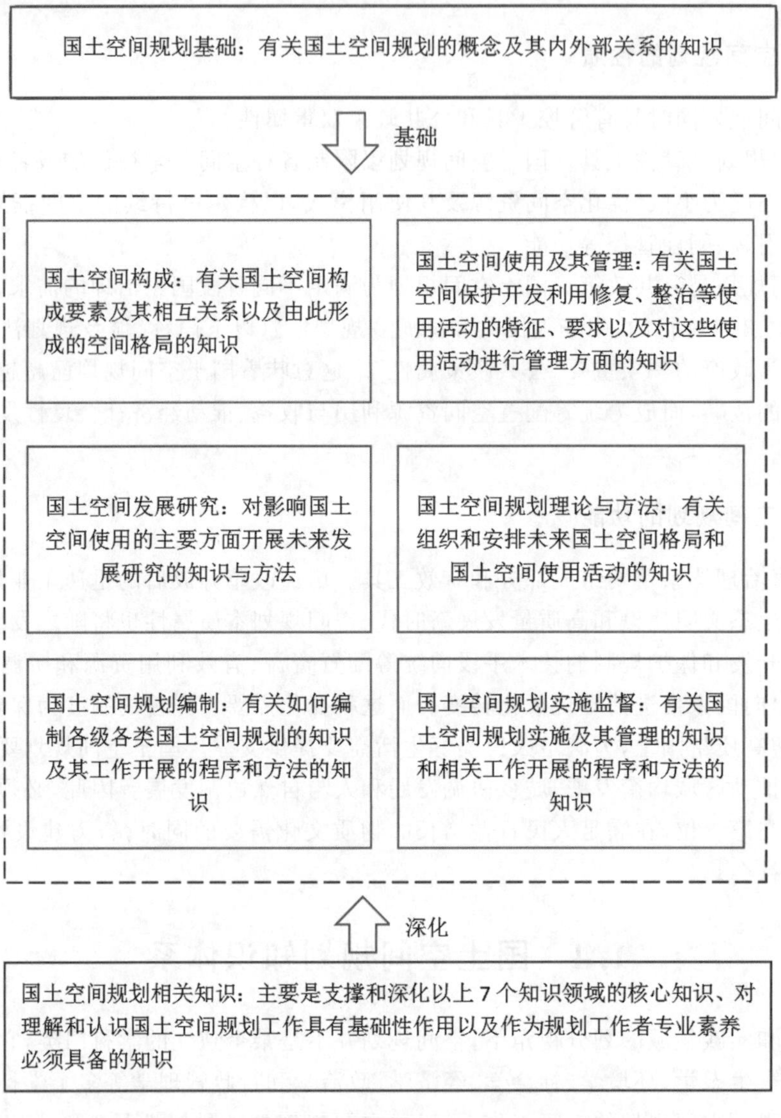

```
┌─────────────────────────────────────────────────────────┐
│  国土空间规划基础:有关国土空间规划的概念及其内外部关系的知识  │
└─────────────────────────────────────────────────────────┘
                        ↓ 基础

┌─────────────────────────┬─────────────────────────────┐
│ 国土空间构成:有关国土空间构 │ 国土空间使用及其管理:有关国土 │
│ 成要素及其相互关系以及由此形 │ 空间保护开发利用修复、整治等使 │
│ 成的空间格局的知识         │ 用活动的特征、要求以及对这些使 │
│                         │ 用活动进行管理方面的知识       │
├─────────────────────────┼─────────────────────────────┤
│ 国土空间发展研究:对影响国土 │ 国土空间规划理论与方法:有关  │
│ 空间使用的主要方面开展未来发 │ 组织和安排未来国土空间格局和  │
│ 展研究的知识与方法         │ 国土空间使用活动的知识       │
├─────────────────────────┼─────────────────────────────┤
│ 国土空间规划编制:有关如何编 │ 国土空间规划实施监督:有关国  │
│ 制各级各类国土空间规划的知识 │ 土空间规划实施及其管理的知识  │
│ 及其工作开展的程序和方法的知 │ 和相关工作开展的程序和方法的  │
│ 识                       │ 知识                        │
└─────────────────────────┴─────────────────────────────┘
                        ↑ 深化
┌─────────────────────────────────────────────────────────┐
│ 国土空间规划相关知识:主要是支撑和深化以上7个知识领域的核心知识、对 │
│ 理解和认识国土空间规划工作具有基础性作用以及作为规划工作者专业素养  │
│ 必须具备的知识                                              │
└─────────────────────────────────────────────────────────┘
```

图1-1 国土空间规划知识体系表

(1)国土空间规划基础:有关国土空间规划的概念及其内外部关系的知识。

(2)国土空间构成:有关国土空间构成要素及要素间关系以及由此形成的空间格局的知识。

(3)国土空间使用及其管理:有关国土空间保护开发利用修复、整治等使用活动的特征、要求以及对这些使用活动进行管理方面的知识。

(4)国土空间发展研究:对国土空间利用有重大影响的领域进行今后开发研究的知识和方法。

(5)国土空间规划理论与方法:有关对未来国土空间格局、国土空间利用活动进行组织安排的相关知识。

(6)国土空间规划编制:有关制定不同层次、不同类型的国土空间规划,以及其工作过程与方法的知识。

(7)国土空间规划实施监督:有关国土空间规划实施及其管理的知识,以及相关工作开展的步骤与方法的知识。

(8)国土空间规划相关知识:主要是支撑并加深上述7个知识领域的核心知识,对理解与认识国土空间规划中起着基础性作用及规划工作者专业素养必备的知识。

上述5个基本模块和8个知识领域相辅相成,互相呼应,构成了国土空间规划知识体系这一整体。国土空间规划基础、国土空间构成、国土空间使用及其管理阐述了国土空间规划概述和认识对象的相关知识;国土空间发展研究、国土空间规划理论与方法、国土空间规划编制、国土空间规划实施监督阐述了未来开发研究、规划工作这两部分的知识。国土空间规划相关知识作为7个知识领域的深化,是相关知识这一模块的理论支撑,同时也为以上7个知识领域提供了理论基础。

第 2 章　中国国土空间规划的历史发展阶段

2.1　以项目落地为导向的城市规划主导阶段（1949—1978 年）

2.1.1　城市规划的建立和波折——城市规划和发展规划的协同发展

1949 年中华人民共和国成立以后，我国在社会、经济和文化制度等方面都有很大变化。我国第一个五年计划始于 1953 年，经济发展出现了繁荣景象。

就城市规划而言，我国同期采用了苏联模式下的计划经济体制，与之相应，我国所提出的城市规划思路亦是对国民经济计划的延续与具体化指导，这主要体现在国民经济建设计划与重大项目布局的空间实施上。（见图 2-1）

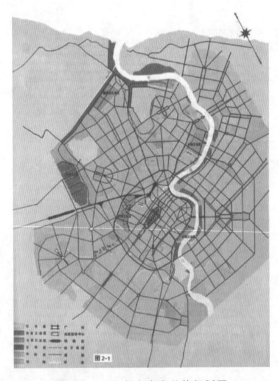

图 2-1　1953 年上海市总体规划图

在这个时期，发展规划同建设性空间规划紧密协作，国家计划部门制定出规划并投入资金,建设规划部门开始施工布局,全过程都严格按规划进行,规划策划之初到竣工几乎没有什么走偏。

但是历史原因以及计划经济时代政府权力过于集中,导致城市建设缺乏有效的约束机制。当时制度上,我国从经济计划到空间规划再到建设实施(工程)等全环节进行管理,构成了可控制封闭循环系统,计划蓝图与建设实施对应关系紧密,计划走偏较少。

1960年为城市规划的分水岭。20世纪60年代初期是中国城市规划的重要转折点。1960年11月召开的全国计划工作会议提出了"调整、巩固、充实、提高"的八字方针,随后采取了一系列措施。1963年城市化率从19.3%下降到16.8%,出现"逆城市化"。但是紧接着发动的"文化大革命",使得城市规划工作彻底陷入了停滞状态。

始于1966年的"文化大革命"对城市规划与城市建设造成了严重损害,各地区城市规划机构撤销,队伍解散,相关材料被破坏。

"文化大革命"中期以后,政治运动走向衰弱,城市建设的盲目性和无序性严重突出,城市规划重新引起人们的关注。1974年国家建委(全称中华人民共和国国家基本建设委员会,1982年撤销)下发《关于城市规划编制和审批的意见(试行)》后城市规划工作得到恢复。

2.1.2 与以农业生产为主的土地利用规划相协调,萌发土地利用规划制度

1949年,我国设立全国土地管理机构,开展土地改革,国家建设征用土地,对城镇房地产和城市营建的规划与评估进行统一管理。

我国土地利用规划制度亦于新中国成立后由苏联传入并开展试点工作,时称"土地整理",20世纪50年代末更名为"土地规划"。农业部(2018年改为农业农村部)根据试点情况,向各省份下发了《关于帮助农业生产合作社开展土地利用规划的通知》。

1955年4月1日,国务院颁布的《中华人民共和国土地管理法实施条例(草案)》规定,县级以上人民政府应当根据当地实际情况,制定相应的土地管理办法。这是新中国成立以来第一次以国家法律形式对土地利用问题做出明确规定,从此拉开了大规模编制土地利用规划的序幕。

1959年,国务院颁发了《中华人民共和国农业区划条例》,明确将我国分为6个大区:华北、东北、华东、华南、西南、中南。全国有14个省(自治区)实行土地改革。

同年,农业部土地利用局制定的土地利用规划紧跟新形势发展,适应新型劳动组织及机械化、电气化发展需要,对人民公社前期土地利用规划内容及原则做了明确规定,重在结合农林牧副渔、工农商学兵等综合布局。

2.2 以增长导向与耕地保护并行的两规主导阶段(1979—2005年)

2.2.1 恢复城市规划,重点是增长与建设

中共十一届三中全会明确提出了"把全党的工作重点转移到社会主义现代化建设上来"的思想,自此,我国步入改革开放新时期,国民经济得到恢复与发展,城市规划迎来恢复与发

展期。

1980年10月国家建委在京举行的全国城市规划工作会议和12月国家建委发布的《城市规划编制审批暂行办法》把城市规划划分为总体规划与详细规划两部分。

1984年1月国务院发布的《城市规划条例》确认现行城市规划编制工作的制度,并对耕地与生态环境保护工作提出要求,建议如城市建设要节约用地,尽可能使用荒地与劣地,减少占用耕地与菜地、园地与林地等,城市规划要有效地保护、改善城市生态环境等。全国第二轮总体规划从1984年启动,1985年提前编制完毕。(见图2-2)

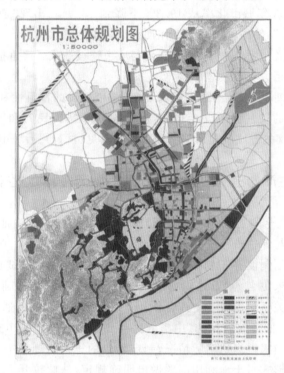

图2-2 杭州市第二轮总体规划图

1993年初《中共中央关于建立社会主义市场经济体制若干问题的决定》,把深化体制改革作为重点。

随着改革开放的深入推进,西方国家规划思想和理论进入中国并对城市规划变迁产生了巨大的影响。这个时期的城市规划作为支持政府达到增长主义目的的工具,已经成为地方政府运作土地和其他城市中各种资产及控制空间秩序的主要手段,同时城市还存在着一定程度的无序开发。

进入21世纪以来,随着全球城市化进程的加快以及世界范围内产业结构、空间结构调整步伐的不断加大,发达国家及地区纷纷将目光转向以"可持续"为核心的新型城镇化道路上来,中国也提出建设创新型国家的战略目标。

为了增强城市规划的权威性与可操作性,遏制大城市无序扩张的势头,国务院在2002年5月《关于加强城乡规划监督管理的通知》中又一次强调了严格控制建设项目规模的重要性,对贪大浮夸、盲目增加城市占地规模与建设规模尤其是基本农田占用等不良倾向进行了坚决整治。

建设部(2008年改为住房和城乡建设部)在2002年8月发布了《近期建设规划工作暂行办法》(以下简称《暂行办法》)。《暂行办法》要求各设市城市紧锣密鼓地组织编制至2005年的近期建设规划。该规划是实施城市总体规划、与国民经济五年计划相衔接和指导三至五年城市建设工作的规划基础。(见图2-3)

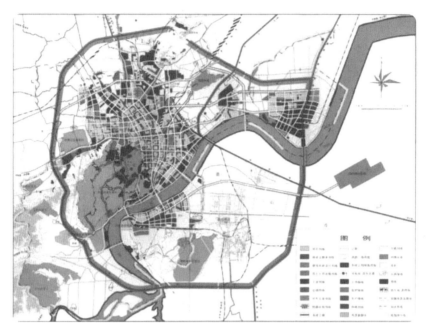

图2-3　杭州市第四轮城市总体规划

《城市规划编制办法》于2006年4月1日开始实施,该办法强调:"城市规划是政府调控城市空间资源、指导城乡发展与建设、维护社会公平、保障公共安全和公众利益的重要公共政策之一。"

这一时期,快速城镇化所导致的"半城镇化人口比例高,城乡差距明显,生态环境遭到严重破坏,资源消耗严重,城市特色荡然无存"等问题也逐步暴露出来,2008年刚刚施行的《城乡规划法》强调城市总体规划对一个区域发展的战略引领作用,同时强调区域协调、城乡统筹和可持续发展思想的贯彻,但是地方政府依然奉行增长主义发展战略。2008年以后中央政府加大宏观调控力度,但是地方政府力图以概念规划为辅助打破上级管理部门对城市总体规划的监管,中央政府收回城市总体规划审批权并加强总体规划督察以抑制城市总体规划的无序。

2.2.2　建立并制定土地利用规划制度,将耕地保护作为土地利用规划的中心目标

为了稳定粮食生产和保证粮食供给,政府从1978年起就注意耕地资源利用。

1982年国务院颁发《关于严格控制非农业建设占用农用地的通知》,拉开了全面整顿农村集体经济组织的序幕。1983年中共中央、国务院发布了《关于加速科学技术进步的决定》,土地管理工作进入新时期。

1981年底,国家经济委员会发布了《关于调整农业生产责任制若干问题的意见》,要求

各地根据实际情况,制定切实可行的规划方案。1982年中央1号文件《全国农村工作会议纪要》提出,耕地保护是国家政策。1984年初,国务院批准实施"星火计划",这是我国第一个全国性的土地规划纲要。

1987年全国、省、地(市)、县(市)、乡(镇)五级土地利用总体规划(以下简称首轮土地利用总体规划)的制定与实施逐渐组织起来,土地规划在理论与方法上已取得重大突破。

新一轮土地利用总体规划修编中,各地按照"多规合一"要求,积极推进基本农田保护建设。截至2014年底,全国已经有20个省份完成了第二轮土地利用总体规划修编。首轮土地利用总体规划基本都是全国及省级规划,一些地市虽也有相关工作,但没有完全落实。

第一轮和第二轮土地利用总体规划并没有落于具体地块图斑之上,而是更多地从整体层面进行用地结构(目标)调整与空间布局(区划);第三轮土地利用总体规划以土地调查成果为依据,以地理信息技术为支撑,将重心从最初的用地结构调整向节约集约用地与用地空间调控转变。

2.2.3 逐步构建生态要素与空间管控制度

改革开放后,经济快速发展导致环境污染、生态破坏等问题日趋严重,生态观、可持续发展等观念已经逐步成为各国发展中的重要观念。

我国于1989年开始施行《中华人民共和国环境保护法》(以下简称《环境保护法》),该法要求县(市)级以上人民政府制定环境保护总体规划,提出要在重点生态功能区、生态环境敏感区、脆弱区及其他地区划定生态保护红线进行严格管理。

"九五"时期,国家先后批复了《全国生态环境建设规划》《中国自然保护区发展规划纲要(1996—2010)》《全国生态环境保护纲要》等文件,明确提出了以强化生态功能保护区、重点资源开发区、生态良好区为重点的"三区"保护方式的战略设想。国家"十五"规划第一次把"环境保护"列为基本国策和保障国家"环境安全"的重要内容。

2006年发布的《国务院关于加强地质工作的决定》强调了对重点地区开展重要矿产资源调查评价和矿山生态环境恢复治理,并提出在全国范围内划定一定面积区域内禁止采矿。2011年实施修订的《中华人民共和国水土保持法实施条例》明确要求依法开发利用水土资源。

2.3 竞相突出全域空间管制的多规并存阶段(2006—2013年)

2.3.1 探索城市规划从城镇向区域管控转变

进入21世纪后,中国工业化和城镇化步入快速发展期,中国城乡建设工作在其发展进程中暴露出一些问题,具体表现为城乡差距扩大、区域发展失调和生态环境恶化,对此我党相继提出科学发展观和构建社会主义和谐社会这两个重要战略指导思想。

我国于2007年10月通过了《中华人民共和国城乡规划法》,进一步完善了城乡规划体系。该法确立了以城镇体系规划、城市规划、镇规划、乡规划和村庄规划为主体的城乡规划体系,并明确了城镇体系规划的法定地位。此时,规划管控空间由城市规划区、城镇空间向一市、一县城镇、乡村转移,通过划定市域内允许建设区域,以限建、禁建方式强化非城镇建设空间控制。

在住房和城乡建设部(原建设部)主持下,中国城市规划设计研究院于2005年完成的《全国城镇体系规划(2006—2020年)》(以下简称《研究》),在生态资源环境前提下,综合考虑全国产业发展战略研判及人口迁移趋势等因素,明确提出今后中国城镇化发展战略、目标及城镇化政策,并识别出多元、多极、网络化城镇空间结构特征,对于指导全国相关区域规划编制、引领全国中心城市及城市群的规划布局具有重要作用。

2.3.2　规范土地利用总体规划

2005年6月国务院办公厅转发国土资源部(2018年划归自然资源部)《关于做好土地利用总体规划修编前期工作的意见》,指出规划修编应把节约利用土地、严格保护耕地作为基本指导方针,坚决杜绝借用规划修编之名任意扩大建设用地规模的行为,明确当前阶段经济社会发展过程中土地利用存在的主要矛盾和问题,增强转变传统土地利用方式,树立集约用地观念必要性和迫切性的意识,寻求促进节约集约用地的有效方法和保障措施,进一步严格耕地保护。

在"十一五"规划纲要指导下,国土资源部组织力量并结合规划修编前阶段的研究成果,2006年3月启动《全国土地利用总体规划纲要(2006—2020年)》(以下简称《规划纲要》)的调研和草拟工作,并于8月完成《规划纲要》编制并报送国务院。

该时期我国土地利用规划主要采用指标管理、用途管制以及建设用地空间管制等多种调控方式,并通过年度计划、农转用制度、项目预审以及督查执法等方式确保其落实,特别强调对耕地、基本农田、建设用地"三线"尺度的管控以及基本农田界线、城乡建设用地界线等"两界"的空间管控。

新一轮国土资源总体规划修编工作从2015年起启动实施,标志着我国进入全面推进土地用途管制制度改革阶段。党的十八届五中全会强调要加快建立更加严格有效的节约集约用地体制机制。

2017年发布的《全国国土规划纲要(2016—2030年)》提出国土规划"对国土空间开发、资源环境保护、国土综合整治和保障体系建设等作出总体部署与统筹安排,对涉及国土空间开发、保护、整治的各类活动具有指导和管控作用"。

2.3.3　提出主体功能区规划并组织实施

按照国家"十一五"发展规划部署,我国于2007年启动并在2011年发布的《全国主体功能区规划》,依据不同地区资源环境承载能力、已有开发密度及发展潜力等因素将国土空间分为优化开发、重点开发、限制开发及禁止开发4种类型,并对主体功能区定位进行了界定,提出了发展方向并对发展强度进行了调控。

在全国及省级主体功能区的规划中,除国家公园、自然保护区、风景名胜区及其他不同层次的保护区是在各自的核心范围内划分出禁止建设的区域外,其余3种类型的区域是在县(市)的基础上划分的,除禁止建设的区域是在空间用途上进行控制外,其余3类区域是在总体开发强度及功能准入上进行控制的。

目前,我国已初步形成了包括国土空间规划、城乡规划、土地利用总体规划以及综合防灾减灾专项规划在内的国家地理国情监测体系。但由于缺乏统一的制度安排和管理办法,故存在诸多问题。

"多规"从理论到方法趋于一致,共同以可持续发展为导向,更关注空间目标,更突出、更强调公共政策,但主体功能区规划属于宏观层面框架性规划,本身并没有实施空间管控的工具,还没有法律地位。

在工业化、城镇化迅速推进的背景下,尽管我国生态环境保护和建设逐年加强,但是总体上仍然面临资源约束压力越来越大、环境污染不断加剧、生态系统恶化等问题,资源环境、生态恶化趋势没有扭转。

只有通过划定生态保护红线并依据生态系统完整性原则及主体功能区位置,优化国土空间开发模式,合理调整保护与开发之间的关系,完善并提升生态系统服务功能,才能建立起一个结构完整、功能稳定、保障国家生态安全的体系。

2.3.4 多规共存的冲突

伴随着主体功能区规划工作的开展,国土空间管控相关规划出现了城乡规划、土地利用规划、主体功能区规划和生态红线规划并存且相互矛盾的态势。从国家层面看,空间规划是实现区域协调发展和统筹城乡一体化建设的重要手段,而对于地方政府而言,空间规划则成为实施差别化管理的主要抓手。

2011年左右,全国范围内的空间规划已经形成了一个分地域、多部门、多层次的复杂系统。由于各类规划的主题、所属部门、纵向层级、法律依据和技术标准各不相同,导致了"各自为政"的现象。

从各类空间规划的发展趋势来看,规划编制普遍加强了指标管理和空间管控。其核心内容表现为"指标控制-分区管制-名录管理"模式,这种模式适应了不同利益主体在国土空间使用行为中对指标、边界和名录等功能的需求,体现了管理的地位与功能。

然而,这一系统也面临着诸多问题,如各类规划之间的矛盾、缺乏协调机制、难以形成合力等。这些问题的根源在于土地发展权的控制与分配引发的权力斗争,而各类规划之间的博弈正是围绕土地发展权的空间分配展开的。

2.4 习近平生态文明思想导向下的多规合一探索阶段 (2014年至今)

2.4.1 转变发展理念,倡导习近平生态文明思想

党的十八大后,针对国际国内形势新发展,中央对经济进入"新常态"做出判断并提出"新发展理念",尤其是加快构建生态文明制度和国土空间开发格局。

因此,我国的治理思想及战略也随之做出了较大的改革调整,习近平生态文明思想已经

成为引领我国建设发展的一项重要政策,生态文明建设已经成为同经济建设、政治建设、文化建设以及社会建设等"五位一体"总体布局中的一项。

党的十九大报告提出要改革生态环境监管体制、强化生态文明建设总体设计与组织领导、建立国有自然资源资产管理与自然生态监管机构、健全生态环境管理制度、统一履行全民所有自然资源资产所有者责任、统一履行全部国土空间用途管制与生态保护修复责任、建设国土空间开发保护制度等。

习近平总书记多次强调国土作为生态文明建设空间载体,必须从大处着眼,统筹兼顾,做好顶层设计,必须遵循人口、资源、环境均衡发展与经济、社会、生态效益相统一的原则,对国土空间开发进行系统性规划。在规划过程中,需综合考虑人口分布、经济布局、国土利用及生态环境保护等多重因素,科学统筹生产空间、生活空间和生态空间的合理配置。具体而言,应为自然生态系统预留充足的恢复空间,为农业生产保留优质的耕地资源,并为子孙后代留下天蓝、地绿、水清的美丽家园,实现可持续发展。中华人民共和国自然资源部于2018年4月正式成立,旨在为生态文明建设提供制度保障和体制支持,确保国土空间开发与保护的协调统一。

2.4.2 城乡规划建设指导思想发生变化

党的十八大后,习近平总书记先后在各种场合就城镇化问题、城市问题以及规划问题等,做出了一系列重要批示,这些成为中国特色社会主义新时代思想的重要内容,同时表明了空间规划与城乡建设指导思想在新时期发生了变化。

从2014年开始,习近平总书记先后在考察北京规划工作、审议雄安新区和北京通州副中心规划时,多次强调规划科学带来的好处最多,规划失误带来的浪费最多,规划折腾带来的禁忌最多,可见习近平总书记高度重视规划。

当前,我国正处在经济转型升级和全面建成小康社会的关键时期,必须进一步优化城市用地结构,提升土地利用集约度。

2.4.3 "多规合一"试点探索

我国通过改革开放走过了近二十年的探索历程,确立了社会主义市场经济体制,计划经济管理方式也在不断地进行着变革。

随着经济社会的快速发展,各种新问题也接踵而至:资源短缺、环境污染等环境与生态问题日益严峻;土地供需矛盾日益突出,耕地保护压力加大等人地矛盾突出。

国家"十一五"规划第一次明确提出"主体功能区",更是专门制定《全国主体功能区规划》来指导区域发展,从而使某一区域或城市的开发建设直接受国民经济与社会发展规划、城市总体规划及土地利用规划等因素制约。就制度框架而言,这三种规划都有其领域范畴,诸如社会经济发展、城市建设安排与开发控制及土地利用控制等。就内容而言,它们紧密相连,相互联系,相互影响。

主体功能区规划在资源状况、现状条件及发展潜力上都有所涉及,并根据未来可开发程度划分政策区,虽然在某些特定区域存在部分相关配套政策,但是对于每类划分区域的开发缺乏准确指导。土地利用规划主要针对耕地及农田保护，通过层级式分解控制建设用地增量，但是缺乏开发资源整合及未来开发布局安排。城市总体规划长期关注城市建设安排及特定建设项目，强调城市自身建设，忽视城郊及乡村等其他地域建设，易受制于近期开发需要。

正是因为每项计划的起点不同、价值逻辑不同，管控方式也不同，所以对同一区域产生诸多互为冲突的管控需求，这直接造成整个行政能力降低，实施容易受阻，影响部分区域的开发与管控。

"三规合一"试点于2014年全面铺开，三类规划行政管理部门分头主持试点地区试点，由于没有实现思想上的统一，于是出现了自己将某一类规划作为本底来融合其他规划。

此次试点之所以没有取得成功，有机构设置和规划技术（比如土地使用类型划分）两个层面的因素，但其核心问题是战略意图、管制对象和合理布局没有统一起来，企图通过单纯的图斑比对与修改达到统一效果，那么就只能停留在表面的一致性。

"三规合一"还是"多规合一"，不只是3个规划还是几个规划的形式统一，更是一种宏观层面、自上而下的治理能力构建，它可能涉及规划编制内容、方法等问题，也可能与规划编制联系不大，而需要在体制机制层面进行变革，这可能恰恰是构建国家空间规划体系令人期待之处。

2019年《中共中央 国务院关于建立国土空间规划体系并监督实施的若干意见》指出，从规划层级和内容类型来看，可以把国土空间规划分为"五级三类"。"五级"是从纵向看，对应我国的行政管理体系，分五个层级，就是国家级、省级、市级、县级、乡镇级。其中国家级规划侧重战略性，省级规划侧重协调性，市县级和乡镇级规划侧重实施性。

"三类"是指规划的类型，分为总体规划、详细规划、相关的专项规划。总体规划强调的是规划的综合性。详细规划是对具体地块用途和开发建设强度等作出的实施性安排，包括实施国土空间用途管制、核发城乡建设项目规划许可、进行各项建设的法定依据。相关的专项规划强调的是专门性，一般是由自然资源部门或者相关部门来组织编制，可在国家级、省级和市县级层面进行编制，特别是对特定的区域或者流域，为体现特定功能对空间开发保护利用做出的专门性安排。

小　结

第一阶段是以项目落地为导向的城市规划为主导的阶段（1949—1978年）。此阶段的城市规划的思路贴近当时的国民经济计划，与国民经济建设和重大项目布局有关，城市规划工作相对滞后于经济建设。"大跃进"时期城市规划趋于盲目扩张和急功近利，"文革"后城市规划才走上正轨。

第二阶段是以增长导向与耕地保护并行的两规主导阶段（1979—2005年）。该阶段我国步入改革开放新时期，政治经济体制上的巨大变化，推动着城市规划指导思想的重大变化。1984年，全国第二轮总体规划启动，1985年编制完毕。进入20世纪90年代，随着城市化进程的推进，城镇体系规划初见端倪。进入21世纪，随着全球城市化进程的加快和世界范围内产业结构、空间结构调整的发展，我国提出创新型国家的战略目标，城市规划走向城乡规划。该阶段我国土地规划的核心是耕地保护。2005年国务院提出了"18亿亩耕地红线",使耕地保护的目标更加具体。

第三阶段是竞相突出全域空间管制的多规并存阶段(2006—2013年)。2007年10月制定《城乡规划法》,初步建立起我国城市规划体系。2008年国务院发布《全国土地利用总体规划纲要(2006—2020年)》,我国土地利用规划的实施主要采用指标管理、用途管制以及建设用地空间管制等多种调控方式。

第四阶段是习近平生态文明思想导向下的多规合一探索阶段(2014年至今)。2014年"三规合一"试点铺开,虽然未成功,但为后期规划提供了探索。十九大后出台的一系列政策文件都把"多规合一"作为国家实施乡村振兴战略的重要抓手之一。图2-4为我国国土空间规划历史变迁图。

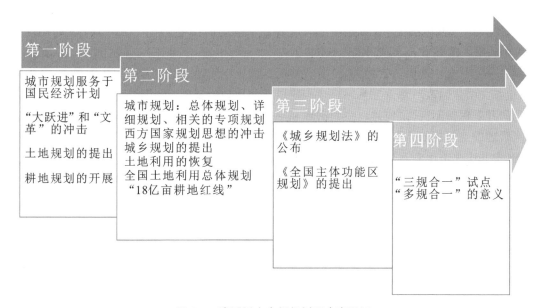

图2-4 我国国土空间规划历史变迁图

第3章 国土空间规划的体系

3.1 我国国土空间规划体系

2013年《中共中央关于全面深化改革若干重大问题的决定》关于"加快生态文明制度建设"中指出:"建立空间规划体系,划定生产、生活、生态空间开发管制界限,落实用途管制……完善自然资源监管体制,统一行使所有国土空间用途管制职责。"2015年9月发布的《生态文明体制改革总体方案》提出"构建以空间规划为基础、以用途管制为主要手段的国土空间开发保护制度","构建以空间治理和空间结构优化为主要内容,全国统一、相互衔接、分级管理的空间规划体系"。同年10月中国共产党第十八届中央委员会第五次全体会议通过的《中共中央关于制定国民经济和社会发展第十三个五年规划的建议》进一步提出"建立由空间规划、用途管制、领导干部自然资源资产离任审计、差异化绩效考核等构成的空间治理体系"。2017年《省级空间规划试点方案》印发,借助空间规划试点项目进一步探索空间规划的编制思路和方法。

2019年5月,《中共中央 国务院关于建立国土空间规划体系并监督实施的若干意见》(以下简称《若干意见》),明确国土空间规划是国家空间发展的指南、可持续发展的空间蓝图,是各类开发保护建设活动的基本依据。空间规划体系改革是建设生态文明的必然要求,是推动高质量发展的必然要求,是治理体系和治理能力现代化的必然要求。《若干意见》提出建立全国统一、权责清晰、科学高效的国土空间规划体系,整体谋划新时代国土空间开发保护格局,综合考虑人口分布、经济布局、国土利用、生态环境保护等因素,科学布局生产空间、生活空间、生态空间,是加快形成绿色生产方式和生活方式、推进生态文明建设、建设美丽中国的关键举措,是坚持以人民为中心、实现高质量发展和高品质生活、建设美好家园的重要手段,是保障国家战略有效实施、促进国家治理体系和治理能力现代化、实现"两个一百年"奋斗目标和中华民族伟大复兴中国梦的必然要求。

我国国土空间规划"四梁八柱"的构建,是按照国家空间治理现代化的要求来进行的系统性、整体性、重构性构建。可以把它简单归纳为"五级三类四体系",如图3-1所示。

"五级"是纵向分布,对应我国的行政管理体系,分五个层级,即国家级、省级、市级、县级、乡镇级。其中国家级规划侧重战略性,省级规划侧重协调性,市县级和乡镇级规划侧重实施性。

"三类"是指规划的类型,分为总体规划、详细规划、相关专项规划。总体规划强调的是规划的综合性,是对一定区域,如行政区全域范围涉及的国土空间保护、开发、利用、修复做全局性的安排。详细规划强调实施性,一般是在市县以下组织编制,是对具体地块用途和开发强度等做出的实施性安排。详细规划是开展国土空间开发保护活动,包括实施国土空间

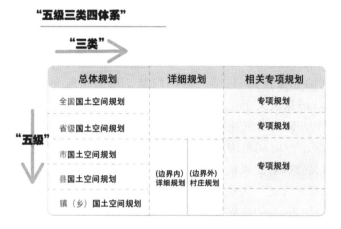

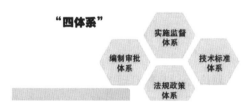

图 3-1 我国国土空间规划体系

用途管制、核发城乡建设项目规划许可,进行各项建设的法定依据。相关专项规划强调的是专门性,一般是由自然资源部门或者相关部门来组织编制的,可在国家级、省级和市县级层面进行编制,特别是对特定的区域或者流域,为体现特定功能对空间开发保护利用做出的专门性安排。

总体规划包括全国国土空间规划、省级国土空间规划、市县和乡镇国土空间规划。全国国土空间规划是对全国国土空间做出的全局安排,是全国国土空间保护、开发、利用、修复的政策和总纲,由自然资源部会同有关部门组织编制,由党中央、国务院审定后印发,侧重战略性。省级国土空间规划是对全国国土空间规划的落实,指导市县国土空间规划编制,由省级政府组织编制,经同级人大常委会审议后报国务院审批,侧重协调性。市县和乡镇国土空间规划是对上级规划要求的细化落实和具体安排。可因地制宜地将市县和乡镇国土空间规划合并编制,也可以几个乡镇为单元编制,由当地人民政府组织编制,侧重实施性。

详细规划,在城镇开发边界内由市县自然资源主管部门组织编制,报同级政府审批。在城镇开发边界外的乡村地区以一个或几个行政村为单元,由乡镇政府组织编制"多规合一"的实用性村庄规划,报上一级人民政府审批。

海岸带、自然保护地等专项规划及跨行政区域或流域的国土空间规划由所在区域或上一级政府自然资源主管部门牵头组织编制,报同级政府审批。交通、能源、水利等涉及空间利用的某一领域专项规划由相关主管部门组织编制。

"四体系"即国土空间规划编制审批体系、实施监督体系、法规政策体系、技术标准体系。

3.1.1 编制审批体系

规划编制审批体系是指对各级国土空间规划进行编制审批的体系,它突出了不同级别、不同范畴规划间的相互协调,包括规划的编制、审批、实施和监督等环节。作为国家重大发展战略之一,《国务院关于深化改革严格土地管理的决定》(国发〔2004〕28号)明确提出要加强县级以上人民政府土地利用总体规划的指导地位,提出要建立省级统筹统一的国土规划制度。国土空间规划编制体系"五级"体现一级政府一级事权以实现区域内全要素的规划控制,但又强调各层级规划重点不一;"三类"规划定位较为明确,总体规划为战略性总纲,相关专项规划为某一区域或者某一领域的空间开发与保护布局,而详细规划做出了具体又细致的执行性规定,为规划许可提供了基础。在审批权限方面,对不同层次国土空间规划均采用分级审批设置方式,体现与各级政府事权相对应、自顶向下控制和构建现代化治理体系理念。

3.1.2 实施监督体系

实施监督体系是指国土空间规划执行与监督管理的制度,其主要内容有:

(1)在国土空间规划基础上,对全部国土空间进行分区分类使用管制。实行差别化土地使用政策,促进集约节约高效用地;建立统一规范的土地利用市场,依法依规推进城乡建设用地增减挂钩工作。严格落实建设用地总量控制指标分配方案,确保新增建设用地满足经济社会发展需求。

(2)按照"谁编制谁负责落实""谁批准谁监管"原则,建立健全国土空间规划实施过程中动态监测与评估预警及监管机制,做到层层授权、层层监管。

(3)按照"空间定规、存量定规、效益定规、占补定规"要求,强化用地、用海、用林、用矿自然资源要素分配区域统筹,提高自然资源年度使用管理水平,确保规划平稳执行。

(4)加强国土空间规划底线约束与刚性管控,编制各类型空间控制线控制需求,对各类型空间控制线划区定界。

3.1.3 法规政策体系

法规政策体系为国土空间规划体系提供法规和政策支持,其主要内容有:①国家层面的国土空间规划及相关立法;②国土空间规划相关地方性法规的构建;③支持国土空间规划执行的人口、自然资源、生态环境、财税、金融、投资和城乡建设等方面的配套政策,这些都需要多个部门协调配合。

3.1.4 技术标准体系

技术标准体系为国土空间规划体系提供了技术支持。国土空间规划要实现"多规合一",需要将城乡规划、土地利用规划和主体功能区规划有机结合起来,形成一个完整的技术标准体系,而构建完善的国土空间技术标准体系则是实现国土空间规划目标的关键。目前我国已发布了一系列有关国土空间规划的标准规范和技术规范,但还存在着许多问题亟待解决。随着新时期经济社会的快速发展,人们越来越关注生态环境质量。因此,加强生态文明建设势在必行。在此基础上,要实现国土空间规划的精准传导和及时监控,建立统一底板下的数据标准,构建分层分级管理的信息平台,通过信息平台实现规划编制和实施管理。中国幅员辽阔,区域自然条件和发展基础千差万别,各地区还应结合自身特色深入研究有地方特色的国土空间规划导则和技术方法。

3.2 国土空间规划编制的基本内容

3.2.1 国家级国土空间规划

国家级国土空间规划应以实施国家重大战略、执行大政方针为目标,明确较长时期全国国土空间开发战略目标与重点区域规划、编制与分解规划约束性指标、明确国土空间开发利用与整治保护重点区域与重大项目、提出空间开发政策指南与空间治理总体原则。国家级国土空间规划要点如下:

(1)以彰显国家意志为取向,以维护国家安全、国家主权为目标,规划顶层设计与总体部署,确定国土空间开发与保护战略选择与目标任务。

(2)确定国土空间规划管控底数、底盘、底线及约束性指标。

(3)统筹区域发展,统筹海陆、统筹城乡,对重大资源及能源、交通、水利等关键空间要素进行优化配置。

(4)实行地域分区、协调全国生产力组织与经济布局、调整与优化产业空间布局结构。

(5)城镇体系规划合理,中心城市和城市群或者城市圈布局合理。

(6)协调大江大河流域整治、跨省区国土空间综合整治与生态保护修复工作,构建以国家公园为主的自然保护地体系。

(7)出台国土空间开发与保护政策宣言,制定差别化空间治理总体原则。

3.2.2 省级国土空间规划

省级国土空间规划作为贯彻落实国家发展战略要求,协调部署省域空间开发保护格局,引导市、县等以下各级国土空间规划工作的根本依据,兼具战略性、综合性与协调性。省级国土空间规划要点如下:

(1)贯彻国家规划重大战略,明确目标任务,确定约束性指标。

(2)兼顾区域发展战略、空间结构优化、空间开发和保护、空间统筹和管制、城镇体系组织和乡村振兴"一揽子"需求,提出省域国土空间组织总体方案。

(3)合理配置国土空间要素,因地制宜划分省域地域分区,实现永久基本农田集中保护区、生态保育区、旅游休闲区和农业复合区功能区,并明确对应用途管制需求。

(4)提出省域主要资源、能源、交通和水利关键性空间要素布局规划,强调历史文化和风貌特色的保护塑造需求。

(5)加强国土空间区际协调,针对跨省区边界区域和跨市县行政区区域内主要空间要素分配、自然资源保护利用和基础设施协调建设提出相应意见或者要求。

(6)拟定保障政策,确保省级国土空间规划落到实处。

这里以河北省国土空间规划为例,该规划提出了两圈两翼、三带四区、多点支撑、南北生态的总体格局,落实京津冀"一核双城三轴四区多点"的协同发展格局要求,按照生态优先、协同发展、陆海统筹、重点集聚的总体思路,构建生态型、网络化、开放式、集约型的国土空间开发保护格局。

3.2.3 市级国土空间规划

市级国土空间规划要根据本市实际情况,贯彻国家级和省级战略要求,充分发挥空间引导功能与承上启下调控作用,着力保护与开发底线划定与公共资源分配安排,着力做好市域中心城市空间规划,合理界定中心城市规模、范围与结构。市级国土空间规划要点如下:

(1)贯彻落实国家及省级规划重大战略,明确目标任务及约束性指标,提出提升城市能级与核心竞争力的战略指引,实现城市高质量发展,打造高品质生活。

(2)明确市域国土空间的保护、开发、利用、恢复、管理整体模式,建立符合市域自然环境和发展现实的可持续城乡国土空间整体模式。

(3)界定市域总体空间结构和城镇体系结构,界定中心城市的属性、功能和尺度,实施生态保护红线划定市级城镇发展边界和市域外围基本农田保护区及其他相关强制性区界。

(4)贯彻落实省级国土空间规划中山水林田湖草及多种自然资源的保护、恢复规模与要求,确定约束性指标和下位规划传导要求。

(5)统筹安排市域内交通、水利和电力等基础设施的布局与廊道的管控要求,确定重要交通枢纽地区的位置及轨道交通的走向,提出公共服务设施的建设标准与布局要求,统筹安排资源、能源、水利和交通等重要的关键性空间要素。

(6)提出城乡风貌特色、历史文脉传承、城市更新和社区生活圈建设的原则要求,形塑以人民为中心的宜居城乡环境,以满足人民群众向往的美好生活需要。

(7)建立和完善规划传导机制,即由全域向功能区和社区及地块传导,由总体规划向相关专项规划和详细规划传导,由地级市和县(县级市和区)向乡镇传导,确定下位规划需实施的约束性指标和管控边界及要求。

(8)提出规划期内分阶段规划执行目标及重点工作,确定保障支持国土空间规划执行的相关政策机制。

这里以杭州市国土空间总体规划为例,围绕"数智杭州 宜居天堂"的发展导向,提出了构建"一核九星、双网融合、三江绿楔"的特大城市新型空间格局,统筹推进城乡发展,实现共同富裕,如图3-2所示。

图 3-2　杭州市国土空间规划图

3.2.4　县级国土空间规划

县级国土空间规划除贯彻上位规划战略要求与约束性指标外,还应着力空间结构布局、突出生态空间修复与全域整治、乡村发展与活力激发、产业对接与联动开发等方面。县级国土空间规划主要应包含以下内容:

(1)贯彻落实国家、省域重大战略决策,实施区域发展战略,实施乡村振兴战略,实施主体功能区战略与体系,完成省、市规划目标任务与约束性指标。

(2)对国土空间用途进行区划,在开发边界上确定集中建设地区功能布局范围,并对城市的重点开发方向、空间形态及用地结构进行界定。

(3)以县境内城镇开发边界为界线,划分县境内集中建设区和非集中建设区,并分别建立"指标+控制"和"分区"控制体系,集中建设区侧重于土地开发模式指导。

(4)明确县域镇村体系的构成要素、村落类型及村落布点原则,明确县域镇村系统的组织规划,对综合交通、基础设施、公共服务设施和综合防灾体系进行整体布局。

(5)圈定乡村发展与振兴重点区,给出乡村居民点空间布局优化规划,并提出盘活乡村发展活力、促进乡村振兴路径策略。

(6)确定国土空间生态修复的目标、任务及重点部位,合理安排国土综合整治、生态保护与修复等重点工程规模、分布及时序。

(7)结合县情的实际情况、发展的需求和可能性,因地制宜划定全县国土空间规划单元范围,并确定单元规划的编制指导,厘清国土空间用途管制、转换与准入规则。

(8)完善规划实施过程中的动态监测、评价、预警、考核机制,并提出确保规划落实工作的政策措施。

3.2.5 乡镇级国土空间规划

乡镇级国土空间规划作为乡村建设规划授权的法定依据,注重体现落地性、实施性与管控性,强调土地用途与全域管控并重,将原土地利用规划与村庄建设规划充分结合,准确安排特定地块使用范围,实现各空间要素有机结合。乡镇级国土空间规划要点如下:

(1)实施县级规划战略,明确目标任务,确定约束性指标。

(2)综合考虑生态保护修复、耕地及永久基本农田保护、乡村住房布局、自然历史文化继承保护、产业发展空间、基础设施及基本公共服务设施配置等因素编制乡村综合防灾减灾规划。

(3)按需因地制宜编定国土空间用途,编制详细用途管制规定,实现国土空间用途管制制度充分落地。

(4)乡(镇)域内按需要和实际情况以 1 个村或者若干行政村为单位,针对单位,制定"多规合一"的实用性村庄规划。

3.2.6 村庄规划

村庄规划主要内容如下:

(1)协调村庄发展的目标,贯彻落实上位规划的要求,并充分考虑人口资源环境条件及经济社会发展对人居环境改善的需求,研究确定村庄发展、国土空间开发与保护以及人居环境改善的目标并确定各类约束性指标。

(2)协调生态保护与修复。落实生态保护红线圈定结果,确定森林、河湖、草原生态空间范围,尽量多地保留村庄原有地貌和自然形态,对村庄自然风光及田园景观进行有计划的保护。加大生态环境系统恢复整治力度,优化乡村水系、林网、绿道生态空间格局。

(3)协调耕地与永久基本农田的保护工作。实施永久基本农田、永久基本农田储备区划定结果,完成补充耕地工作,严守耕地红线。统筹安排农林牧副渔的发展空间,促进循环农业和生态农业的发展。改善农田水利配套设施配置,确保设施农业、农业产业园的合理发展空间,推动农业转型升级。

(4)协调历史文化的传承和保护。对乡村历史文化资源进行深度发掘,圈定乡村历史文化保护线路,并对历史文化景观提出总体保护措施,以保护历史遗存真实性。防止出现大拆大建,要体现应保尽保。加强对各项建设风貌规划与引导工作,维护村庄特色风貌。

(5)协调基础设施与基本公共服务设施的配置。县域和乡(镇)域要综合考虑村发展布局及基础设施与公共服务设施用地布局,谋划构建全域覆盖、普惠共享、城乡一体基础设施与公共服务设施网络。本着安全、节约、方便人民群众的原则,对村域基础设施及公共服务设施在位置、规模、标准方面提出因地制宜的要求。

(6)协调产业发展空间。统筹城乡产业发展,优化城乡产业用地配置,引导工业在城镇产业空间上聚集,适当保障乡村新产业、新业态开发用地,明确产业用地的使用范围和使用强度。除少数必要的农产品生产加工以外,农村一般不再安排新的工业用地。

(7)农村住房布局协调。根据上位规划明确农村居民点的布局及建设用地控制要求,适当确定宅基地的规模、划定宅基地的建设范围、严格执行一户一宅的原则。充分考虑地方建筑文化特色及居民生活习惯等因素，对住宅规划设计提出因地制宜的要求。

(8) 协调村庄安全与防灾减灾工作。对村域地质灾害、洪涝及其他隐患进行分析，对灾害影响范围及安全防护范围进行圈定，并提出综合防灾减灾目标及防范和处置各种灾害危害的措施。

3.3 专项规划

国土空间作为一个包括自然要素、经济要素、社会要素和空间要素在内的多种因素相互交织而成的巨型综合性系统，其矛盾和发展规律是异常复杂的。国土空间规划的编制并不是单靠以上5个层级和3类国土空间规划编制所能够完全完成的，需要额外的有关专项规划，这时大量深入细致的前瞻规划研究必不可少。一方面，在实践中大量专业性规划仍需依赖有关专业部门和行业专家，这些规划以"专项规划"的形式统一融入国土空间规划体系之中；另一方面，又需针对城乡和区域发展等诸多重大问题开展深度专题性研究，并寻求解决路径即"规划研究"。

就国土空间规划体系而言，专项规划和专题研究都会起到重要支撑性作用。国土空间规划体系需要大量专项规划、规划研究予以支持和完善，必须架构起各专项规划、规划研究走向法定规划的桥梁、道路，有效发挥规划在国土空间保护和利用中的积极功能，并不断提高国土空间规划编制的科学性、前瞻性、合理性和可操作性。

3.3.1 专项规划的含义

国土空间规划承担着协调全域空间要素并兼顾保护、开发与恢复的重要职能，必然涉及大量相关的专项规划，包括公共服务体系、给水排水、电力电信、供热供气、防洪防灾等方面，同时各相关部门将据此制定本部门专项规划。国土空间规划体系下的专项规划不仅需要参考各相关部门的专项规划并以此为重要依据，而且需要区别于各个部门的专项规划——通常情况下，原则性且轮廓性地布置各个专项的空间布局，国土空间规划通常以土地整体开发为前提，综合考虑各类专项规划之后得出总体最优方案。所以，专业部门要和自然资源部门进行及时的交流和互相的反馈，实现有关计划的协调和统一。

专项规划是对国土空间开发与保护重点领域与薄弱环节以及事关全局重大事项的谋划，也是对国土空间总体规划几个主要方面和重点领域的延伸、深化与具体化。编制专项规划，必须遵循总体规划总体要求，与总体规划衔接。

专项规划可分为区域性专项规划和行业专项规划。区域性专项规划包括海岸带规划、以国家公园为主体的自然保护地规划、城市群和都市圈规划，以及跨行政区域或流域的国土空间规划等；行业专项规划是以空间利用为主的某一领域专项规划，包括交通、能源、水利、信息等基础设施，公共服务设施，军事设施，国防安全设施，以及生态环境保护、文物保护等专项规划。

3.3.2 专项规划的作用

《中共中央 国务院关于建立国土空间规划体系并监督实施的若干意见》(以下简称《若干意见》)明确提出,"相关专项规划是指在特定区域(流域)、特定领域,为体现特定功能,对空间开发保护利用作出的专门安排,是涉及空间利用的专项规划。国土空间总体规划是详细规划的依据、相关专项规划的基础;相关专项规划要相互协同,并与详细规划做好衔接","相关专项规划要遵循国土空间总体规划,不得违背总体规划强制性内容,其主要内容要纳入详细规划"。

在国土空间规划体系中,专项规划的界定范围更广也更为明确,既包含跨行政区域成片开发的特定区域国土空间规划、特定流域的国土空间规划,又包含涉及空间利用的某一领域如交通、能源、水利、农业、信息、市政等基础设施,公共服务设施,军事设施,以及生态环境保护、文物保护、林业草原、海岸带、海岛、自然保护地、矿产资源等专项规划。

从《若干意见》对专项规划的定位来看,在国土空间规划体系中,专项规划需要发挥好以下几个基本效用:

一是支撑性,在符合同级国土空间总体规划要求的基础上,对总体的引导和管控,做好专门的落实细化与支撑,对特定的功能区域做出专门的空间保护利用安排。

二是协同性,国土空间总体规划为各专项规划提供了共同的依据,各专项规划需要服从国土空间总体规划的统筹,提出专项发展的空间诉求,将不同职能部门的专项发展诉求进行转译并落实到空间。

三是传导性,将国土空间总体规划中特定功能空间细化安排后传导至详细规划,加强对详细规划中专项设施配套及用途管制的总体统筹。

第4章 规划基础与现状问题

4.1 国土空间规划基础

目前,我国国土空间规划治理结构包括国家级、省级和市县级三大层面,具体为"五级三类"规划管理体系——"五级"为建立国家级、省级和市县级国土空间总体规划,并结合各地实际编制乡镇级国土空间规划;"三类"包括总体规划、详细规划和相关专项规划。在国土空间用途管制与治理过程中,国家级和省级规划起宏观指导作用,市县级及以下规划起基础依据作用。在我国,空间规划范畴落地于专项规划,是以国土规划、环境规划和其他规划的"三规"治理体系为支撑的。因此,目前我国国土空间规划表现为"五级三类"规划管理体系下"自上而下"的多部门规划并行治理结构,各级各类规划编制、实施与管理是以自然资源主管部门及政府为主,形成了不同(层级)部门规划与实施主体。

4.1.1 国土空间总体规划

国土空间总体规划是对国土空间的保护、开发、利用、修复做出的总体部署与统筹安排。国土空间总体规划涉及国土空间利用的政治、经济、文化、社会、生态等各个领域,在指导有序发展、提高建设和管理水平等方面发挥着重要的先导和统筹作用。国土空间总体规划具有公共政策属性,是指导与调控城市发展建设的重要手段。

经法定程序批准的总体规划文件,是详细规划、相关专项规划和实施规划行政管理的法定依据,具有法定的约束性。各类涉及城乡发展和建设的行业发展规划,都应符合总体规划的要求。

国土空间总体规划具有战略性、协调性、综合性,不仅是专业技术,也是引导和调控建设、保护和管理空间资源的重要依据和手段,因此也是参与综合性战略部署的工作平台。编制国土空间总体规划,应当以全国国土空间规划、国家经济社会发展规划、专项规划等上层次法定规划为依据,根据经济社会发展需求、人口资源环境承载能力,从区域经济社会发展的角度研究规划区域的定位和发展战略;控制人口规模、提高人口素质;合理配置城乡各项基础设施和公共服务设施;充分发挥中心城市的区域辐射和带动作用,合理确定城乡空间布局,促进区域经济社会全面、协调和可持续发展;改善人居环境、健全城市综合防灾体系,保证城市安全;保护历史文化资源,延续城市历史文脉。

省级国土空间规划是落实国家空间战略与目标任务、统筹省级宏观管理和市县微观管控需求的规划平台,具有承上启下的作用。空间布局的构建是省级国土空间规划的重要内容,是实现省级国土空间规划上下融会贯通的核心环节。不同省域因自然资源、经济产业、社会人文等要素特征存在差异,在具体的空间布局上也体现出了一定的地域性、目标性和特色性。

省域国土空间的基本布局思路是:基于自身行政区位、自然地理条件、经济社会条件等,明确区域发展目标和空间战略定位,进而构建国土空间(包含陆域和海域)开发保护的总体格局。在国土空间开发保护格局下合理划分主导功能区域,突出生态空间、农业空间、城镇空间(简称"三区")的核心地位,统筹生态保护红线、永久基本农田和城镇开发边界(简称"三线")三条控制线,同时融合海洋空间、人文空间、能源矿产空间等布局安排,加入综合交通、基础设施等网格化的空间组织,在整体布局上形成各类空间的有机互动。此外,还对自然资源保护和开发利用、国土综合整治、全域生态保护修复、重大工程、乡村振兴、城镇化建设、产业发展等目标任务做出了具体的空间落位安排。

市级国土空间总体规划对市域国土空间开发保护做出统筹安排,在国土空间规划体系的"五级三类"规划中,发挥承上启下、统筹平衡、指导约束的重要作用。市级国土空间总体规划是在原有城市总体规划、土地利用总体规划等空间类规划的基础上,融合、优化、创新形成的更加适应生态文明新时代要求的空间规划。市级国土空间规划强调市级国土空间总体规划的编制必须建立在扎实的前期调查、分析和研究基础上,包括统一底数和底图、分析自然地理格局、重视规划实施和灾害风险评估、加强重大专题研究、开展城市总体设计研究等。

市级国土空间总体规划一般分为市域和中心城区两个层次。市域层次的主要内容是提出市域城乡融合、区域协调发展战略;确定资源环境底线,提出生态优先、绿色发展的策略;提出国土空间整治与修复策略;划定"三区三线";完善区域公共服务设施和基础设施支撑体系;确定市域交通、能源、供水、排水、防洪、垃圾处理等重大基础设施和重要社会服务设施的布局;提出实施规划的措施和有关建议。

中心城区要细化土地使用和空间布局,侧重功能完善和结构优化。中心城区规划的主要内容有分析确定城市性质、职能和发展目标;划定禁建区、限建区、适建区,并制定空间管制措施;根据人口规模预测,确定建设用地规模,划定建设用地范围;确定建设用地的空间布局,优化空间结构和提升连通性;提出主要公共服务设施的布局;确定住房建设标准和居住用地布局;确定绿地系统的发展目标及总体布局,划定绿地的保护范围(绿线),划定河湖水面的保护范围(蓝线);确定历史文化保护及地方传统特色保护的内容和要求;确定交通发展战略和城市公共交通的总体布局,确定主要对外交通设施和主要道路交通设施布局;确定供水、排水、供电、电信、燃气、供热、环卫发展目标及重大设施总体布局;确定生态环境保护与建设目标,提出污染控制与治理措施;确定综合防灾与公共安全保障体系,提出防洪、消防、人防、抗震、地质灾害防护等的规划原则和建设方针;提出地下空间开发利用的原则和建设方针;确定城市空间发展时序,建立规划实施保障机制,提出实施步骤和政策建议。

4.1.2 案例解析——上海市国土空间总体规划

《上海市城市总体规划(2017—2035年)》于2017年12月公布,公示的内容包含报告、文本、图集、公众读本四份文件,明确了上海至2035年的远景展望及至2050年的总体目标、发展模式、空间格局、发展任务和主要举措,为上海未来发展描绘了美好蓝图。

在成果体系上形成了"1+3"完整的成果体系,"1"为《上海市城市总体规划(2017—2035年)报告》,"3"分别为分区指引、专项规划大纲和行动规划大纲。其中,"3"中的分区指引,对应指导各区规划事权,以行政区为对象,从战略引导、底线控制、系统指引等方面指导各区规划编制。在发展目标上,"上海2035"提出了建设"卓越的全球城市"的总目标,打造"更具活力的创新之城、更富魅力的人文之城、更可持续发展的生态之城"的分目标。在发展模式上,确立了"底线约束、内涵发展、弹性适应"的发展模式。在空间布局上,提出了"一主、两轴、四翼,多廊、多核、多圈"的空间结构和"主城区—新城—新市镇—乡村"的市域城乡体系。

在发展策略上,整合了综合交通、产业空间、住房和公共服务、空间品质、生态环境、安全韧性、低碳环保等领域的重点发展策略。在实施保障上,从提高治理能力的角度出发,建立了规划实施保障框架。

上海市规划和自然资源局指出,《上海市城市总体规划(2017—2035年)》突出以城市总体规划转型引领城市发展转型,具体体现为以下八个方面:

(1) 规划定位:更加突出城市总体规划的引领力、管控力、号召力。
(2) 价值取向:更加突出以人民为中心的价值导向。
(3) 思维方式:由外延增长型规划思维转变为内生发展型规划思维。
(4) 规划视野:由市域范围拓展到开放式的全球互联、区域协同发展视野。
(5) 组织方式:由规划部门主导转变为全社会共同参与。
(6) 逻辑框架:由条线并列、内容独立的逻辑框架,转变为由"目标(指标)—策略—机制"逻辑串联组成的有机整体。
(7) 技术方法:由相对传统单一的技术方法转变为平台支撑、开放共享的技术方法。
(8) 成果内容:由规定性技术文件转变为战略性空间政策。

4.1.3 详细规划

国土空间规划中详细规划是对具体地块用途和开发建设强度等做出的实施性安排,是开展国土空间开发保护活动、实施国土空间用途管制、核发城乡建设项目规划许可、进行各项建设等的法定依据。

详细规划的编制分为城镇开发边界内和城镇开发边界外两个部分。在城镇开发边界内的详细规划,由市县自然资源主管部门组织编制,报同级政府审批;城镇开发边界外的乡村地区,以一个或几个行政村为单元,由乡镇政府组织编制"多规合一"的实用性村庄规划,作为详细规划,报上一级政府审批。

详细规划是协调各利益主体的公共政策平台。详细规划对城市建设项目进行具体的定性、定量、定位和定界的控制和引导,直接涉及国土空间建设中各个方面的利益。它是政府、公众、个体利益平衡协调的平台,体现在城市建设中各方角色的责、权、利关系,是实现政府规划意图、保证公共利益、保护个体权利的公共政策载体。

4.2 资源环境承载力评价和国土空间开发适宜性评价

4.2.1 "双评价"的基本概念

资源环境承载力评价和国土空间开发适宜性评价,简称为"双评价"。

1. 资源环境承载力评价

资源环境承载力论述了人类与其社会经济活动和资源环境之间的协调发展。资源环境承载力起源于早期生态学领域提出的承载力概念并逐渐发展成为体现资源环境本底与经济社会活动互动程度的科学测度概念。资源环境承载力一般是指在自然环境及生态系统未受到损害的情况下,特定地域空间内资源禀赋及环境容量能够承载的人口数及经济规模。又可把资源环境承载力理解为:建立在特定发展阶段,经济技术水平以及生产、生活方式基础上,在特定地域内,资源环境要素所能支持的农业生产、城镇建设以及其他人类活动规模最大的承载力。

进行资源环境承载力评价可以指导国土空间开发与保护工作,推动形成节约资源与保护环境并重的空间格局,协调用地结构与发展模式,是落实我国生态文明体制与回应国土空间开发过程中资源与环境紧密约束的需要。

2. 国土空间开发适宜性评价

所谓国土空间开发适宜性是指以资源环境承载力评估为基础,以保持生态系统健康和可持续为目标,充分考虑资源环境要素、区位条件和经济社会发展状况来判断特定国土空间内从事农业生产和城镇建设的人类活动适宜性。我们还可把国土空间开发适宜性评价理解为:根据其自然、生态及社会经济属性来评估其与预定功能用途是否相适应、是否合适及限制状况如何。

国土空间开发适宜性体现了人对土地的开发、建设用地被占用、强调利用土地空间携带的多宜性,满足人对土地多样化、多层次的需求。对国土空间综合功能效用的追求需要社会经济及生态系统多维支持,既要兼顾城镇空间发展适宜性问题,又要融合农业生产、生态保护及其他不同的开发利用途径。

国土空间开发适宜性评价、国土空间用途管制和开展"三区三线"及其他区界划定工作,是国土空间规划编制工作的核心组成部分之一。国土方面空间发展适宜性评估是国土空间发展格局优化,农业、生态及建设空间合理布局的根本和基础。

4.2.2 "双评价"的目的

以"双评价"工作为基础,分析规划范围内区域资源禀赋与环境条件,研判市县国土空间开发利用问题和风险,识别生态保护极重要区(含生态系统服务功能极重要区和生态极脆弱区),明确农业生产、城镇建设的最大合理规模和适宜空间,为编制市县国土空间总体规划、优化国土空间开发保护格局、完善区域主体功能定位、划定三条控制线、实施国土空间生态修复和国土综合整治重大工程提供基础性依据,促进形成以生态优先、绿色发展为导向的高质量发展新路子。"双评价"的目的如下:

(1)要通过全面分析规划范围内区域资源禀赋与环境条件,摸清资源环境要素本底和开发利用现状,识别制约区域发展的短板与问题。国土空间规划的对象是人与自然构成的命运共同体,需要以承载力评价为基础,明确国土空间资源禀赋、生态条件和环境容量等对象的基本特点,并摸清其地域分布特征,确认自然资源的利用极限和边界,为空间发展蓝图提供基本的资源现状底图。

(2) 要辅助"三区三线"划定。"三区三线"是建立具有约束力的统一国土空间用途管制分区的核心内容,在"双评价"科学基点上,识别空间问题和冲突,科学划定"三区三线",强化应对空间冲突调解和空间利益权衡,科学认知和系统把握全域空间布局和全要素禀赋。

(3) 要优化国土空间开发保护格局,完善区域主体功能定位。为生态文明建设提供良好的时空秩序支撑,科学确定国土空间开发保护的规模、结构、方式、布局和时序。综合考虑区域资源禀赋、开发潜力、环境约束、区位条件等比较优势,引导人口、产业、资本等要素在空间上的高效集聚与合理分布。

(4) 为实施国土空间生态修复和国土综合整治重大工程提供基础性依据。国土空间生态修复重点区域和重大工程的确定和时序安排,应充分考虑"双评价"结果中生态极重要、灾害危险性高和环境污染严重等区域。

4.2.3 评价思路

基于支持国土空间规划编制工作的应用需求,确定了评估工作的重点任务和目标,并根据地方实际情况合理拟定了评估工作计划。这里通过实地调研及专家咨询等方法对资源环境生态特征及存在突出问题进行了系统梳理,以此为基础构建了评价框架体系,明确了评价内容及技术路线,甄别了地区特色核心指标因子。在确保资料权威性、准确性、时效性的前提下,对有关资料进行了采集。评价统一采用国家 2000 大地坐标系(CGCS2000)。

通常以水资源、土地资源、气候、生态、环境、灾害及区位为中心,以生态保护的重要程度,农业生产的适宜性及承载规模评价以及城镇建设的适宜性及承载规模评价等为本底进行。在评价结果的基础上,开展了资源环境禀赋分析,确定了目前存在的问题及可能存在的风险,并对不同场景下能承载的耕地规模与城镇建设规模进行了分析,发掘了农业生产与城镇建设的潜在空间,以期为支持国土空间格局优化和三条控制线的划定提供一定的参考依据。评价指标选择应准确而全面,并充分考虑其可操作性、可获取性和可量化性等特点,优先选择易收集数据指标。涉及因子评价方法选取与指标适应度问题,应因地制宜并根据本地实际,对具体评价因子与分级阈值、权重选取需优化调整以适应不同层次、不同空间尺度需求,较好地反映资源本底环境特征,如图 4-1 所示。

4.2.4 评价资料需求

"双评价"共涉及基础底图类、基础地理类、土地资源类、水资源类、生态类、气候气象类、灾害类和交通类等八类数据类型,但不同类型的城市,需根据地区自然地理条件的独特性、主体功能区定位和城市定位等情况,补充相应的要素因子,从而更好地体现区域特色和地区差异。考虑数据的可获得性和方法的可操作性,同时保证结果的科学合理性,可对评价因子进行优化调整。以青岛市为例,"双评价"所需的资料包括土地资源类、水资源类、环境类、生态类、灾害类、气候气象类、基础底图类,如表 4-1 所示。

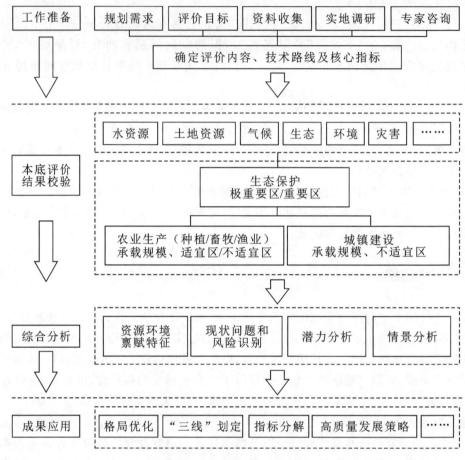

图 4-1 "双评价"技术路线图

表 4-1 青岛市"双评价"资料汇总

数据类别	数据内容	
土地资源类	土地利用现状数据	第三次全国国土调查数据
	地形数据	全要素数字地形图、1∶50000DEM 数据
水资源类	水资源数据	降雨量、水资源量、过境河流径流量、经济社会供水量
	水功能区划数据	水功能区划图、控制单元划分图
	水资源公报	近五年水资源公报
环境类	大气环境功能区划数据	大气环境功能
	空气质量浓度数据	所有监测站点（包括国家、省、市县级监测站点）SO_2、NO_2、CO、PM2.5、PM10 月均、年均浓度
	水环境功能区划数据	水环境功能区划及功能目标浓度土壤
	土壤污染普查数据	全国土壤污染状况普查数据

续表

数据类别	数据内容	
生态类	生态保护红线评价数据	生态保护红线评价数据
	植被廊道	优势树种面积及分布数据、珍贵树种面积及分布数据
	山体廊道	主要山体、流域分水岭、主要河流源区
	各类保护区数据	一级、二级水源涵养区分布图,自然保护区、森林公园、风景名胜分布图
灾害类	地震灾害数据	活动断层分布图、地震动峰值加速度的大小
	地质灾害数据	崩塌、滑坡、泥石流、地面沉降、矿山地面塌陷和岩溶塌陷等地质灾害发生的频次、强度及高易发区
	气象灾害数据	年最大风速(10年)、年均日最大降雨量(30~50年)、年均最低气温(10年)
气候气象类	气象数据	降雨、月均气温、风速、日照时数、活动积温等
基础底图类	行政区划数据	县(市、区)行政区划图、乡镇行政区划图
	基础地理国情监测数据	地表覆盖数据、地理国情要素数据

4.2.5 "双评价"的技术过程

1. 单项评价

基于县域面积、高程以及现有数据,将栅格单元选取为 15 m×15 m 进行评价。

1) 土地评价

扣除河流水面、湖泊水面以及水库水面进行计算。

(1) 农业生产:

①坡度分级:使用全域 DEM、坡度范围(15 m×15 m 栅格)计算,将坡度分级如表4-2所示。

表4-2 坡度分级(农业生产)

坡度范围	赋 值
≤2°	1
2°~6°	2
6°~15°	3
15°~25°	4
>25°	5

②集成评价:由于没有土壤质地、土壤有机质、土壤厚度等数据,只能以坡度分级将农业生产土地资源划分为高、较高、中等、较低、低 5 级,划分区间与赋值如表 4-3 所示。

表 4-3 划分区间与赋值(农业生产)

划分区间	等 级	赋 值
1	高	1
2	较高	2
3	中等	3
4	较低	4
5	低	5

(2)城镇建设:
①坡度分级:使用 15 m×15 m 栅格计算,将坡度分级,如表 4-4 所示。

表 4-4 坡度分级(城镇建设)

坡 度 范 围	赋 值
≤3°	1
3°~8°	2
8°~15°	3
15°~25°	4
>25°	5

②地形起伏度:使用 15 m×15 m 栅格计算,采用 30×30 邻域,对不影响土地资源等级的取 0,将地形起伏度分级,如表 4-5 所示。

表 4-5 地形起伏度

地形起伏度范围	赋 值
≤100 m	0
100~200 m	1
>200 m	2

③高程:对不影响土地资源等级的取 0,现将县域内高程进行分级,如表 4-6 所示。

表 4-6　县域内高程

高程范围	赋值
≤4000 m	0
4000~5000 m	1
>5000 m	5

④集成评价：将坡度、地形起伏度、高程以同等权重进行集成，将城镇建设土地资源划分为高、较高、中等、较低、低 5 级，划分区间与赋值如表 4-7 所示。

表 4-7　划分区间与赋值（城镇建设）

划分区间	等级	赋值
1	高	1
2	较高	2
3	中等	3
4	较低	4
5	低	5

2）水资源评价

基于现有资料和县域情况，采用多年平均降雨量和修正因子两种评价指标。

(1)基于区域内及邻近地区气象站点长时间序列降水观测资料，通过空间插值（协同克里金插值）得到多年平均降水量分布图层，并按表 4-8 分级。

表 4-8　多年平均降水量分级

划分区间	等级	赋值
≥1200 mm	好（很湿润）	5
800~1200 mm	较好（湿润）	4
400~800 mm	一般（半湿润）	3
200~400 mm	较差（半干旱）	2
<200 mm	差（干旱）	1

农业生产与城镇建设均采用上述评价方法。

(2)修正因子：根据评价区域内地层类型，将第四系全新统所在区域水资源评价结果升一级。

(3)集成评价：将修正后的水资源评价结果分为 5 级，如表 4-9 所示。

表 4-9　集 成 评 价

划 分 区 间	等　级	赋　值
5～6	好	5
4	较好	4
3	一般	3
2	较差	2
1	差	1

3)环境评价

(1)城镇建设:城镇建设环境评价包括大气环境容量评价和水环境容量评价。

大气环境容量评价:基于收集的现有资料,采用年平均风速作为评价指标,统计周边气象台多年平均风速,通过空间插值(普通克里金插值)得到多年平均风速图层,并按表 4-10 分类。

表 4-10　多年平均风速分类

划 分 区 间	等　级	赋　值
>5 m/s	高	1
3～5 m/s	较高	2
2～3 m/s	一般	3
1～2 m/s	较低	4
≤1 m/s	低	5

(2)农业生产:根据周边地区土壤污染状况详细调查等成果,进行各点位主要污染物含量分析,通过空间插值(普通克里金插值)得到土壤污染物含量布图层,依据《土壤环境质量 农用地土壤污染风险管控标准(试行)》(GB 15618—2018)中的筛选值和管制值,基于表层土壤中镉、汞、砷、铅、铬的含量,评价土壤环境容量,并将土壤环境容量分类,如表 4-11 所示。

表 4-11　土壤环境容量分类

划 分 区 间	等　级	赋　值
$C_i \leqslant S_i$	高	0
$S_i < C_i \leqslant G_i$	中	1
$C_i > G_i$	低	2

4)气候评价

(1)农业生产:基于收集的现有资料和县域情况,采用大于等于0℃活动积温作为评价指标,基于域内及邻近地区气象站点长时间序列气温观测资料,统计各气象站大于等于0℃活动积温,进行空间插值(普通克里金插值),并将结果海拔校正(以海拔高度每上升100 m气温降低0.6℃的温度递减率为依据)得到活动积温图层,活动积温分类如表4-12所示。

表4-12 活动积温分类

划 分 区 间	等 级	赋 值
≥7600℃	好(一年三熟有余)	1
5800~7600℃	较好(一年三熟)	2
4000~5800℃	一般(一年两熟或两年三熟)	3
1500~4000℃	较差(一年一熟)	4
<1500℃	差(一年一熟不足)	5

(2)城镇建设:基于收集的现有资料和县域情况,采用温湿指数作为评价指标。计算公式如下:

$$THI = T - 0.55(1-f)(T-58)$$

式中:THI为温湿指数,T为月均华氏温度,f是月均空气相对湿度(%)。根据气象站点数分别计算各站点12个月多年平均的月温度与月均空气相对湿度,再通过空间插值(普通克里金插值)得到区域内月均温度值与月均空气相对湿度值,其中温度值需结合高程矫正(以海拔高度每上升100 m气温降低0.6℃的温度递减率为依据),然后使用栅格计算器根据公式计算出12个月的温湿指数平均数(由于一些区域里存在多个众数),将其作为该区舒适度,舒适度分级标准如表4-13所示。

表4-13 舒适度分级标准

分 级 标 准	舒适度等级
60~65	7(很舒适)
56~60	6
50~56	5
45~50	4
40~45	3
32~40	2
<32	1(很不舒适)

5)区位优势度评价

区位优势度评价是综合考虑县域内的交通干线可达性、中心城区可达性、交通枢纽可达性三个指标项的加权求和所得结果,再结合交通网络密度集成得到的。

(1)交通干线可达性评价:基于三调数据中交通数据(不含高速公路),将县域内道路分为二级。对选定的所有道路做距离分别为 3 m、6 m 的多环缓冲区分析,后进行加权求和集成,计算交通干线可达性,再采用相等间隔法将交通干线由高到低分为 5、4、3、2、1 等级,具体分级如表 4-14 所示。

表 4-14 交通干线可达性分级

评价指标	分级阈值	赋 值
二级道路	距离二级道路≤3 km	4
二级道路	3 km<距离二级道路≤6 km	3
二级道路	距离二级道路>6 km	1
三级道路	距离三级道路≤3 km	3
三级道路	3 km<距离三级道路≤6 km	2
三级道路	距离三级道路>6 km	1

注:二级道路:国道、省道;三级道路:县道。

(2)中心城区可达性评价:选取某镇的中心城区,将交通路网面矢量文件按照高速公路的平均速度取值为 100 km/h、二级道路的平均速度取值为 60 km/h、三级道路的平均速度取值为 40 km/h、步行平均速度为 10 km/h 的原则添加时间成本属性值,根据该属性将文件转为 15 m×15 m 的栅格文件,为全域的每个栅格单元赋时间成本值,再对栅格做成本距离分析后得到等时圈图,根据到达中心城区所需时间阈值赋值,得到中心城区可达性分级图,具体分级如表 4-15 所示。

表 4-15 中心城区可达性分级

评价指标	分级阈值	赋 值
中心城区可达性	车程≤30 分钟	5
中心城区可达性	30 分钟<车程≤60 分钟	4
中心城区可达性	60 分钟<车程≤90 分钟	3
中心城区可达性	90 分钟<车程≤120 分钟	2
中心城区可达性	车程>120 分钟	1

(3)交通枢纽可达性评价:反映网络化发展趋势下城镇沿枢纽团块状发展的潜力,是指格网单元到区域内航空、铁路、港口、公路、市域轨道交通等交通枢纽的交通距离。基于现有资料选取机场、铁路站点、高速出入口作为评价指标,根据所需时间阈值赋值后,进行加权求和集成,计算交通枢纽可达性,再采用相等间隔法将交通枢纽由高到低分为 5、4、3、2、1 五

个等级,分级如表 4-16 所示。

表 4-16　交通枢纽可达性分级

评价指标	分级阈值	赋　值
机场	车程≤60 分钟	5
	60 分钟＜车程≤90 分钟	4
	90 分钟＜车程≤120 分钟	3
	车程＞120 分钟	0
铁路站点	车程≤30 分钟	5
	30 分钟＜车程≤60 分钟	4
	60 分钟＜车程	0
高速公路出入口	车程≤30 分钟	4
	30 分钟＜车程≤60 分钟	3
	60 分钟＜车程	0

(4)初步集成:将交通干线可达性、中心城区可达性、交通枢纽可达性三个指标项的同等权重加权求和,再将所得结果按相等间隔法分为 5 级,分级如表 4-17 所示。

表 4-17　初 步 集 成

分级区间	等　　级	赋　值
12.6～15	高	5
10.2～12.6	较高	4
7.8～10.2	一般	3
5.4～7.8	较低	2
3～5.4	低	1

(5)交通网络密度评价:将公路网作为交通网络密度评价主体,采用线密度分析方法。其计算公式为:

$$D=L/A$$

式中:D 为交通网络密度(千米每平方千米);L 为栅格单元领域范围内的公路通车里程总长度(千米);A 为栅格单元领域面积。本次评价尽量考虑县域内高速公路、省道、国道、县道,线要素按半径为 6000 m 做线密度分析,将线密度分析结果按相等间隔法分为 5 级,得到交通网络密度分级图,分级如表 4-18 所示。

表 4-18 交通网络密度分级

分级区间	等级	赋值
3.49~4.37	高	5
2.62~3.49	较高	4
1.75~2.62	一般	3
0.87~1.75	较低	2
0~0.87	低	1

(6)集成评价:将区位优势度评价初步集成结果与交通网络密度评价进行集成,得到区位优势度评价结果,分为 5 级,集成方式如表 4-19 所示。

表 4-19 集成方式

交通网络密度	区位条件初步集成				
	好	较好	一般	较差	差
高	高	高	较高	中	低
较高	高	高	较高	较低	低
一般	高	较高	中	较低	低
较低	较高	较高	中	低	低
低	中	中	较低	低	低

6)灾害评价

(1)城镇建设:基于现有资料和县域情况,选取地质灾害危险性评价作为评价指标。地质灾害危险性评价包括地震危险性评价和地质灾害点评价。

①地震危险性评价以活动断层危险性为基础,结合地震峰值加速度确定地震危险性等级。

活动断层危险性:按照活动断层距离划分为低、中、较高、高、极高 5 级并赋值,具体分级如表 4-20 所示。

表 4-20 活动断层危险性分级

等级	稳定	次稳定	次不稳定	不稳定	极不稳定
距断裂距离	单侧 400 m 以外	单侧 200~400 m	单侧 100~200 m	单侧 30~100 m	单侧 30 m 以内
危险性等级	低	中	较高	高	极高
赋值	1	2	3	4	5

地震峰值加速度:依据《中国地震动参数区划图》(GB 18306—2015)、《建筑抗震设计规范(附条文说明)(2016 年版)》(GB 50011—2010),确定地震动峰值加速度,分为低、中、较高和高 4 个等级并赋值,具体分级如表 4-21 所示。

表 4-21　地震峰值加速度分级

抗震设防烈度	6	7	8	9
地震峰值加速度（g）	$0.05g$	$0.10(0.15)g$	$0.20(0.30)g$	$0.40g$
危险性等级	低	中	较高	高
赋值	0	1	2	4

集成评价:对于地震动峰值加速度为较高的区域,将活动断层危险性提高 1 级;地震动峰值加速度为高的区域,将活动断层危险性提高 2 级。以加权的方式,得到地震危险性评价结果,分级如表 4-22 所示。

表 4-22　集成评价

分级区间	等　　级	赋　　值
5.5	极高	5
4.5	高	4
3.5	较高	3
2.5	中	2
1.5	低	1

②地质灾害点评价:根据 2019 年度某市地质灾害隐患点汇总表生成地质灾害隐患点,采用点密度分析方式,以 6000 m 为半径,以相等间隔法将地质灾害点评价结果分为 5 级,分级如表 4-23 所示。

表 4-23　地质灾害点评价分级

等级	稳定	次稳定	次不稳定	不稳定	极不稳定
距断裂距离	单侧 400 m 以外	单侧 200～400 m	单侧 100～200 m	单侧 30～100 m	单侧 30 m 以内
危险性等级	低	中	较高	高	极高
赋值	1	2	3	4	5

③集成评价:取地震危险性评价和地质灾害点评价结果中的最高等级,作为城镇建设灾害评价等级,划分为低、中、较高、高、极高 5 个等级。

(2)农业生产:基于现有数据与区域情况,采用气象灾害发生频率作为评价指标,根据单项气象灾害指标每年发生情况,统计发生频率(加权求和),然后将农业生产灾害评价结果分为5级,分级如表4-24所示。

表 4-24 农业生产灾害评价分级

分 级 区 间	等 级	赋 值
>80%(>9)	高	5
60%~80%(7~9)	较高	4
40%~60%(5~7)	中等	3
20%~40%(3~5)	较低	2
≤20%(<3)	低	1

单项气象灾害评价:以县域内暴雨、雪灾、干旱、早霜冻、晚霜冻、大风在多年之内存在的有无作为评价指标,将单项气象灾害评价分为2级,分级如表4-25所示。

表 4-25 单项气象灾害评价分级

分 级 理 由	等 级	赋 值
存在单项气象灾害	高	2
不存在	低	0

2. 生态保护重要性评价

生态保护重要性评价包括生态系统服务功能重要性评价和生态脆弱性评价。

1)生态系统服务功能重要性评价

生态系统服务功能重要性评价包括生物多样性维护功能重要性评价、水源涵养功能重要性评价、水土保持功能重要性评价。

(1)生物多样性维护功能重要性评价:基于收集的现有资料和县域情况,为解决指南方法数据缺乏和NPP法精度不足,采用生态系统类型与自然保护地体系复核的办法。不同生态系统具有不同的生物多样性维护功能,而自然保护地由于本身生态系统原真性、完整性较高,具有重要的生物多样性维护功能。因此,将土地三调数据和自然保护地数据作为评价指标。生物多样性维护功能重要性分级如表4-26所示。

表 4-26 生物多样性维护功能重要性分级

生态系统类型	等 级	赋 值
省级以上自然保护地区和国家公园、风景名胜区、湿地公园等其他自然保护地	极重要	9

续表

生态系统类型	等 级	赋 值
灌木林地、湖泊、湿地生态系统	较重要	7
草地生态系统	一般重要	5
耕地生态系统	较低重要	3
其他生态系统	低重要	1

注：湿地包括沼泽地、沼泽草地、沟渠、河流水面、水库水面、坑塘水面，草地包括天然牧草地、人工牧草地和其他草地，耕地包括水浇地、水田、旱地，划分区域重叠部分优于重要的分级。

(2) 水源涵养功能重要性评价：基于收集的现有资料和县域情况，由于缺乏适当精度的植被覆盖度数据，选取土地利用类型作为评价指标。水源涵养功能重要性分级如表 4-27 所示。

表 4-27 水源涵养功能重要性分级

土地利用类型	等 级	赋 值
乔木林地、湿地与水域	极重要	9
灌木林地	较重要	7
水田	一般重要	5
草地	较低重要	3
建设用地、荒地、旱地等其他地类	低重要	1

注：湿地包括沼泽地、沼泽草地、沟渠、河流水面、水库水面、坑塘水面，水域包括湖泊水面、河流水面、水库水面，草地包括天然牧草地、人工牧草地和其他草地，划分区域重叠部分优于重要的分级。

(3) 水土保持功能重要性评价：基于收集的现有资料和县域情况，采用低精度的植被覆盖度数据，选取地形、生态系统类型作为评价指标。水土保持功能重要性分级如表 4-28 所示。

表 4-28 水土保持功能重要性分级

分级指标	等 级	赋 值
坡度≥25°的森林、灌丛和草地	极重要	9
极重要区以外坡度≥15°的森林、灌丛和草地	较重要	7
除极重要和较重要以外的其他区域	低重要	1

注：森林包括乔木林地、灌木林地、其他林地，草地包括天然牧草地、人工牧草地和其他草地。

(4) 集成评价：将生物多样性维护功能重要性评价、水源涵养功能重要性评价、水土保持功能重要性评价结果分为3级,并赋值,通过加权评价的方式计算出生态系统服务功能重要性评价结果,并分为3级。具体分级和计算方法如下:生态系统服务功能重要性评价=生物多样性维护功能重要性评价×0.5+水源涵养功能重要性评价×0.25+水土保持功能重要性评价×0.25。

单项分级表如表4-29所示。

表4-29 单项分级表

分级指标	等级	赋值
生物多样性维护功能重要性评价、水源涵养功能重要性评价、水土保持功能重要性评价结果取值为9	极重要	9
生物多样性维护功能重要性评价、水源涵养功能重要性评价、水土保持功能重要性评价结果取值为7	较重要	7
生物多样性维护功能重要性评价、水源涵养功能重要性评价、水土保持功能重要性评价结果取值为1~5	一般重要	1

生态系统服务功能重要性评价分级表如表4-30所示。

表4-30 生态系统服务功能重要性评价分级表

分值区间	等级	赋值
5.0~9.0	极重要	9
2.25~4.99	较重要	7
1~2.24	一般重要	1

2)生态脆弱性评价

生态脆弱性评价主要是指水土流失脆弱性评价。

(1)水土流失脆弱性评价:基于收集的现有资料和县域情况,选取地形因子作为评价指标。地形因子分级表和水土流失脆弱性分级表如表4-31和表4-32所示。

表4-31 地形因子分级表

地形起伏度	等级	赋值
>300	极脆弱	9
100~300	较脆弱	7
50~100	一般脆弱	5
20~50	较低脆弱	3
0~20	低脆弱	1

表 4-32　水土流失脆弱性分级表

分 级 指 标	等　　级	赋　　值
＞8.0	极脆弱	9
6.1～8.0	较脆弱	7
4.1～6.0	一般脆弱	5
2.1～4.0	较低脆弱	3
1.0～2.0	低脆弱	1

(2)集成评价:将水土流失脆弱性评价结果分为 3 级,并赋值,取最高等级作为生态脆弱性等级,具体分级如表 4-33 所示。

表 4-33　生态脆弱性等级

分 级 指 标	等　　级	赋　　值
水土流失脆弱性评价结果取值为 9	极脆弱	9
水土流失脆弱性评价结果取值为 7	较脆弱	7
水土流失脆弱性评价结果取值为 1～5	一般脆弱	1

3)集成评价

取生态系统服务功能重要性评价和生态脆弱性评价结果的最高等级作为生态保护重要性等级,使用分区参考判别矩阵得到生态保护重要性评价等级,并分级如表 4-34 所示。

表 4-34　生态保护重要性等级

分 级 指 标	等　　级	赋　　值
生态系统服务功能重要性评价和生态脆弱性评价结果的最大值	极重要	9
	重要	7
	一般重要	1

3. 种植业适宜性评价

1)初判农业生产条件等级

(1)扣除生态保护极重要区域,基于农业生产土地资源和农业生产水资源评价结果,使用农业生产的水土资源基础判别矩阵(见表 4-35)确定农业生产的水土资源基础。

表 4-35 农业生产的水土资源基础判别矩阵

水资源	土 地 资 源				
	高	较高	中等	较低	低
好	好	好	较好	一般	低
较好	好	好	较好	较差	低
一般	好	较好	一般	较差	低
较差	较好	一般	较差	差	低
差	差	差	差	差	低

(2)在上步结果的基础上,结合农业生产气候评价结果,使用农业生产条件等级判别矩阵(见表 4-36)得到农业条件等级结果。

表 4-36 农业生产条件等级判别矩阵

气候评价结果	水土资源基础				
	高	较高	中等	较低	低
好	好	好	较好	一般	低
较好	好	好	较好	较差	低
一般	好	较好	一般	较差	低
较差	较好	一般	较差	差	低
差	差	差	差	差	低

2)修正并确定农业生产适宜性等级

(1)对于土壤环境容量评价结果为最低值的,将初步评价结果调整为低等级;土壤环境容量评价结果为中等级的,将初步评价结果下降一个级别。对于盐渍化敏感性高的区域,将初步评价结果下降一个级别。对于气象灾害风险性高的区域,将初步评价结果为高的调整为较高等级。

(2)将上述成果按等级高、较高、一般、较低的定为适宜区,等级为低的划分为不适宜区。

4. 城镇建设适宜性评价

1)初判城镇建设条件等级

扣除生态保护极重要区域,基于土地资源和水资源评价结果,使用城镇建设的水土资源基础判别矩阵(见表 4-37),确定城镇建设的水土资源基础,作为城镇建设条件等级的初步结果。

表 4-37　城镇建设的水土资源基础判别矩阵

水资源	土 地 资 源				
	高	较高	中等	较低	低
好	高	高	较高	一般	低
较好	高	高	较高	较差	低
一般	高	较高	一般	较差	低
较差	较高	一般	较差	差	低
差	差	差	差	差	低

2）修正并确定城镇建设适宜性等级

（1）对于地质灾害危险性评价结果为极高等级的,将初步评价结果调整为低等级；对于地质灾害危险性评价结果为高等级的,将初步评价结果下降两个级别；对于地质灾害危险性评价结果为较高等级的,将初步评价结果下降一个级别。对于风暴潮灾害危险性为高的,将初步评价结果下降一个级别。

（2）对于大气环境容量和水环境容量均为最低值的,将初步评价结果下降两个级别；对于大气环境容量或水环境容量为最低值的,将初步评价结果下降一个级别。对于舒适度等级为很不舒适的,将初步评价结果下降一个级别。

（3）对于区位优势度评价结果为最低值的,将初划城镇建设条件等级下降两个级别；对区位优势度评价结果为较差的,将初划城镇建设条件等级下降一个级别；对区位优势度评价结果为好的,将初划城镇建设条件结果为较低、一般和较高的分别上调一个等级。

（4）将上述成果按等级为高、较高、一般、较低的定为适宜区,等级为低的划分为不适宜区。

5. 畜牧业适宜性评价

畜牧业分为放牧为主的牧区畜牧业和舍饲为主的农区畜牧业。年降雨量 400 mm 等值线或 10 ℃以上积温 3200 ℃等值线是牧区和农区的分界线。由种植业生产适宜性评价中的年降雨量及大于 0 ℃积温插值结果可以看出,县域年降雨量最大值为 410 mm,且大于 0 ℃积温最大值为 2435 ℃,可以判断出县域的畜牧业为牧区畜牧业。

一般地,草原饲草生产能力越高,雪灾、风灾等气象灾害风险越低,地势越平坦,越适宜牧区畜牧业生产。

畜牧业适宜性评价从草原饲草生产能力和气象灾害两个方面,以自然植被的净第一性生产力（NPP 指数）作为全域进行畜牧业适宜性评价指标,结合农业灾害评价结果进行修正。

1）计算方法

周广胜与张新时（1995 年）建立的自然植被的净第一性生产力模型,利用拉孜县年均降雨量分布图及多年年均气温资料即可求取该区域的潜在的自然植被的净第一性生产力。该模型可表示如下：

$$NPP = RDI \times rR_n(r^2R_n^2 + rR_n)/[(r^2R_n^2)(r+R_n)] \times \exp(-\sqrt{9.87 + 6.25RDI})$$

式中：RDI 为辐射干燥度；R_n 为年净辐射（mm）；r 为年降水量（mm）；NPP 为自然植被的净第一性生产力。

又有 RDI 与 PER 的回归方程为：

$$RDI = (0.629 + 0.237PER - 0.00313PER^2)^2$$

利用蒸散率与温度及降水间的关系得：

$$PER = PET/r = BT \times 58.93/r$$

式中：PET 为年可能蒸散量（mm），B 为年平均生物温度（℃）。

$$BT = \sum t/365 \text{ 或 } \sum T/12$$

式中：t 为 0℃的日均温，T 为 0℃的月均温。

2）初步评价

计算出县域内自然植被的净第一性生产力（NPP 指数）。采用自然间隔法将其分为 2 级，作为畜牧业适宜性评价结果，分级如表 4-38 所示。

表 4-38　畜牧业适宜性评价分级表

分级区间	等　级	赋　值
>3.84	适宜	2
2.06～3.84	不适宜	1

4.2.6　评价结果应用

"双评价"成果从支撑国土空间格局优化、支撑"三线"划定、支撑规划目标指标确定和分解、支撑重大决策和重大工程安排、支撑编制空间类专项规划等方面，为国土空间规划编制提供技术支撑。但当前阶段的"双评价"工作仍具有一定的相对性，应基于科学评价得出生态保护重要性评价结果，确定生态环境保护底线；对农业生产和城镇建设评价结果具有多宜性的区域，应综合权衡当地的资源禀赋特征、环境条件、发展目标和治理要求，与上位评价成果进行衔接，做出合理判断。具体从以下几个方面应用。

1. 支撑国土空间格局优化

生态格局应与生态保护重要性评价结果相匹配；农业生产格局和城镇建设格局应结合生态格局与农业生产、城镇建设适宜性评价结果相衔接。

2. 支撑完善主体功能分区

生态保护、农业生产、城镇建设单一功能特征明显的区域，可作为重点生态功能区、农产品主产区、城市化发展区的备选区。两种或多种功能特征明显的区域，按照安全优先、生态优先、节约优先、保护优先的原则，结合区域发展战略定位，以及在全国或区域生态、农业、城镇格局中的重要程度,综合权衡后,确定其主体功能定位。

3. 支撑划定三条控制线

生态保护极重要区,是划定生态保护红线的空间基础。种植业生产适宜区,是永久基本农田的优选区域,退耕还林还草等优先在种植业生产不适宜区内开展。城镇开发边界优先在城镇建设适宜区范围内划定,并避让城镇建设不适宜区,无法避让的需进行专门论证并采取相应措施。"双评价"的评价结果需要与现有部门管控边界进行细致校核,综合考虑生态保护、产业发展、用地效率、地块集中度等问题,形成协调一致的三类空间和三条控制性划定原则。

4. 支撑规划指标确定和分解

耕地保有量、建设用地规模等指标的确定和分解,应与农业生产、城镇建设现状及未来潜力相匹配,不能突破区域农业生产、城镇建设的承载规模。

5. 支撑重大工程安排

国土空间生态修复和国土综合整治重大工程的确定与时序安排,应优先在生态极脆弱、灾害危险性高、环境污染严重等区域开展。"双评价"结果可以为评价区域内国土综合整治与重大工程安排提供一定的参考。

6. 支撑高质量发展的国土空间策略

在坚守资源环境底线约束、有效解决开发保护突出问题的基础上,按照高质量发展要求,提出产业结构和布局优化、资源利用效率提高、重大基础设施和公共服务配置等国土空间策略的建议。

4.3 上位和相关规划解读

根据国土空间规划体系"五级三类"的建设内容和自上而下、分级传导的总要求,市(县)国土空间规划编制工作需全面建立在上位国土空间规划与相关专项规划要求基础之上,所以解读上位与相关规划显得尤为重要。

上位规划解读通常包括对该级功能定位、规模指标、生态与自然资源保护、空间布局及主要交通、市政设施的特定需求。市、县国土空间总体规划涉及范围广、综合性强,所以解读其他职能部门制定的有关规划也是其中的一项重点工作。它通常由产业发展规划、各种自然资源(森林、湿地、草地、海洋)的保护利用、综合交通、各种公共服务设施以及市政基础设施的专项规划、综合防灾安全规划组成。

上位规划体现了上级政府的发展战略和发展要求。按照一级政府、一级事权的政府层级管理体制,上位规划代表了上一级政府对空间资源配置和管理的要求,代表了区域整体利益和长远利益。上位规划有助于协调和解决城乡之间的矛盾和问题。在国土空间总体规划不能详尽表达和完全实现落地管控的情况下,可编制相关专项规划进行详细落实,相关规划属于规划的细化。

以广州市国土空间总体规划为例,根据《自然资源部办公厅关于在广州市开展市级国土空间规划先行先试工作的通知》,广州市按照《中共中央 国务院关于建立国土空间规划体系并监督实施的若干意见》要求,开展广州市国土空间规划工作。本规划在《广州市城市总体规划(2017—2035年)》(以下简称"总规")编制试点成果基础上,结合国土空间规划的新要求完成。

本规划以习近平新时代中国特色社会主义思想为指导,推动广州实现老城市新活力,在综合城市功能、城市文化综合实力、现代服务业、现代化国际化营商环境方面出新出彩。坚持"世界眼光、国际标准、中国特色、高点定位",落实《粤港澳大湾区发展规划纲要》对广州的定位要求,明确广州城市性质是广东省省会、国家历史文化名城、国家中心城市和综合性门户城市、粤港澳大湾区区域发展核心引擎、国际商贸中心、综合交通枢纽、科技教育文化中心,着力建设国际大都市,并提出广州目标愿景为"美丽宜居花城,活力全球城市"。制定面向2025、2035、2050的分阶段发展目标,构建与之相匹配的国土空间规划指标体系和规划实施传导路径。

根据相关规划,在粤港澳大湾区建设方面,携手共建国际一流湾区和世界级城市群。强化广州作为粤港澳大湾区区域发展核心引擎功能,推进区域城市交通设施互联互通、市政基础设施共建共享、生态环境共同维育、科技创新协同发展,建设广州南沙粤港澳全面合作示范区,引领带动全省"一核一带一区"协调发展,支持港澳融入国家发展大局。

在国土空间开发方面,根据相关规划规定,坚持底线思维,构建美丽国土空间格局。统筹城镇、农业、生态空间,科学划定生态保护红线、永久基本农田和城镇开发边界三条控制线。将"三区三线"作为调整经济结构、规划产业发展、推进城镇化不可逾越的红线。统筹优化城乡布局,形成"一脉三区、一核一极、多点支撑、网络布局"的空间发展结构,统筹空间资源和发展要素布局,促进城乡均衡发展。

在历史文化保护方面,打造岭南魅力文化名城,建设包容共享幸福家园。传承历史根脉,保护和活化历史文化名城,以"绣花"功夫管理城市,注重人居环境改善,提升城市特色与空间品质,实施"最广州"历史文化步径。提升文化国际影响力,打造社会主义文化强国的城市范例。合理布局教育、医疗、文化、体育等公共服务设施,按照15分钟步行可达的空间范围、3万~10万人的服务人口规模打造社区生活圈,配置社区级公共服务设施,形成富有活力的社区中心。完善城乡公园体系,以口袋公园建设提升公园绿地服务半径覆盖率,构建由绿道、缓跑径、登山步道和南粤古驿道共同组成的城乡休闲游憩体系,打造宜居宜业宜游优质生活圈,增强人民群众获得感、幸福感、安全感,如图4-2所示。

在综合交通规划方面,根据相关规划要求,提升国际综合交通枢纽的能级,建设国际航空、航运、铁路枢纽。增强路网结构,升级轨道都市,提升轨道交通服务水平,如图4-3所示。

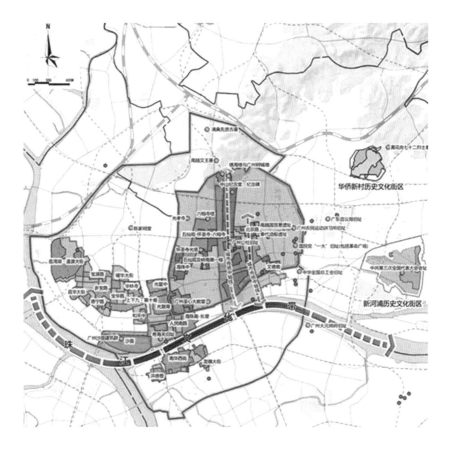

图 4-2 城区历史文化结构图

图 4-3 交通规划图

4.4 存在问题与挑战机遇

4.4.1 我国国土空间规划目前存在的问题

1. 国土空间规划的功能分布清晰度不高

纵观国土整治的发展历史,我们可以清楚地看出部分地区在国土整治问题上存在着认识上的差异。随着社会的进步和经济的发展,人们对土地使用规划功能的要求越来越高,各种土地使用规划准则应运而生。

土地使用规划系统与城市的发展密切相关,但在我国由于历史和现实原因,对土地使用规划缺乏足够重视,造成了土地使用规划与功能区规划脱节,大城市规划系统之间存在着一定程度上的重复现象,不利于城乡交流与合作。

比如土地使用规划缺乏统一的规范管理。目前我国在规划发展中存在着与经济社会发展不相适应的问题,主要表现为:缺乏统一的空间规划概念。这一现象严重地导致了目前我国土地规划职能分配的含混不清,也导致了土地使用规划职能的不确定性,极大地阻碍了各个规划系统之间的沟通与协调。

2. 国土空间规划的上游和下游存在重复性

根据土地使用规划水平在年中的分布情况,各等级间存在着一定的交叉,这对于土地使用规划整体速度造成了严重的影响。另外,下级当局因没有强制指导而不能全面履行职责。与此同时,整个国土整治的发展历史和国土整治间管理制度的差异导致上级管理层对于下级管理层的严格性不高,给土地管理制度的有效执行带来难度。

3. 国土空间规划执行制度不健全

在法律层面,我国的空间和土地管理制度较发达国家仍有差距。土地使用规划作为法律制度的重要组成部分,其重要性不言而喻,但在实际执行中却存在诸多问题和不足,亟待完善相关管理制度。

国家土地规划在编制和实施过程中,建立了以国家土地规划为基础,以固定设计为主线的监测系统。这在一定程度上反映出我国工业管理中缺乏科学有效的空间规划体系和方法。该系统在国土监测、国土空间管理改革等方面发挥了积极作用,但随着社会经济的快速发展,其功能已不能满足环境发展要求。

目前中国已经初步建立起一个以"一张图"为核心的全国统一土地利用数据库管理系统,它包括基础地理信息系统(GIS)、数字城市信息系统等多个子系统。其中基础地理信息系统是最关键的一环。但在实际应用中仍然面临很多问题,比如数据质量难以控制、信息更新不及时等。

4.4.2 我国国土空间规划中存在问题的对策

1. 国土空间规划功能合理划分

从经济发展实际出发,要想让土地使用规划发挥足够的效力,就需要先清楚地认识到土地使用规划是首要的。

把土地使用规划与其他战略规划相结合,对各部门功能有一个全面的认识,以便使各部门能够最高效地发挥各自的作用,推动空气空间与陆地规划的顺利实施。需要兼顾规则的科学性质与可行性,建立与完善决策与监管机制来强化公众参与和认知。在使土地使用规划和市场发展需求得到较好融合的情况下,主管当局应对能力得到加强,土地使用规划质量得到提高。

2. 创新管理体制,推动国土空间规划统筹发展

鉴于土地规划所具有的等级性质,土地规划高级管理机构是一个主要管理机构,必须采取创新体制管理方法,并采取管理措施,才能推动发展。如在土地使用管理中可采取宣传活动等形式提高公众参与程度,召开听证会以强化民众对土地的管理管制。

3. 健全中国国土空间规划的法律管理制度

为解决现有土地和空间规划系统遇到的困难,可对该系统做进一步改进,如在现有土地使用规划系统基础上加入专门条款以适应公共部门的特定特征。例如:强化区域一体化与协调、业务规划与管理系统行业等特色;制定专门土地使用规划法和城市规划管理指导方针;与此同时,省、州、县三级政府都要建立从基层至基层、保障土地使用合法的土地使用管理制度。

4.4.3 挑战与机遇

新时代国土空间规划的实质就是空间权力重新配置过程。我国从传统计划经济体制向社会主义市场经济体制转型,对经济社会发展提出了更高的需求,也为新一轮国土空间规划提供了改革契机。计划经济时代形成了以计划经济为主导的空间资源配置的蓝图式的固有模式。随着我国城镇化和工业化的快速推进,对土地、水、气、热等资源的需求不断增加,而现有的资源管理却不能很好地满足其需求,尤其是对能源的承载力提出了更高的要求。为加强空间资源管控,保护好"绿水青山",更好地利用自然资源和文化遗产,服务于国家安全战略,保障国家粮食安全、生态安全、国土安全和人民安全,提升我国资源管控能力,迫切需要开展国土空间规划编制工作。规划体系正经历着一场从静态蓝图描绘到由单一工具管控向强化治理、多元共治转变的变革,这对规划思维提出了新要求。

规划改革的核心目标是构建现代化国家治理体系下的空间治理体系。解决这一问题的关键就是要科学地制定规划。随着中国经济进入新常态,"去产能、去库存、去杠杆、降成本、补短板"成为供给侧结构性改革的关键任务。如何构建一个系统完备的新型规划体系,是当前亟待解决的问题。我国已经形成了较为完善的空间治理体系,并形成了以法律为基础、以政策为导向、以法规为保障、以市场为手段的"组合拳",实现了全方位的综合施治。治理体系中最重要的规划类型包括国土空间规划、发展规划、交通规划、产业规划、旅游规划以及水利规划等,其中,国土空间规划又可分为国家、省、市、县四级,其他为五级三类;不同层次的计划所面对的挑战是不一样的,计划是对不同层次的问题进行层层递进的分析,提出相应的解决策略。从管控角度讲,国土空间规划分为国家级规划、省级规划和市级规划;而省级规划又可划分为省域一级规划、市域二级规划和县域三级规划。在现有的治理体系下,各种管理工具层出不穷,如地方条例、审批制度、专项规划等,这些都是针对具体项目制定的规划措施。在国土空间规划改革过程中,应将生态要素(水、土、气)、耕地、海洋、村庄、市政管网等作为重要的空间要素纳入规划之中,并根据实际情况选择相应的管理工具;在规划层面上,不同的规划类型所使用的管理工具不尽相同,这就要求我们要根据实际情况选择合适的方法和手段来进行强化治理。在此基础上,治理参与方还具有体系性特征,既有各级政府又有企业、市民和社团,是个大系统,而这一系统的改革和确立,对于规划来说又是个大问题。若无视"综合施治"之要旨,只将眼光盯住某级规划编制,企图毕其功于一役是无法取得城市治理应有成效的。

1. 挑战

(1)各地仍有惯性、粗放式扩张等发展要求。从省、市(县)的角度出发,一些省、市(县)在寻求发展时往往容易忽略自身空间及资源条件的制约,产生发展要求与客观条件不一致现象,导致政策落地困难。

在同一规划编制的实际工作中,往往存在地方政府不考虑空间约束条件与真实动力需要,不考虑空间发展权,不考虑不切合实际的规模诉求,甚至把宏大拓展计划列入地方发展规划等问题。

省级规划要与省域空间尺度和省级政府的事权相匹配,要与国家、市县国土空间规划形成合理分工。若不当,则易造成市县规划编制中非理性扩张思维挤压技术理性与上位规划之间的政策传导。

省级规划作为国家空间规划"三级"体系的中间层,处于国家与市县之间,既要与省域空间尺度和省级政府的事权相匹配,又要将国家利益和战略要求落实到省域空间,并传导到市县规划,成为承上启下的关键一级。此外,省级规划要与国家、市县国土空间规划形成合理分工,克服宏观过细、中观流于形式、微观过粗的传统规划惯性,同时也要针对我国目前各类规划繁杂,存在功能相互交叉、布局相互冲突、实施相互掣肘的问题,编制统一省级规划。

(2)当前国土空间规划与发展规划均处在改革阶段与探索时期,致使很多政策不明确,各地对于加强资源管控带来的冲击既不可预期又信心不足,从而更加趋向于将用地指标紧握在手,加剧两种规则之间的矛盾。

针对以上问题,省级国土空间规划要明确省域空间发展的战略性、方向性问题,要确定统一的省域空间发展目标和发展蓝图。省级国土空间规划是体现底线思维的空间约束性规划。我国的制度国情和资源国情,决定了空间规划制度运行必须与行政权力运行相协调,贯彻落实国家意志。省级规划要在更广域的空间范围进行统筹协调,并将落实国家空间战略的要求传导到市县空间规划。同时,省级国土空间规划要把维护国家粮食安全、生态安全、环境安全等放在优先位置,充分发挥市场配置资源的决定性作用,明确资源消耗上限、生态保护红线和环境质量底线,为市场主体的空间开发利用行为画圈定界。

从市(县)一级看,许多具体的工作因政策不明确造成发展定位、空间布局和功能分区的理解亦不一致,原政策存在诸多不确定因素。例如,一些区域在主体功能区的规划中定位于生态涵养区或粮食主产区,主要从事生态涵养或者农业生产,因此本地居民致富问题就成为主要矛盾。又如部分生态良好区域在列入生态保护红线前就已开展旅游开发和建设工作,并同步带动周围居民实现共同富裕;而划定生态保护红线后,根据相应的政策规定,原住居民要么迁离撤并,要么留在原址生活,却丧失了因旅游、农林经济等所产生的收益,有发迹后回归贫困的可能。

虽然在短期内有关法律和政策内容比较难预料,但其基本走向还是可以预料的。在解决上述具体问题的同时,还必须兼顾当地真实的发展诉求与发展进度要求。从技术上看,我们有必要以发展观的视角来寻求地方发展内在价值、内涵表达与外在表现,而外在表现则是包含尺度的空间结构支撑体系。

2. 机遇

(1)"多规合一"逐步落实。2019年《中共中央 国务院关于建立国土空间规划体系并监督实施的若干意见》明确提出:"到2020年,基本建立国土空间规划体系,逐步建立'多规合一'的规划编制审批体系、实施监督体系、法规政策体系和技术标准体系;基本完成市县以上各级国土空间总体规划编制,初步形成全国国土空间开发保护'一张图'。"

(2)用途分类、数据标准逐步统一。自然资源部于2020年11月印发《国土空间调查、规划、用途管制用地用海分类指南(试行)》,建立了全国统一的国土空间用地用海分类,为科学规划和统一管理自然资源、合理利用和保护自然资源、加快构建国土空间开发保护新格局奠定了重要工作基础。自然资源部办公厅于2021年7月印发《国土空间用途管制数据规范(试行)》,为理顺国土空间用途管制管理流程,打通管理中的堵点、痛点和难点,实现数据互联互通和共建共享,提升国土空间治理现代化水平和服务效能打下基础。

(3)技术能力逐步提升。全国各地国土空间基础信息平台已基本建成,初步具备了良好的数据支撑能力和应用构建能力。大数据、云计算、人工智能、物联网、三维建模等信息技术的发展为国土空间用途管制数据的"汇集、治理、应用、共享",业务的"受理、审批、公开、监管"提供了更加有效、快捷的能力支撑。

第 5 章　城镇发展规模及发展愿景

5.1　城市性质与职能

5.1.1　城市性质

城市性质一直是城市规划关注的重点之一,是决定城市发展定位和方向,决定城市产业发展定位和重大区域性设施配置,影响人均用地等经济技术指标的重要因素,也是市县国土空间总体规划研究和关注的重点内容,但是有关城市性质的关注重点和研究思路与以往城市规划有所不同,需要更加强调国家和省更大区域的战略要求的落实。

5.1.1.1　城市性质的定义

根据《城乡规划学名词》(2021 年 4 月公布),城市性质是"城市在一定地域内的政治、社会、经济发展中所处的地位和所担负的主要职能"。城市性质的确定需要从国家发展大势出发,紧扣城市特点,立足城市优势,顺应时代潮流,谋划城市的核心功能。这里以南宁市和柳州市的城市性质为例进行讲解。南宁市根据其城市特点和优势以及在区域内的政治经济发展中的地位和所承担的职能,在《南宁市国土空间总体规划(2021—2035 年)》草案公示稿中提出南宁的城市性质是面向东盟的国际化枢纽城市和国家边疆中心城市及生态宜居的壮乡首府城市(见图 5-1)。

图 5-1　走进南宁
(资料来源:《南宁市国土空间总体规划(2021—2035 年)》(草案公示稿))

《柳州市国土空间总体规划(2021—2035年)》(公众征求意见稿)中根据柳州的城市发展优势、现状职能等将柳州的城市性质定为:广西副中心城市、全国性交通综合枢纽、区域性科创中心城、国家历史文化名城(见图5-2)。

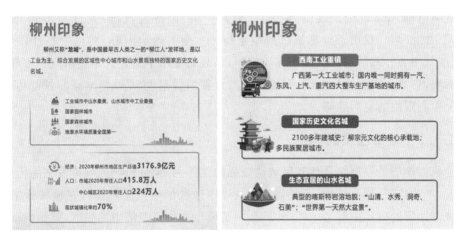

图 5-2　柳州印象

(资料来源:《柳州市国土空间总体规划(2021—2035年)》(公众征求意见稿))

城市性质和城市职能是既有联系又有区别的概念。从联系性而言,城市性质是城市主要职能的概括,确定城市性质一定要进行城市职能分析。从区别而言,城市性质并不等同于城市职能:城市职能分析一般利用城市的现状资料,得到的是现状职能,而城市性质一般是表示城市规划期内的目标和方向;城市职能可能有几个,作用强度和影响范围各不相同,而城市性质的确定只抓住最主要、最本质的职能;城市职能是客观存在的,而城市性质明显带有规划发展意向。

我国原先的城市规划高度重视城市性质的研究和审批。《城乡规划法》明确把城市性质的确定作为城市总体规划的首要内容,要求城市各项建设和各项事业的发展都要服从和体现城市性质的要求。根据新的国土空间规划体系的要求,城市性质也是市县国土空间总体规划的核心内容,事关城市发展的战略定位和发展方向问题,对城市发展愿景、发展战略具有重大决定性作用,需要认真研究、科学确定。

合理确定城市性质,能为城市发展战略和总体规划的制定提供科学依据,使城市在区域范围内合理发展,做到真正发挥每个城市的优势,扬长避短,协调发展。从我国多年来城市建设的实践经验看,城市性质拟定得正确与否,对城市建设的影响很大。重视并正确拟定城市发展性质,则规划的方向明确,建设依据充足,功能结构比较合理,否则,城市发展方向不明,规划建设被动,规模也难以估计,造成建设和城市布局的紊乱。以北京为例,北京首先提出变消费性城市为生产性城市。在当时的历史背景下,实现这一转变是完全正确的。但是随着北京经济实力的增强,规划又要把北京建成门类齐全的综合性工业基地,于是,北京在其政治中心和文化中心地位得以确立的基础上,又发展为工业经济中心。庞大的综合功能,特别是高能耗、高水耗、大运量、大占地量和污染严重的钢铁、石油化工等工业,导致交通组织、水电供应、环境保护都产生了一系列的问题。对此,1981年中央及时对北京的城市建设提出建议,其核心明确北京作为全国的首都,必须突出其政治、文化中心的职能,而控制和削减不适宜在北京发展的若干工业部门。2014年以来,习近平总书记高度关注北京的发展定位问题,并指出解决好北京发展问题,需要跳出北京来看。北京要紧紧围绕疏解北京非首都功能,立足京津冀协同发展,在更大的战略空间考量首都发展,必须纳入京津冀和环渤海经济区的战略空间加以考量。2017年9月,中共中央、国务院批准的《北京城市总体规划(2016年—2035年)》提出了首都城市战略定位——全国政治中心、文化中心、国际交往中心、科技创新中心。基于这样的城市性质定位,该规划提出了建设北京城市副中心和雄安新区两个新城,形成北京新的"两翼",形成北京发展新的骨架,也是疏解北京非首都功能、体现北京四个中心定位的空间战略。

5.1.1.2 城市性质的确定

确定城市性质是一项综合性和区域性较强的工作,必须分析研究城市发展的历史条件、现状特点、产业特征、就业结构,尤其是城市与周围地区的生产联系及其在地域分工中的地位等。城市性质的确定主要考虑两个方面:一是城市在国民经济中的职能,就是指城市在其所在区域的政治、经济、社会、文化生活中所处的地位和作用;二是城市形成和发展的基本因素,就是指城市形成和发展的主导因素的特点。具体来说,城市性质主要是在对区域地理、城市的资源、国民经济和社会发展规划、城市的历史条件、城市的现状特征和城市的物质要素等几个方面分析和研究的基础上取得的。具体分析方法有定性分析方法、区域对比方法、综合分析方法等,具体内容可参考相关专业教材。

1. 确定依据

第一,研究城市的主导产业结构来表述城市性质,它强调通过对主要部门经济结构的系统研究,拟定具体的发展部门和行业方向。但近年来,城市工业的发展随着经济的变化正经历着调整、更新和改造,大部分大城市的产业结构转变为三产主导,这种静态的部门结构主导型的城市性质已难以适应现实的要求,应研究长期起指导作用的城市性质。

第二,研究城市相对稳定的、综合的辐射影响区域,以此分析城市的区域功能作用。城市的影响范围是和城市的宏观区位相联系的。如武汉市居全国腹地的中心的地理位置和铁路、公路、水路、航空交织成网的交通枢纽位置,不仅在历史上是九省通衢、商贾云集之地,而且也是长江中游和华中地区重要的综合性工业中心。一般应把宏观区位的作用列入城市性质的内涵,使城市的主要作用的"区域"范围具体化,使城市在国家和区域中的地位具体化,如国际性的、全国性的、地方性的、流域性的……这样有助于明确城市发展的方向和建设的重点,也使规划部门摆脱受具体主导产业和部门的约束而难以抉择的境地。

第三,重视对城市其他主要职能的影响。城市其他主要职能是指以政治、经济、文化中心作用为内涵的宏观范围分析和以产业部门为主导的经济职能分析以外的职能,一般包括历史文化属性、风景旅游属性、军事防御属性等,如国家级历史文化名城等。随着城市性质由以往过于强调工业方向而逐渐趋向综合考虑城市特色文化、旅游经济和吸引居住,城市性质的表述也变得较为综合。

第四,国家和区域发展战略规划、主体功能区规划是确定市县城市性质的重要依据。城市性质要体现国家意志和政策导向,体现更大层面规划的定位。比如,南京市的城市性质,既要考虑国家"一带一路"规划、长三角高质量一体化规划、长江经济带规划对南京的定位要求,也要与江苏省国土空间规划对南京的发展定位要求相衔接,符合省里对南京的发展要求。相应地,县级的城镇性质定位也要体现所在市的国土空间总体规划甚至相关的更大区域规划的要求。

2. 确定方法

(1)在确定城市性质时,既要避免把现状城市职能照搬到城市性质上,又要避免脱离现状职能,完全理想化地确定城市性质。首先要正确理解城市职能、主要职能和城市性质之间的联系;其次要对城市职能和城市性质赋予时间尺度的含义,即城市性质不是一成不变的。一个城市应研究其历史时期的主要职能,确定该城市的历史性质;根据对历史发展的特点和城市的现状条件、现状职能的分析,确定城市的现状性质,在历史和现状职能分析的基础上,继承和发展其中的合理部分,逐步调整其中不合理的部分,分析该城市形成和发展的诸多因素今后可能的变化,据此制定城市的规划性质。

(2)城市性质的确定一定要跳出就城市论城市的狭隘观念,从区域宏观范畴论城市职能的着眼点是城市的基本活动部分,是从整体上看一个城市的作用和特点。城市性质所要反映的城市主要职能、本质特点或个性,也都是相对于国家或地区中的其他城市而言的。因此,城市性质的确定既要分析城市本身的特点,更要分析该城市在国家或地区中的独特作用,使城市性质与区域发展条件相适应。同时,也可与相关区域中其他城市做横向对比,与发展条件和职能类型相似的城市做纵向对比;城市间对比的重点是城市的经济结构,因此离不开城市经济结构分析的方法。也只有从区域宏观范畴深入分析和比较城市的区域条件、经济结构和职能特点,才能更准确地把握各个城市性质的特殊性。

(3)城市性质的表述中对城市主要职能的概括深度要适当,城市性质所代表的城市地域要明确,城市的各个职能按其对国家和地区的作用强弱和其服务空间的大小以及对城市发展的影响力,是可以按重要性来排序的,这就产生了城市性质对主要职能概括的深度问题,这就应视场合不同而区别对待。城市性质的分析是一回事,城市性质的表达是另一回事。"北京是中国的首都",这是对北京城市性质最高度的正确概括,它用于向国外介绍中国,也许就可以满足需要。但是如果在京津唐区域规划时,若需要注明北京和天津之间的职能分工,这样简单的概括就显得深度不够。因此,如果要指导城市建设的实践,城市性质的概括要适当,一般不宜太粗。

(4)城市性质的确定要结合城市规模、功能综合程度和区域影响力。

第一,从量或规模的层面上界定,城市可以分为特大城市、大城市和中小城市(见图5-3)。2014年11月20日,国务院发布《关于调整城市规模划分标准的通知》,以城区常住人口为统计口径,将城市划分为五类七档。城区常住人口50万以下的城市为小城市,城区常住人口50万以上100万以下的城市为中等城市,城区常住人口100万以上500万以下的城市为大城市,城区常住人口500万以上1000万以下的城市为特大城市,城区常住人口1000万以上的城市为超大城市。不同城市规模体现其在国家和区域中发挥的作用不同,国家有关人口城镇化的政策也不同,比如对超大城市采取控制人口的政策,相应的建设用地指标也做适当控制。

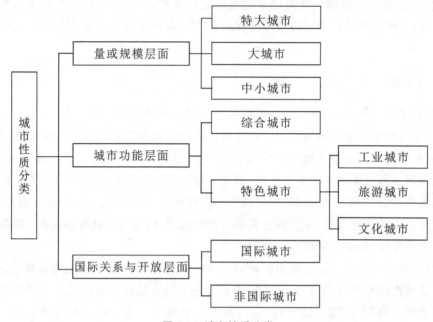

图 5-3　城市性质分类

第二,从城市功能层面界定,城市可以分为综合城市和特色城市(又分为工业城市、旅游城市、文化城市等)。比如以工矿业为主,工业用地及对外交通运输用地占有较大的比重,如株洲、大庆、东营、茂名、淮南、攀枝花等;交通港口城市,往往是基于对外交通运输发展起来的,交通运输用地在城市中占有很大的比重,如徐州、鹰潭、襄阳等铁路枢纽城市。综合城市一般都是各级中心城市,是省会城市及地级市所在地,是省和地区的政治、经济、文教、科研中心。全国性的中心城市有北京、上海、天津等。地区性的中心城市主要是省会、自治区首府等。一些特殊职能的城市,其特殊性表现在其职能具有与众不同的特征,比如延安、遵义等革命纪念性城市,桂林、敦煌、黄山、泰安等风景游览、休疗养为主的城市。

第三,从国际关系与开放的层面界定,城市可以分为国际城市和非国际城市。公认的世界城市是纽约、伦敦、巴黎、东京;国际区域城市也是国际大都市,只不过其地位、功能、影响力只是在一定的国际区域范围内而非全球性的,公认的城市有洛杉矶、法兰克福、苏黎世、香港等。国际大都市有其量和质的特性。从质上说,国际城市的经济、金融、商贸、科技、文化、教育等方面的辐射半径必须超出国界,其影响力和控制力必须是"国际"的,必须是国际区域或世界政治、经济、文化、科技、教育、管理等某些方面或某几个方面的创新和培育基地。随着世界地位的提升,中国出现了一批参与国际竞争和经济循环的国际城市,比如上海、深圳、广州、苏州、青岛、成都等。

5.1.2　城市职能

虽然目前国家和有关省出台的市县国土空间规划编制指南没有把明确城市职能作为核

心内容,但城市职能的研究对科学确定城市性质和发展目标具有重要基础支撑作用。因此,市县国土空间规划也应把城市职能研究作为重要内容,作为研究确定城市性质、制定城市发展目标战略的基础性工作。

5.1.2.1 城市职能的概念

城市职能是城市科学里的专门术语,根据《城乡规划学名词》(2021年4月公布)的定义,城市职能是"城市在一定地域内的社会、经济发展中所发挥的作用和承担的分工"。城市职能是从整体上看一个城市的作用和特点,指的是城市与区域的关系、城市与城市的分工,属于城市体系的研究范畴。城市职能的概念应着眼于城市的基本活动部分。一般而言,单一职能的城市是很少的。一个城市在国家或区域中总会有几个方面的作用,不过有的职能影响的区域广,有的则小;有的职能强度大,有的则弱;有的城市有1个或2个主导职能,有的则几个职能势均力敌,不分上下。按城市职能的相似性和差异性进行分类,就是城市职能分类。

5.1.2.2 城市职能分类研究

我国城市职能分类研究是20世纪80年代中期以后结合编制区域城镇体系规划开展的。城市职能分类的方法经历了一个较长的发展过程。英国城市地理学家卡特(H.Carter)曾经把城市职能分类方法按发展的时间顺序分为5种:一般描述方法、统计描述方法、统计分析方法、城市经济基础研究方法、多变量分析法。一般描述方法至今仍有它的实用价值,当被分析的城市较少,或只要求做大致的分类时,一般描述方法通常能满足要求,且简便易行。我国由于缺乏必要的系统资料,城市职能分类的定量研究相对较少。1985年《中国城市统计年鉴》首次出版,公布了全国295个城市(包括辖县)各工业部门的产值及其他相关资料,为进行全国城市的工业职能分类提供了可能性。分类结果是将中国295个城市工业职能归并为4大类、18亚类和43个职能组。其中4大类是:全国最重要的综合性工业基地、特大及大中型为主的加工工业城市、中小型加工工业城市、以能源为主的矿业城市。从城市职能域来讲,城市职能可划分成4个职能域:政治职能、文化职能、经济管理职能、生产服务职能。各职能域又包含若干职能要素。在工业化发展时期,经济职能组分在城市发育和发展过程中扮演着十分重要的角色。因而,在城市职能研究中通常将工业职能按生产类别做进一步的划分。依照有关分类方法,可将城市职能体系分成政治、文化、经济管理、工业、矿业、商贸、金融、交通和旅游等组分。根据城市职能组分数量的多少、职能影响的特征,可将城市分为单一职能城市、专业化城市、多样化职能城市、中心城市等。(见图5-4)

从空间属性来看,城市经济活动的影响存在空间特性。研究城市职能必然要界定城市各种职能作用的区域范围和尺度。具体而言,城市各种职能按空间范畴首先可分为两大类。一是腹地区域服务的区域性职能。这类职能一般有较强的综合性,主要表现在综合性工业部门与腹地间垂直和水平联系,区域性交通枢纽和区域商品批发中心对腹地交通组织和商品流通的作用,企业总部和行政决策作用,城市为腹地提供的科技、教育、金融、信息、咨询等服务功能各方面。它是城市职能体系的支柱,是城市中心地位的基石。二是腹地区域以外

国土空间总体规划

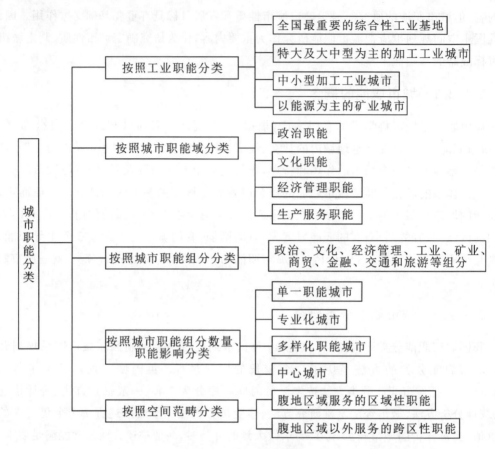

图 5-4 城市职能分类

服务的跨区性职能。它主要表现为超越腹地尺度的专业化工业职能、专业化商贸职能、专业化交通运输职能、专业化旅游职能等,是在更大尺度范围内所承担的劳动地域分工,是形成合理的城市体系的根本所在。在全国性城市职能分类中,各城市的职能多属这一类。

5.2 发展目标和发展愿景

在广义范畴上,城市发展目标是多方主体对城市的发展期望和理想,是对城市未来达到的地位和水平的表述。城市发展目标作为决定城市未来发展方向与重心的共识性提炼与前瞻性纲领,日益得到重视。发展愿景的制定主要是对城市的愿景描述,并不涉及具体的经济发展指标、社会发展指标和城建指标等定量分析,更多地体现为城市发展的价值取向。作为国土空间总体规划的重要组成和核心内容,市县发展目标既是对城市未来发展的方向性把控,也是引领总体规划核心内容的纲领性条文,通常基于城市自身资源要素、禀赋并结合未来趋势和多方要求,对未来发展导向提出的愿景式的总结和定性化的判述。

自然资源部出台的《市级国土空间总体规划编制指南(试行)》规定:市级总规(即市级(包括副省级和地级城市)国土空间总体规划)是城市为实现"两个一百年"奋斗目标制定的空间发展蓝图和战略部署,是城市落实新发展理念,实施高效能空间治理,促进高质量发展和高品质生活的空间政策,是市域国土空间保护、开发、利用、修复和指导各类建设的行动纲领。为此,市县国土空间总规要围绕"两个一百年"奋斗目标和上位规划部署,结合本地发展阶段和特点,并针对存在问题、风险挑战和未来趋势,确定城市性质和国土空间发展目标,提出国土空间开发保护战略。可见,城市定位、发展目标作为战略问题,要求进行前瞻性研究,并作为国土空间总体规划编制的基础。

发展愿景是城市在一定时期内,最终将达到的总体目标和履行的使命,是对城市的前景和发展方向的高度概括。发展愿景通常由政府、社会、市民三大主体在共识基础上形成,具有较强引导激励作用和城市宣传功能。市县总体规划的发展愿景重点解决"未来希望达到什么高度,希望成为什么样的城市"。一方面,愿景代表城市执政者们对城市未来发展路径和方向的战略性定位,需要体现战略引领的价值高度;另一方面,它也在一定程度上代表公众对于自己城市未来发展的一种期许,需要体现公众理想与共识,因此也需要通过一些与百姓生活息息相关的表达体现以人为本的新理念。从表述上,发展愿景的表达更加开放与飘逸,并具有一定想象力和口号识别性。通过总愿景阐述城市未来发展的地位,体现政府战略意图,通过分目标全面涵盖社会公众诉求。

原先城市规划中有关城市性质的概括和描述,更多代表总体规划的技术思维理性和依法治理需求,突出准确性与法定化语汇,表达相对刚性,语言更为简洁明了,更注重写实,愿景式展望略弱。因此,近年来众多特大城市在城市性质的基础上,开始通过一些愿景式、畅想式、口号式表述,明确城市发展的总体目标。如东京"世界第一都市"、伦敦"全球城市之首"等均代表了特定时代背景下,执政者对未来一定时期城市发展导向的引导。总体规划中的城市发展目标已经不仅仅局限于对城市发展思路的简单描述,而是体现政府、公众与技术方面的多元诉求。2017年国务院批准的上海总体规划打破传统总体规划中以城市性质或者经济、社会、生态等分类目标来表达城市目标定位的传统思路,引入战略规划中的"愿景"式思维,提出形成"愿景+城市性质"构成的目标定位框架,体现了柔与刚的结合、公众理想与技术理性的结合、想象力与写实性的结合。

市县发展目标定位既要遵循国家的发展目标,又要区别于其他城市进行个性化和差异化的定位分析,找准城市的特色来打造城市的核心竞争力。具体而言,需要思考如何落实国家战略目标、衔接区域责任、打造城市特色、塑造城市文化等几个方面的问题。发展目标定位根据不同的内容可以分为:区域发展定位、产业特色定位、功能定位、文化定位和城市形象定位。党的十八大提出"两个一百年"奋斗目标:在中国共产党成立一百年时全面建成小康社会,开启全面建设社会主义现代化国家新征程;在新中国成立一百年时建成富强民主文明和谐美丽的社会主义现代化国家。每个市县都要根据国家、省有关"两个一百年"奋斗目标的阶段性目标要求,明确各自的阶段性发展目标。

南京市在《南京市国土空间总体规划(2021—2035年)》草案中提出城市的发展目标是建设人民满意的社会主义现代化典范城市,并根据国家、省的发展目标的阶段性目标要求,提出了三个阶段性的目标(见图5-5)。

在市县发展目标中通常会追求某一区域范围的中心城市定位。中心城市应该是工业生产中心、交通运输中心、金融中心、信息中心、科学技术中心、文化教育中心。城市的发展目

2025 年
人民满意的社会主义现代化典范城市建设取得重大进展。

- 生态环境质量总体改善，各类生态要素得到系统性保护，生态碳汇能力显著增强
- 国家综合性科学中心和科技产业创新中心建设进展显著，成为具有全球创新力的区域创新高地，节约集约、绿色发展水平持续提升，经济高质量发展取得新突破
- 国家综合交通枢纽地位进一步巩固，国际性交通枢纽框架基本建立
- 公共服务体系更加健全，人民生活水平和质量普遍提高，为全省全国现代化建设作出先行示范

2035 年
人民满意的社会主义现代化典范城市初步建成。

- 生态环境根本改善，全面迈入绿色低碳发展轨道，碳排放达峰后稳中有降
- 耕地数量稳定、布局优化、质量提升；国家综合性科学中心、科技产业创新中心、全球知名创新型城市建成
- 基本成为服务构建新发展格局先行示范区和国际性综合交通枢纽城市
- 人的全面发展和全市人民共同富裕取得更为明显的实质性进展
- 市域空间治理体系和治理能力现代化水平居于全国前列，建成社会主义现代化城市样板

2050 年
人民满意的社会主义现代化强国的典范城市全面建成。

- 创新实力迈入全球城市前列，成为具有全球重要影响力的创新都会和天蓝、水清、森林环绕的幸福美好家园，成为展示中国富强民主文明和谐美丽的社会主义现代化强国的典范城市

图 5-5　南京市的阶段性目标
(资料来源：《南京市国土空间总体规划（2021—2035 年）》草案)

标如果定位于中心城市，就必须具有对一定区域的经济的辐射、影响和控制功能。而要产生这种功能，就必须有集聚人流、物流、资金流、技术流、信息流的"场"效应，具有输出高品位、高价值产品（包括人才、物质产品、金融产品、信息产品与文化产品等）的能力。这种能力的产生，没有一个好的人力资源结构、好的金融环境结构、高效的生产技术结构、灵敏的信息吸收与加工结构、良好的资源供应结构等系统的基础结构支撑就不可能实现。这些结构的产生和完善有赖于一个好的生活环境结构（包括交通、居住、医疗、卫生、安全、休闲娱乐等）和好的社会管理结构等。

城市的文化功能同样是城市的基本功能。但是，城市的文化功能和城市的经济功能具有较大差异。如果说经济更多地依赖于和源于科学技术，具有较多的世界通行性，那么文化则更多地依附于民族传统、源于生活习惯，具有较多的民族（区域）独特性。正是这种民族的独特性，构成了五彩斑斓的世界文化。城市文化功能的强弱取决于其所代表的民族文化及其文化的先进性和影响力。但文化功能最终取决于科学与经济。由科学和经济所决定的生产方式、生活方式、社会关系和价值观念，以及它们的传播和影响，构成科学文化功能的内涵。近代历史上，西方文化对东方文化的冲击和影响，源于其科学技术的领先和经济实力的

强大。当然,西方科学技术与经济中同样也包含了东方文化中的优秀成分。

5.3 发展战略与区域协调

5.3.1 发展战略

城市发展战略,简单地说,就是结合城市社会经济现状及其区域地位对城市的未来发展所做的重大的、全局性的、长期性的、相对稳定的、决定全局的谋划。面对日趋激烈的全球化竞争,对城市发展的长期战略问题研究成为各城市应对挑战的关键手段之一。在确定市县性质定位和发展目标基础上,要根据城市自身的特点,贯彻国家新发展理念、发展战略,针对城市发展中存在的主要问题、矛盾和风险,科学地制定实现城市发展目标的路径和重大战略举措,作为今后 20 年或者更长时间的努力方向,也是国土空间总体规划研究的重要内容。

影响城市发展战略选择的主要因素有:市县发展中存在的生态、粮食安全、城镇建设、土地利用等方面的问题,城市发展的国内外背景和区域竞争压力,城市功能演化历史,现状条件和发展基础,自然地理格局和环境风险,产业发展现状,经济和人口规模,职能分工和发展方向,区域影响和地位,与其他相关城市的关系及国家或经济区对城市发展建设的要求,等等。通过分析城市与外部地区和其他城市之间的相互作用、相互影响的关系及其方式和强度,可以明确城市在相关层面和区域的实力,认清城市目前所处的区域地位,指出未来城市竞争力提升的方向。区域联系分析可以明确城市在不同区域层面的影响范围和腹地,以及城市与其外部区域的经济联系程度、强度等。

城市未来的发展战略是实现远景战略目标的步骤和途径,通常分为综合性的发展战略和专题性的发展战略。综合性的发展战略是对城市发展全面而深入的认识,对城市重大问题进行研究,为后面专题战略规划指定方向。专题性的发展战略一般分为生态保护战略、空间发展战略、产业发展战略、生态环境战略、特色保护彰显战略等。空间发展战略、产业发展战略是原先城市规划都比较重视的战略,发展战略的重点和路径比较清晰成熟。市县国土空间规划背景下的发展战略,要更加突出生态保护、耕地保护战略的制定落实。在空间发展战略方面,要对作为规划背景的基本战略形势进行分析与判断,基于自然地理格局和"双评价"、"三线"划定、土地利用效率和保护开发中存在的突出问题,提出国土空间保护开发利用策略。在空间资源方面,要针对全域国土空间资源条件的分析与评价,提出规划所面临的重大问题,并对经济社会发展趋势及对国土空间资源利用所形成的机遇和挑战进行研判。基于习近平生态文明思想,结合国土空间规划总体格局,提出国土空间规划的重点策略,包括国土空间开发保护指标约束、资源总量管理和资源效率评价考核策略、生态保护和环境治理策略、高质量发展绩效评价考核指标体系等。国土空间规划的战略任务,包括明确方向和优化国土空间开发格局,确定区域自然资源的开发规模、布局和步骤,确定人口、生产、城镇的合理布局,合理安排交通、通信、动力和水源等区域性重大基础设施,提出环境治理与保护的目标和对策。

城市发展的战略问题要求展望更远的时间空间,不局限于远期规划 20 年的时间范围,而应预见城市发展到城镇化成熟阶段的时间空间;要求审视更广的地域空间,并不局限于市域范围。总体规划只考虑远期20年,并不能保证20年后城市进一步发展的合理性。预测城市终极规模将有助于更科学地确定20年远期发展的空间布局结构,使城市得以持续健康发展。

为推动高质量发展,凸显和实现总体规划明确的"四个中心"定位,北京市总体规划确定了相应的空间战略,具体来说,就是明确北京以疏解非首都功能为"牛鼻子",做好推动一般性制造业、区域性物流基地和区域性批发市场、部分教育医疗等公共服务功能以及部分行政性、事业性服务机构等四类非首都功能疏解的"减法"。同时统筹考虑疏解与整治、疏解与提升、疏解与承接、疏解与协同的关系,通过强化北京"四个中心"的首都功能、做优"1+4+n"的承接平台等工作做好加法,调整经济结构和空间结构,解决区域发展不平衡的问题,走出一条内涵集约发展的新路子,为全国区域协调发展体制机制创新提供经验。

城市发展战略的制定应依据如下原则。一是要因地制宜,切合城市自身的特点和实际,不能生搬硬抄其他城市的"成功模式"。二是要以人为本,充分考虑人的需求的满足和自我价值的实现,考虑社会各阶层利益的关系处理,维护社会公平正义。三是尊重自然,协调好经济发展与自然环境的关系,保证人与自然的和谐共存。四是把握阶段,城市处于不同的发展阶段时,会有不同的阶段性任务,也应选择不同的发展模式。南宁市在《南宁市国土空间总体规划(2021—2035年)》草案公示稿中根据城市自身的实际制定了三大战略:

(1)实现高效能治理,安全永续战略:从政策保护到系统治理,守住城市安全底线,优化三区三线总体格局。

(2)促进高质量发展,高效集聚战略:从人口集聚到辐射引领,优化城市空间结构,提升区域发展核心功能。

(3)提供高品质生活,绿城升级战略:从绿城建设到生态宜居,坚持以人民为中心,建设生态宜居壮乡首府。

5.3.2 区域协调

城市是区域的。20世纪初苏格兰生物学家帕特里克·盖迪斯(P. Geddes)提出城市发展要立足于区域的观点,之后逐渐成为城市和区域规划的共同认识,也应成为新的国土空间规划的基本理念。面对新的发展态势,中央确立了以中心城市引领城市群发展、城市群带动区域发展的新模式,这是国家区域协调发展的新战略,这就要求有更针对性的区域研究,重点关注跨区域协同的重点领域和关键区域,以应对越来越复杂的跨区域问题。在区域和跨行政区层面,以京津冀协同为代表,通过国家战略的顶层设计,要求地方政府自觉打破一亩三分地的思维模式,加强产业对接协作,优化调整城市布局和空间结构,构建现代化交通体系,加快推进市场一体化进程,促进地方合作的区域协同。2017年批复的《上海市城市总体规划(2017—2035年)》,更是明确突出区域引领责任,要求"加强与周边城市的分工协作,构建上海大都市圈",上海发挥在"一带一路"建设和长江经济带发展中的先导作用,引领长三角世界级城市群发展,推动上海和近沪地区功能网络一体化。

区域协同已经成为国土空间规划必不可少的组成部分,是任何层级的国土空间规划都必须高度重视的一个主要内容。自然资源部在《市级国土空间总体规划编制指南(试行)》中提出市县总体规划要关注区域协调,完善区域协调格局:重点解决资源和能源、生态环境、公共服务设施和基础设施、产业空间和设施布局等区域协同问题。城镇密集地区的城市要提出跨行政区域的都市圈、城镇圈协调发展的规划内容,促进多中心、多层次、多节点、组团式、网络化发展。对于一个市县而言,在确定功能定位、空间部署、区域性重大任务时,都必须从区域联系和区域间相互作用的角度进行分析并提出应对方案,对城市发挥优势、把握方向具有重要意义。

区域协调必须从区域命运共同体的理念出发,遵循公平原则,各区域主体都享有平等的发展权,发挥各组成部分最大优势、特色,通过分工合作互通互补、共建共享达到互利共赢,整体最优。要建立起共商共建共享的规划协同机制,按照平等协商、对等约束、依法治理、合作共赢的原则,从市县紧密相关的周边中心城市、其吸引影响的市县层面,推进构建贯穿规划编制与认定、实施与监督、维护与评估全过程的区域规划协同机制。

区域协调的重要前提是认识区域发展阶段、协同状况,准确识别市县与更大区域中心城市和周边城市自身发展需求与面临的问题,明确区域协调重点、路径和方式。如京津冀重点是疏解非首都功能,大湾区是规则衔接,推进生产要素和人口流动便利化,长三角是高质量一体化发展。区域协同的基础是区域各主体之间的关系(经济联系、产业协作、资金融通、设施互联、环境共保、人口流动)的状况。区域协调(协同)发展的关键是体制机制的创新与落实。区域协调关系到各主体的利益,涉及发展经济、惠及民生、保育生态的诸多方面,既有赖于提供公共产品的政府,又关乎于遵循市场原则的企业,而关键在于建立起一套行之有效的体制机制和组织机构。

区域性道路交通和供给式资源(水、电和气等)的共建共享、生态环境的共同保护、区域产业的分工协作等一直是区域协调的重点内容。应拓展对各种要素的研究和统筹,"邻避效应"性要素也应系统性地纳入区域统筹和协调建设。区域协调的重点内容需要对一些"邻避效应"性要素,如大型的垃圾、污水处理场站及大型养殖场和菜篮子基地等,按照国家相关避让规定和市县之间协商确定共同布局原则,比如共同退让离行政边界一定距离。

区域协同规划的一个重要方面是跨界空间规划。跨界地区是各区域主体的边缘地区,空间利用问题最多,既是矛盾焦点地区,也是实施协同发展的重要场所。可以采用共建产业园、交通互联、生态共育等各种方式发挥各自优势,共同发展。长三角一体化规划中提出上海青浦、浙江嘉善、江苏吴江三地环淀山湖地区建设协作发展示范区就很有现实意义和多重价值,江苏也特别关注临沪地区发展。在宁镇扬一体化规划中,专门编制了跨界城镇规划。区域协同的着眼点不能仅放在经济上,也要(或更要)落在人的发展和需求上。因此,协同规划的重要内容是提供公共服务和提升消费品质,尤其是公共服务如何协同一体化,使中心城市的公共资源特别是文教体卫资源为更大区域民众服务。

5.4 城镇发展布局特征

城镇发展格局与城镇发展形态是划定城镇开发边界的基础,城镇开发边界是城镇发展理想空间格局的具体结果。城镇发展格局形成需要综合考虑历史发展趋势、现状建设适宜性评价、城镇建设规模等因素,遵循城镇发展规律,在形成理想空间结构基础上,具体划定城镇开发边界,科学合理确定全域城镇功能组织和城镇用地布局(见图 5-6)。

对城镇发展布局演变历程进行分析,摸清规律,找准趋势,才能准确把握城镇未来发展

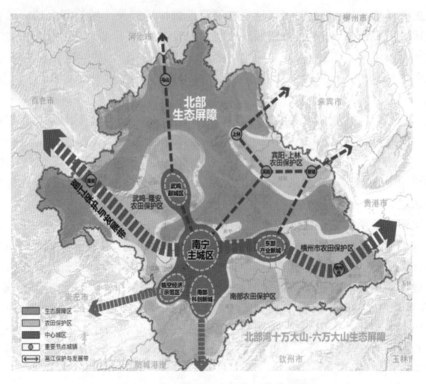

图 5-6　南宁市域开发保护总体格局图

(资料来源:《南宁市国土空间总体规划(2021—2035年)》(草案公示稿))

方向。对城镇现状的分析,包括全域与城区两个重点。

(1)全域发展特征。重点从城镇建设用地增长规模、方向以及与交通等因素关联进行分析,厘清城镇建设用地增长在各规划城镇单元或行政区的变化特征。

(2)城区现状特征。根据城区范围划定,在确定城区范围基础上,梳理城市在各历史年代不同发展阶段特征、发展动力、空间形态演变等的不同特征。总结城市空间拓展的阶段特征,包括历史上老城变化特征、与周边山水自然环境条件的关系,尤其以改革开放40多年来的演变为主,总体与经济发展阶段特征相契合,形成不同发展阶段城市空间拓展的方向、空间拓展的主要动力以及城市规模增长等。

在梳理城市空间演变特征的基础上,基于"三调"形成中心城区现状底数底图,结合城市体检评估和灾害评估,找准城市发展存在的主要问题,包括城市建设用地总规模、人均建设用地规模,以及各类用地规模比例、人均水平,并与相关标准及同类城市"对标找差",明确补短板的主要方面。

5.5　人口规模与城镇化水平预测

5.5.1　人口规模预测

基础数据的准确性是人口规模预测的前提条件。人口基础数据包括现状历史系列数据，应以官方公布的统计数据为主，主要包括统计年鉴、统计公报、人口普查公告、人口抽样调查公报等，其他如公安部门和计生部门以及大数据统计的有关数据，可作为校核的依据和参考。

人口概念界定是人口规模预测的另一前提条件。尤其是关于暂住人口界定，依据"六普"口径，暂住人口指一定地域范围内居住本乡、镇、街道半年以上，户口在外乡、镇、街道的外来人口。要与我国的公安人口统计口径区分，公安部门暂住人口通常按照不同的暂住时限进行统计，如有一年以上、半年以上、三个月以上、一个月以上等不同的暂住人口，随着暂住证制度的退出，公安部门对于暂住人口的统计已经不全面。相应的，总人口界定即常住人口包括两个部分，即一定地域范围内的户籍人口和半年以上暂住人口。

5.5.1.1 基本原则

人口规模预测应坚持科学和合理的原则，充分研究人口发展特征和存在问题，深入分析未来人口变化的影响要素与发展趋势，在基础数据收集和分析、方法选取和使用、结果确定和表述上做到规范和有据可依。

(1) 体现规划公共政策的要求。人口规模是城市发展规模确定的基础因素。城市发展规模研究应落实国家、省有关人口发展的法律法规要求，响应国家户籍制度改革的要求，确定合理的城乡人口发展总量。

(2) 以资源和环境承载能力为基础。可持续发展是当代人类的共同选择。人口作为重要的生产要素，同时又作为重要的消费要素，发展规模要与其所处区域的资源和环境承载力相适应。重点需要关注制约人口容量的生态环境要素，以资源与环境要素所能承载的极限人口分析为基础，合理预测各规划期限的发展规模，实现"以水定城、以水定地、以水定人、以水定产"的目标。

(3) 与经济及产业发展的要求相适应。要以市县未来经济发展提供就业岗位的能力确定适度的人口规模总量，保证城乡人口有稳定适度的就业率。同时，要结合产业发展的需求，积极引进符合产业发展要求的人才，形成合理的人口素质结构和就业结构，促进人口与经济社会的协调发展。

(4) 市场弹性和调控刚性相结合。在市场经济条件下，地方的经济社会发展会有很大的不确定性，人口规模预测应该具有一定的弹性，才能为市县社会经济发展提供充足的可能。

5.5.1.2 预测方法

近些年，人口规模预测方法在逐步规范，预测方法的研究得到较大发展。在以计划经济为主、人口流动性相对较低的时期，主要用传统的预测方法，包括增长率法、劳动平衡法、带眷系数法和剩余劳动力转化法等。随后在以市场经济为主导、人口流动变化较大的时期，传统预测方法明显出现不适应性。2003—2007年，建设部（现更名为住房和城乡建设部）组织开展了《人口规模预测规程》的制定工作，推荐了增长率法、相关分析法与资源环境承载力法三大类共9种预测方法。国内学者们也从不同角度对人口规模预测方法进行了大量研究和总结，介绍了综合增长率法、直接指数模型法、生态足迹法、灰色模型法、回归分析法、资源承载力法、社会经济相关分析法、系统论法等人口规模预测方法，并进行了分析和实证。

综上所述，针对城镇人口规模预测的特点，需要遵循易操作、可推广的原则选择预测方法。本次研究重点推荐以下几类预测方法。

1. 数学模型类预测方法

数学模型类预测方法主要包括综合增长率预测法、指数增长模型预测法、回归模型预测法、逻辑斯蒂增长模型预测法等。

1)综合增长率预测法

综合增长率预测法是通过对未来人口年增长率的推算进行人口规模预测的。

综合增长率预测法按下式计算：

$$p_t = p_0(1+r)^n$$

式中：p_t 为预测目标年末人口规模；p_0 为预测基准年人口规模；r 为人口年均增长率；n 为预测年限（$n=t-t_0$，t 为预测目标年份，t_0 为预测基准年份）。

该预测方法仅有年均增长率 r 一个自变量，r 值的确定，涉及对历史数据的分析和对未来变化趋势的影响分析及判断，例如对未来社会经济发展趋势、自身资源禀赋、环境支撑条件的必要分析等。

2)指数增长模型预测法

指数增长模型预测法与综合增长率预测法在理论上是等价的，两种预测方法选择的模型有所不同。

指数增长模型预测法按下式计算：

$$p_t = p_0 e^{rn}$$

式中：p_t 为预测目标年末人口规模；p_0 为预测基准年人口规模；r 为人口年均增长率；n 为预测年限（$n=t-t_0$，t 为预测目标年份，t_0 为预测基准年份）。

该预测方法不同于综合增长率预测法适用于数据较少的情况，指数增长模型是在数据足够多时采用的，同时该方法不太适合于预测年限较长、发展比较成熟和人口基数较大的城市。

3)回归模型预测法

回归模型预测法是利用数理统计方法建立人口规模与时间之间回归关系的函数（即回归模型）进行人口规模预测。回归模型可以采用线性模型、指数模型、幂函数模型和对数模型等，人口规模预测常采用线性增长模型和指数增长模型。

(1)线性回归分析法运用线性增长模型预测人口规模，按下式计算：

$$p_t = a + bt$$

式中：p_t 为预测目标年末人口规模；t 为预测目标年份；a、b 为参数。

(2)指数回归分析法运用指数增长模型预测人口规模，按下式计算：

$$p_t = c e^{bt}$$

式中：p_t 为预测目标年末人口规模；t 为预测目标年份；c、b 为参数。

回归模型预测法是在掌握大量观察数据的基础上进行的，因此基础数据越多，预测年限越短，预测结果越准确。该方法适用于人口基数较小的短期预测。

4)逻辑斯蒂增长模型预测法

逻辑斯蒂增长模型又称阻滞人口增长模型，模型考虑到人口的增长不可能无限制，在马尔萨斯模型的基础上设置了人口的极限规模，即增加了对人口容量或极限规模的影响。

逻辑斯蒂增长模型预测法按下式计算：

$$p_t = \frac{p_m}{1 + (\frac{p_m}{p_0} - 1)\mathrm{e}^{-n}}$$

式中：p_t 为预测目标年末人口规模；p_0 为预测基准年人口规模；p_m 为规划范围最大人口容量；n 为预测年限。

实际运用中，该模型常以简化形式出现。如在 SPSS 软件中，按下式计算：

$$p_t = \frac{p_m}{1 + a p_m b^n}$$

式中：参数 a 和 b 可利用 SPSS 软件从历史数据回归中求得，p_m 为输入值，n 即预测年限。

模型中人口容量 p_m 一般需结合规划范围内资源承载能力、生态环境容量、经济发展潜力等来确定。

该方法的优点是考虑了在极限人口规模下人口规模的增长逐渐下降的特征，缺点是人口极限规模本身的不确定性将导致各阶段人口规模预测的准确性同样具有不确定性。

2. 经济相关类预测方法

经济相关类预测方法主要有经济相关分析法和劳动力需求预测法等。

1) 经济相关分析法

经济相关分析法通过建立人口与经济总量（GDP）自然对数值的线性相关方程来预测人口规模。

经济相关分析法按下式计算：

$$p_t = a + b\ln(Y_t)$$

式中：p_t 为预测目标年末人口规模；Y_t 为预测目标年 GDP 总量；a、b 为参数。

经济相关分析法可采用的函数关系有多种，线性相关是方便常用的一种函数关系。由于人口与 GDP 之间不太可能是线性关系，因此先对 GDP 取自然对数，然后建立人口与 GDP 自然对数之间的线性相关关系。该模型相对比较简单，实际应用较多，因而作为推荐模型。当然，相关关系也可以选择其他函数形式，只要能够通过模型有效性检验即可。

该方法一般适用于城镇经济发展平稳、产业结构相对稳定的情形，由于其方程关系是基于历年人口与经济数据关系而建立的，不适用于预测时段内经济结构发生改变、人均产值有较大变化等情况。

2) 劳动力需求预测法

劳动力需求预测法通过经济发展对劳动力的需求分析预测城市人口规模，首先对经济发展规模进行预测、对三次产业构成和未来单位劳动力年均 GDP 进行测算，然后分第一、第二、第三产业预测未来各产业劳动力需求并得出劳动力总需求后，再按照劳动力占人口的比例换算为人口规模。

劳动力需求预测法按下式计算：

$$p_t = \frac{\sum_{i=1}^{3} Y_t \times \frac{W_i}{y_i}}{x_i}$$

式中：p_t 为预测目标年末人口规模；Y_t 为预测目标年 GDP 总量；Y_i 为预测目标年第 I（例如一、二、三）产业的劳动力年均 GDP；

w_i 为预测目标年第 I（例如一、二、三）产业占 GDP 总量的比例（%）；x_i 为预测目标年末就业劳动力占总人口的比例（%）。

劳动力需求预测法一般分别按照第一、二、三产业预测劳动力需求，但在预测城市中心城区人口规模时，若第一产业从业人口少到可以忽略，则 I 值选取从 1 到 2；同样，产业分类不止三类产业划分，对于其他产业分类也同样可以套用该方法，只需 I 值随之变化；在某些情况，I 值也可以仅取 1，如某地计划落地一个大型工业项目，由此增加一批从业职工，也可应用该方法单独预测该项目带来的劳动力需求以及相应的人口规模增长，再与其他人口相加得到总人口规模。

该方法也只适用于城镇经济发展平稳、产业结构相对稳定的情形，由于预测过程中需要对多个参数进行预测，容易导致预测结果不准确。

3. 容量评价类预测方法

容量评价类预测方法包括水资源容量法、土地资源容量法和生态环境容量法（如生态足迹法）等。

1）水资源容量法

水资源容量法是基于科学测算城镇可利用水资源总量，选取适宜的人均用水量指标，进而预测人口规模的。按下式计算：

$$p_t = \frac{W_t}{w_i}$$

式中：p_t 为预测目标年末人口规模；W_t 为预测目标 6 年可供水量；w_i 为预测目标年人均用水量。

预测水资源的人口承载力基于预测目标年末水资源总量和预测目标年末人均用水量两个基本变量。

水资源是一个开放系统，不仅包括本地水资源，还应包括可利用的外地引入水；同时，水资源总量有资源总量、由供水设施能力决定的可供水量两种概念理解。预测水资源承载力时，应同时考虑外地可引入水在内的可用水量和最大投资保障下的可供水能力，取其交集作为水资源总量。

人均用水量也有不同概念，一是人均生活用水量，二是人均综合用水量，即包括了各类生产及公共用水在内。该方法所指人均用水量是人均综合用水量，需注意的是，人均综合用水量随着产业结构的变化可能会有较大不同。

2）土地资源容量法

土地资源容量法与水资源容量法思路相同，通过测算城镇可利用建设用地规模和适宜的人均建设用地指标，进而预测人口规模。按下式计算：

$$p_t = \frac{L_t}{l_i}$$

式中：p_t 为预测目标年末人口规模；L_t 为根据土地开发潜力确定的预测目标年末城镇建设用地规模；l_i 为预测目标年末的人均建设用地指标。

该方法的预测结果取决于两个变量：一是预测目标年末的城镇建设用地规模，这个规模可能来自土地开发潜力的绝对约束，也可能来自土地开发控制等人为制约；二是预测目标年末的人均建设用地指标，该指标应结合现状，根据土地开发潜力，按照国家有关标准或参考其他城镇的相应指标来确定。

3）生态环境容量法

生态环境容量法是根据生态用地总面积，选取适宜的人均生态用地指标，进而预测人口规模的。按下式计算：

$$p_t = \frac{S_t}{s_i}$$

式中：p_t 为预测目标年末人口规模；S_t 为预测目标年生态用地面积；s_i 为预测目标年人均生态用地指标。

生态足迹法是生态环境容量法的一种，也是目前研究最为成熟的一种基于生态环境容量的预测方法。生态足迹法是按照城市生态生产和消耗自我平衡的思路，将城市生态生产性土地分为耕地、林地、草地、建筑用地、化石能源土地和海洋等 6 种生物生产面积类型，将这些具有不同生态生产力的生物生产面积转化为具有相同生态生产力的面积，汇总生态足迹和生态承载力，然后通过煤炭、原油等多种能源消耗项目折算的人均生态足迹分量和人均生态承载力，计算出人口环境容量。

容量评价类的 3 种预测方法一般适用于受水资源、土地资源和生态环境等条件约束较大的城镇。容量预测的目的主要是对其他预测方法进行极限校核，使预测规模不超过容量规模，一般建议选择主要约束条件进行容量预测。

4. 其他类预测方法

其他类预测方法包括区域人口分配法、类比法和区位法。该类预测方法适用于区域发展关系相对稳定的城镇。

区域人口分配法：从区域角度出发，在区域的城镇化按照一定速度发展，该区域城镇人口总规模基本确定的前提下，综合考虑城镇在区域中的地位、性质、职能，根据城镇人口总规模，对城区及各镇区人口规模进行分配和平衡。

类比法：通过与发展条件、阶段、现状规模和性质相似的城镇进行对比分析，根据类比对象城镇的人口发展速度、特征和规模来确定预测城镇人口规模。

区位法：根据城镇在区域中的地位、作用来对城镇人口规模进行分析预测。如确定城镇规模分布模式的"等级-大小"模式、"断裂点"分布模式。该方法适用于城镇体系发育比较完善、等级系列比较完整、接近中心地理论模式区域的城镇。

5.5.1.3 人口规模预测方法的应用

1. 不同方法多种方案预测

预测方法的选取必须充分考虑城镇的发展状况、人口结构特征、数据可得性及其有效性等因素，选取两类以上不同方法分别进行预测，通过采用不同方法、分类预测、对参数及自变量不同赋值、引用相关预测值等，形成多个预测方案，以提高人口规模预测的综合性和科学性。

2. 分类预测

分类预测虽然从系统学角度看比总体预测更难把握，因为部分往往比整体稳定性和可预料性更差，但是当城镇人口存在着较大结构差异时，根据人口发展特征及预测需要，结合所选取的预测方法，可针对不同类型、不同地区、不同时段的人口分别进行规模预测。

当人口具有明显的差异类型且具备必要的基础数据时，宜按不同类型人口分别进行预测，再汇总计算总体规模。常见的例如对户籍人口和暂住人口的划分，对人口自然增长和机械增长的分别计算等。

当规划范围内不同地区之间发展不平衡、人口增长模式存在显著差别时，宜分别针对不同地区进行人口规模预测，再汇总计算总体规模。

采用综合增长率预测法进行预测，鉴于增长率一般会随基数的变化而变化，当预测年限较长时，宜分阶段采用不同的人口年均增长率进行人口预测。

5.5.2 城镇化水平预测

根据城镇化理论，城镇化水平超过70%以后，城镇化水平增长趋势将减缓。根据世界城镇化进程的"S"形曲线特征，当城镇化水平在30%以下为初级阶段，30%~70%为中级阶段，70%以上为高级阶段。当城镇化水平超过70%以后，第三产业比重进一步上升，并成为城镇化的主要动力和后续动力，城市之间分工与协作等横向联系明显增加，以大城市和特大城市为核心的都市区逐步形成，城镇化空间特征由点状向网状转变。

2019年末，全国常住人口城镇化率60.6%、户籍人口城镇化率44.38%。我国当年仍处于城镇化加速发展的重要时期。结合各地实际，科学合理预测城镇化的趋势及水平是划定城镇空间的重要依据。

5.5.2.1 综合增长率法

基于历史上尤其是近10~20年城镇化水平的变化情况，合理判定近期、远期城镇化增速。根据中国科学院地理科学与资源研究所陆大道院士研究，在产业无法更多满足就业的条件下，城镇化速度不宜过快，城镇化率保持在1%比较合适。

5.5.2.2 劳动力转移法

未来市县乡村人口主要包括从事农业、渔业等第一产业的人口和从事乡村旅游业等第三产业的人口以及两者的带眷人口(见图5-7)。

根据市县国土空间用途结构，确定耕地、园地、林地、牧草地以及海洋养殖等面积规模，并综合测度现代化条件下农业劳动力人均生产水平，预测乡村劳动力人口，再考虑农业劳动就业率，则可综合判读未来乡村人口的数量。此外，随着乡村旅游、乡村民宿等的兴起，尚需考虑部分从事非农产业的人口居住在乡村。

图 5-7 城镇化水平预测

(资料来源:《濮阳市华龙区岳村镇国土空间总体规划(2019—2035)》)

5.5.2.3 区域总体城镇化发展水平校核

根据前述城镇化水平的测度,需要将其充分与区域整体城镇化水平校核,包括全市平均城镇化水平甚至全省城镇化总体水平及分片区水平等,避免城镇化水平及增速出现判读的不合理。

5.5.2.4 新型城镇化预测方法

(1)时间序列预测法。时间序列预测法(又称历史引申预测法)是一种历史资料延伸预测的方法。其基本原理就是以时间序列所能反映的社会经济现象的发展过程和规律性,进行引申外推预测其发展趋势。

(2)Logistic 曲线估算法。Logistic 曲线估算法是一种经典的较好的预测人口方法。Logistic 曲线是一种常见的 S 函数,由德国数学家、生物学家 Verhust 在研究人口时发现。Logistic 曲线模仿人口增长,起初阶段大致是指数增长,第二阶段增长逐渐变缓,第三阶段增长达到极限,开始出现负增长。其 S 函数方程为:

$$z = (1/\phi + b_0 b_1 t)^{-1}$$

式中:z 为因变量;b_0 为常数;b_1 为回归系数;ϕ 为参数;t 为自变量(时间)。

5.6 城镇用地规模预测

建设用地规模是市县国土空间总体规划的约束性指标之一,也是上级国土空间规划的重要指标之一。尽管市县建设用地最终规模由省级国土空间规划确定,但因为各级国土空间总体规划正在编制,约束性指标和传导方案短时间难以确定,需要从地方发展角度提出建设用地需求,充分反映地方发展需求。因此,市县国土空间总体规划需要结合各地实际,科学合理地确定建设用地规模,与上级国土空间总体规划进行互为反馈,以增强规划的可操作性。

规划期建设用地预测包括城镇建设用地、乡建设用地、村庄建设用地等城乡居民点用地，区域性基础设施用地（含交通、水利）和其他建设用地（含采矿地、特殊用地等），以及农业设施建设用地（含乡村道路用地、农业设施建设用地等）。

5.6.1 建设用地预测原则

贯彻习近平生态文明思想，加强生态保护与生态建设，建立质量导向、集约紧凑的土地利用模式和绿色发展方式，坚持"生态优先、总量框定、内涵提升、质量提高、职能导向"原则，以生态容量和碳排放容量为刚性约束，以资源环境承载能力和国土空间开发适宜性评价为基础，在优先确保生态空间、农业空间的前提下，科学确定建设用地总量，建立建设用地增量与存量、流量、质量三挂钩机制，促进土地高质量利用。

推动新增建设用地供应与存量用地挂钩，实现增量土地供应逐年递减、存量土地供应逐年上升。城镇用地集约利用潜力主要包括以下几种类型：一是现状用地范围内的空闲和闲置用地；二是已利用但利用强度不够的土地；三是利用效益不好，需要进行结构性调整的土地。农村居民点用地利用潜力主要反映在两个方面：一是当前农村人均用地面积过大，如果降低人均用地，可以腾退出大量用地；二是根据城镇化发展趋势，规划期内农村人口要大量进城，从而会出现大量农村闲置土地。工矿用地集约利用潜力主要还是体现在低效利用和废弃地的复垦利用方面。

新增建设用地规模的预测既要考虑发展需求，也要充分挖掘利用存量用地解决发展问题，不能简单靠占用农用地、新增建设用地来解决。①根据社会经济发展态势和集约用地水平提高的长期变化趋势，预测各类用地的合理需求。②按照充分利用存量土地的原则，根据用地需求，统筹安排各类用地的存量和增量，提出辖区各类新增建设用地控制规模及其占用耕地规模。③从积极参与宏观调控、保障宏观经济平稳运行的目标出发，提出各类新增建设用地的时序控制方案。

推动新增建设用地供应与流量用地挂钩，积极稳妥推进村庄建设用地、城镇低效工业用地及影响生态功能的建设用地减量。

5.6.2 建设用地需求量预测

建设用地需求量预测方法应根据各类建设的性质、布局、用地定额指标、土地产出率，以及特定的资源、环境、建设条件予以确定。建设用地需求量预测方法一般有总量测算法和定额指标法两种。建设用地需求量预测应当符合国家产业政策和供地政策，既考虑经济发展速度和投资规模，又考虑历年用地效益和集约用地的要求。

1. 城镇、农村居民点用地预测

1）基本原则

城镇、农村居民点用地需求预测范围应与城镇、农村居民点人口预测范围保持一致；城镇建设用地预测应对规划期内市县经济社会发展战略进行分析，明确中心城区、园区、重点城镇的性质、功能、发展方向和相互关系，考虑产业定位、人口发展、耕地保护等因素，坚持内涵挖潜与外延扩大结合,合理确定用地规模和空间布局。目前,在国家尚未出台人均建设用地标准之前,参照原城乡规划人均建设用地标准预测城镇建设用地规模。

农村居民点预测应结合保留农村居民点和农村人口规模预测,根据市县人均耕地状况和国家、省有关人均建设用地标准测算规划需要的农村建设用地规模。

2)主要方法

(1)历史用地增速法。

根据以往多年来的建设用地规模变化趋势分析,同时按照生态文明建设要求,国土开发利用方式由以往的增量扩张向存量挖潜转变,规划期内按照建设用地分阶段减量化的要求,实现"十四五""十五五""十六五"期间分别环比下降10%、15%和20%,以此确定规划期末建设用地规模。

(2)人口用地法。

根据人口规模对城镇人口和农村人口的预测结论,按照人均城镇建设用地110~115 m^2 计,预测城镇建设用地规模;按规划期内逐步下降,实现集约节约利用土地的趋势,并结合各地现状人均村庄建设用地指标,综合确定规划期末村庄建设用地标准和规模。根据上述测算,以此确定城乡建设用地规模,对于特殊用地、交通水利等基础设施用地以及其他建设用地按需落实,综合确定规划期末建设用地规模。

(3)地均产出法。

根据国民经济和社会发展"十四五"规划,合理预测规划期末的经济增长速度和经济总量,按照"亩均论英雄"的总体要求,在建设用地增量指标紧约束的背景下,提高地均产出效益,并对标先发地区,综合确定规划期末地均产出水平,由此确定规划期末建设用地要素保障规模。

以存(流)定增法按"以存定增、以流定增"原则,合理确定存量用地潜力和流量用地潜力,按"增流存三挂钩"政策,分阶段推进,增量土地、减量土地均逐年递减,存量土地供应逐年上升,土地供应总量保持持平。以南京为例,2021—2025年期间存量土地供应比率为30%~40%,城乡建设用地平均增减比为1.3∶1~1.1∶1;2026—2035年存量土地供应比率为40%以上,城乡建设用地平均增减比为1.1∶1~1∶1,以此确定建设用地规模。但由于各地存量、流量潜力不同,存量土地供应比率、城乡建设用地平均增减比需要因地制宜确定。

2. 独立的交通、水利、特殊设施等建设用地预测

(1)采矿地等独立建设用地需求预测一般包括:规划期居民点以外独立的采矿场、采石场、采砂场、盐田、砖瓦窑等地面生产用地及尾矿堆放地等;采矿地以外的,对环境、区位等有特殊要求而不宜在居民点内配置的各类建筑用地。交通用地预测指居民点以外的铁路、公路、港口码头、管道运输地面设施等占地需求。水利设施指用于水库、水工建筑的用地需求。

(2)采矿地等独立建设、交通、水利等用地可按已列入上位规划、国民经济和社会发展规划的建设项目进行预测。

(3)建设项目的用地标准应采用行业用地定额标准,或先进的土地产出率指标。

(4)居民点以外的国防、风景名胜旅游、墓地、陵园等特殊建设用地,有关主管部门应依据有关规划或已列入规划实施的建设项目及其用地范围,确定其用地规模。

5.7 案例解析——《南宁市国土空间总体规划(2021—2035年)》(草案公示稿)

1. 城镇发展规模及发展愿景

1)规划期限

目标年为2035年,近期至2025年,展望至2050年。

规划范围:包括市域和中心城区两个层次。

市域:南宁市市级行政辖区,国土总面积22102 km²。统筹全域全要素规划管理,侧重国土空间开发保护的战略部署和总体格局。

中心城区:国土面积约4300 km²。规划细化土地使用和空间布局,侧重功能完善和结构优化。

2)城市性质

南宁是面向东盟的国际门户枢纽城市和国家边疆中心城市及生态宜居壮乡首府城市。(见图5-8)

3)人口规模

规划到2035年,市域常住人口1190万;城镇人口1000万,城镇化水平84%;人口重点向中心城区集聚,城镇人口约805万。

图5-8 绿城南宁

(资料来源:《南宁市国土空间总体规划(2021—2035年)》(草案公示稿))

4)目标愿景——三大战略

(1)实现高效能治理,安全永续战略:从政策保护到系统治理,守住城市安全底线,优化三区三线总体格局。

(2)促进高质量发展,高效集聚战略:从人口集聚到辐射引领,优化城市空间结构,提升区域发展核心功能。

(3)提供高品质生活,绿城升级战略:从绿城建设到生态宜居,坚持以人民为中心,建设生态宜居壮乡首府。

2. 案例点评

本案例强化了总体规划的战略引领和底线管控作用,促进国土空间发展更加绿色安全、健康宜居、开放协调,在此基础上确定城市性质和国土空间发展目标,提出了国土空间开发保护战略。

课 后 习 题

1. 城市性质的定义是什么?
2. 人口规模预测的基本原则是什么?
3. 影响城市发展战略选择的主要因素有哪些?

第6章 市域空间保护利用总体格局

6.1 总体格局需要考虑的主要因素

6.1.1 实现区域一体化,完善区域协调格局

注重推动市县中心城市所在的城市群、都市圈交通一体化,发挥综合交通对区域网络化布局的引领和支撑作用,重点解决资源和能源、生态环境、公共服务设施和基础设施、产业空间和邻避设施布局等区域协同问题。城镇密集地区的城市需提出跨行政区域的都市圈、城镇圈协调发展的规划内容,促进多中心、多层次、多节点、组团式、网络化发展,防止城市无序蔓延。其他地区在培育区域中心城市的同时,要注重发挥县城、重点特色镇等节点城镇作用,形成多节点、网络化的协同发展格局。

6.1.2 遵循自然地理格局,优先确定生态空间

在城市的发展过程中,人们必须尊重自然,处理好城市与自然生态保护之间的关系:一方面要考虑自然环境对城市空间发展的承载力,若超出承载容量限值,自然环境就会还以灾难性的报复;另一方面要考虑城市空间的塑造力,城市所在的山水自然环境塑造出城市空间发展的基本形态,决定着城市发展的规模和用地扩展方向。任何城市都是建立在一定的地理环境背景上的,地形、地貌塑造出城市的基本空间布局形态,道路、河流走向则引导着城市的空间发展方向,而山体和生态景观塑造出城市内部特有风貌特色。山水对城市的空间发展影响巨大,它直接控制着整个城市的空间结构。河流在城市发展过程中具有重要作用,比如河流可以为城市提供丰富的水源,还是影响和制约城市空间形态形成和演进、城市土地利用布局的重要因素。山体对城市起着引导作用,它可以阻碍城市的发展,也可以促进城市的发展,对塑造城市形态有决定性影响,也是塑造一个城市特色的重要基础。

自然地理格局是形成国土空间格局的基础要素,大山大水等天然条件是城镇、农业建设空间确定的基础。自然地理格局是指自然地理本底条件(自然地理环境要素)及其空间分布格局。很早之前,古人就已开始充分利用自然地理格局进行城市选址建设。《管子·乘马》云:"凡立国都,非于大山之下,必于广川之上;高毋近旱,而水用足;下毋近水,而沟防省;因天材,就地利,故城郭不必中规矩,道路不必中准绳。"《管子》认为城市选址地势不应太高,必须靠近江、河、湖等水源地,使城市有充足的水源,这反映了中国古代规划思想中因地制宜的原则,在城市选址方面应注重地势,满足防洪防旱要求,在城市形制方面应结合自然地势。

因此,城市的发展必须尊重自然地理格局,充分体现人与自然和谐相处的思想。自然地

理格局分析一般以地形地貌条件、河湖水系以及流域划分等对国土空间布局有较大影响的自然地理环境因素分析为主,作为市县国土空间总体规划编制的基础工作之一。其中,地形地貌条件除常规的高程、坡度分析之外,主要侧重对影响城镇规模、形态和空间结构等山水本底自然条件的综合分析。在自然地理格局分析的基础上,结合"双评价"结论,明确农业生产、城镇建设的适宜空间,为国土空间布局优化提供支撑。

在自然地理格局分析基础上,还要重视梳理各类生态要素,以提升生物多样性、保护生物栖息地为目标,开展生境稳定性评价、生境复杂性评价、森林物种丰富度、土地胁迫情况、指示性物种栖息地等敏感性分析,识别陆域和水域生态源地。根据生物迁徙路径,采用最小费用路径法,连通生态源地,连接生态斑块,形成生态廊道。在生态源地-廊道空间格局分析的基础上,衔接市域蓝绿系统与城镇空间格局,构建绿色开敞空间体系。

6.1.3　守住耕地保护红线,保障农业发展空间

以"双评价"的主要结论为基础,基于耕地自然条件,衔接粮食功能区和高标准农田建设,结合农村人口分布,优化农业生产空间布局,引导布局都市农业,提高就近粮食保障能力和蔬菜自给率,重点保护集中连片的优质耕地,明确具备整治潜力的区域,以及生态退耕、耕地补充的区域。

6.1.4　依托城镇发展基础,保障合理发展需求

在实现区域一体化,满足生态空间、农业空间底线约束的基础上,对城镇发展现状、城镇体系合理性进行分析评估,对未来发展进行科学预判,结合规划期内对外交通条件等影响城镇发展的外部因素的变化情况,综合"人地房财"分析,科学确定城镇体系和城镇发展方向、规模、形态,明确城镇空间发展格局。

6.2　"三区三线"统筹划定

6.2.1　"三区三线"内涵、特征与关系

6.2.1.1　"三区三线"的内涵、特征

"三区三线"是根据城镇空间、农业空间、生态空间三种类型的空间,分别对应划定的城镇开发边界、永久基本农田、生态保护红线三条控制线。其中"三区"突出主导功能划分,"三线"侧重边界的刚性管控。

城镇空间是以承载城镇经济、社会、政治、文化、生态等要素为主的功能空间。

农业空间是以农业生产、农村生活为主体的功能空间。

生态空间是指具有自然属性、以提供生态服务或生态产品为主的功能空间,包括森林、草原、湿地、河流、湖泊、滩涂、岸线、海洋、荒地、荒漠、戈壁、冰川、高山冻原、无居民海岛等。

"三线"属于国土空间的边界管控,对国土空间提出强制性约束要求。

城镇开发边界是在一定时期内因城镇发展需要,可以集中进行城镇开发建设,重点完善城镇功能的区域边界,涉及城市、建制镇以及各类开发区等。

永久基本农田是按照一定时期人口和经济社会发展对农产品的需求,依据国土空间规划确定的不得擅自占用或改变用途的耕地。

生态保护红线是指在生态空间范围内具有特殊重要生态功能、必须强制性严格保护的陆域、水域、海域等区域。

"三区三线"的内涵与特征如表 6-1 所示。

表 6-1 "三区三线"的内涵与特征

各类管控空间		内　　涵	特　　征
"三区"	生态空间	具有自然属性,以提供生态服务或生态产品为主体功能的国土空间,包括森林、草原、湿地、河流、湖泊、滩涂等各类生态要素	承担生态服务和生态系统维护等功能,以自然生态景观为主划定。该空间配套严格的保护规程,明确所禁止的开发建设行为,确保建立高标准的保护格局
	农业空间	以农业生产和农村居民生活为主体功能,承担农产品生产和农村生活功能的国土空间,包括永久基本农田、一般农田等农业生产用地,以及村庄等农村生活用地	承担农业生产和农村生活等功能;形成严格的农田保护体系,明确所保留的乡村居民点布局导向,以及允许适度的开发建设内容,维护田园生态格局
	城镇空间	以城镇居民生产、生活为主体功能的国土空间,包括已建和规划建设的城镇区域产业集聚区块,以及开发建设需要管控的区域	承担城镇建设和发展城镇经济等功能;该空间要明确城市化空间布局,提出产业、基础设施、公共服务配套等建设导向,形成高效生产力布局
"三线"	生态保护红线	依法在重点生态功能区、生态环境敏感区和脆弱区等区域划定的严格管控边界	圈定生态空间范围内具有特殊或重要生态功能、必须强制性严格保护的区域,是保障和维护国家生态安全的底线和生命线
	永久基本农田	需要永久性保护的基本农田区域	是农业生产空间中高产优质的耕地,是维护国家粮食安全的基本用地空间
	城镇开发边界	城市周边独立、连续的管控界线,用以限制城市无序蔓延、管理城镇用地	根据城镇规划用地规模和国土开发强度控制要求,兼顾城镇布局和功能优化的弹性,应包括城镇建设用地规模控制区域和城镇潜在增长空间

6.2.1.2 "三区三线"的关系

划定"三区三线"是优化国土空间布局、实施国土空间用途管制、协调人地关系的重要途径。各区、各线之间功能互补、相互关联。

(1)空间关系方面,"三区"空间上互不重叠,但功能上相互渗透。"三区三线"不交叉重叠,其首要任务是对国土空间进行主体功能的划分。但除主体功能外,三类空间范围内依然会存在一些其他功能,如农业空间主要承担农产品供给,但区内仍会有一些生活功能和生态功能;城镇空间、生态空间等亦然。

(2)功能结构方面,"三线"是对"三区"核心功能的体现。生态保护红线、永久基本农田、城镇开发边界三条控制线,分别围合的是生态空间、农业空间、城镇空间的核心部分,需采取最为严格的用途管制措施。

(3)作用机制方面,"三区三线"存在相互制衡的有机联系。生态保护红线、永久基本农田控制线共同成为城镇生态屏障,形成城镇开发的实体边界,约束城镇无序蔓延的态势,倒逼城镇空间内节约集约用地和优化布局。

(4)划定基础方面,"三区三线"具有共同的数据底图。"三区三线"的划定,以自然资源相关调查评价成果、资源环境承载力及国土空间开发适宜性评价成果为基础,共享同一套空间数据和底图。

6.2.2 "三线"统筹划定

生态保护红线、永久基本农田和城镇开发边界三条控制线(简称"三线")是国土空间规划核心要素和强制性内容。2019年3月5日,习近平总书记在参加十三届全国人大二次会议内蒙古代表团审议时强调,要坚持底线思维,将"三线"作为调整经济结构、规划产业发展、推进城镇化不可逾越的红线,夯实中华民族永续发展基础。

6.2.2.1 "三线"统筹划定要求

在2018年自然资源部成立之前,"三线"划定工作是分由原环境保护部、原国土资源部、住建部(住房和城乡建设部)3个不同部门组织开展的相应工作,各自形成了相应阶段性成果。其中,永久基本农田已实现了上图入库、落到实地,纳入各级土地利用总体规划,获得国务院批复;2018年2月,北京等15省份生态保护红线划定方案先行获国务院批准;城镇开发边界划定之前则处于试点阶段,全国范围内仅选择部分试点城市,并未全面铺开来开展相应工作。

上述分头开展的"三线"工作,由于未统筹协调好划定的技术标准,仍存在着交叉重叠、矛盾冲突等问题,因此市县国土空间规划需要进行统筹划定。以2019年中共中央办公厅、国务院办公厅发布的《关于在国土空间规划中统筹划定落实三条控制线的指导意见》为依据,"三线"统筹划定需遵循以下基本原则和矛盾协调方向。

1. 基本原则

(1)底线思维,保护优先。以资源环境承载能力和国土空间开发适宜性评价为基础,科学有序统筹布局生态、农业、城镇等功能空间，强化底线约束，优先保障生态安全、粮食安全、国土安全。

（2）多规合一，协调落实。按照统一底图、统一标准、统一规划、统一平台要求，科学划定落实三条控制线，做到不交叉不重叠不冲突。

（3）统筹推进，分类管控。坚持陆海统筹、上下联动、区域协调，根据各地不同的自然资源禀赋和经济社会发展实际，针对三条控制线不同功能，建立健全分类管控机制。

2. 矛盾协调

三条控制线出现矛盾时，生态保护红线要保证生态功能的系统性和完整性，确保生态功能不降低、面积不减少、性质不改变；永久基本农田要保证适度合理的规模和稳定性，确保数量不减少、质量不降低；城镇开发边界要避让重要生态功能，不占或少占永久基本农田。

目前已划入自然保护地核心保护区的永久基本农田、镇村、矿业权逐步有序退出。

已划入自然保护地一般控制区的，根据对生态功能造成的影响确定是否退出，其中，"双评价"结果为生态极重要地区，或"三调"地类已经不是耕地，而是林地等生态因素的，属于对生态功能造成明显影响的永久基本农田，应逐步有序退出。协调过程中退出的永久基本农田在县级行政区域内同步补划，确实无法补划的在市级行政区域内补划。

长沙市市域三区三线划定示意图如图6-1所示。

图 6-1　长沙市市域三区三线划定示意图

（资料来源：《长沙市国土空间总体规划（2021—2035年）》（公示版））

6.2.2.2 "三线"划定重点内容

1. 科学评估调整生态保护红线

根据《关于在国土空间规划中统筹划定落实三条控制线的指导意见》，生态保护红线是指在生态空间范围内具有特殊重要生态功能、必须强制性严格保护的区域。主要包括三大类，即生态功能极重要区域、生态极敏感脆弱区域、其他具有潜在重要生态价值的区域，调整优化后的自然保护地。

尽管生态保护红线提出的时间不长,但由于涉及部门多、地方关注度高,有关内容、划定过程、技术方法、政策文件错综复杂,为便于理解,尝试将其发展历程基本总结为以下阶段。

(1)生态保护红线前期研究阶段。在生态保护红线的概念提出之前,各地对于生态空间的划定与管控所做的实践探索可以追溯到深圳市于2005年10月颁布的《深圳市基本生态控制线管理规定》,后续广州、武汉、长沙、无锡、厦门等城市相继编制了基本生态控制线的专项规划,也先后制定了基本生态控制线管理条例或其他类似的地方性法规,成为生态空间划定和管控的重要地方实践,但存在生态控制线划定边界范围不精准现象。

(2)生态保护红线试点探索阶段。面对生态环境保护形势严峻的问题,为了提高生态文明建设水平,2011年国务院印发《国务院关于加强环境保护重点工作的意见》(国发〔2011〕35号),要求"在重要生态功能区、陆地和海洋生态环境敏感区、脆弱区等区域划定生态红线",首次提出"生态红线"概念。

2013年11月,党的十八届三中全会通过的《中共中央关于全面深化改革若干重大问题的决定》又明确提出,要加快生态文明制度建设,用制度保护生态环境。其中,关于划定生态保护红线的部署和要求成为生态文明建设的重大制度创新。

自生态保护红线的概念提出后,在国家、各地生态环境部门牵头下,内蒙古、江西、湖北和广西4个省(自治区)被列为国家试点,各省区也开展了生态保护红线划定工作,2013年,江苏省政府就率先出台《江苏省生态红线区域保护规划》。在各地探索的基础上,支撑生态保护红线的技术标准也在抓紧研究。从2014年到2017年,有关生态保护红线的划定对象、划定技术路径等愈来愈规范。

(3)生态保护红线划定阶段。在前期开展的试点和技术指南形成的基础上,中共中央办公厅、国务院办公厅印发了《关于划定并严守生态保护红线的若干意见》,明确到2020年年底前,我国全面完成生态保护红线划定、勘界定标,基本建立生态保护红线制度。2018年2月,京津冀3省(市)、长江经济带11省(市)和宁夏回族自治区共15省(市)、自治区的生态保护红线划定方案先行获国务院批准,它们正是在上述要求的基础上先行完成的生态保护红线划定工作。

(4)生态保护红线评估调整与"三线"统筹划定阶段。至此,尽管上述生态保护红线划定工作取得了较大成就,但由于存在划定过程中时间仓促、基础资料(尤其是矢量数据)收集困难等客观因素,生态保护红线划定结果仍存在较多与现实矛盾冲突的问题。同时,2018年随着国家机构改革和职能调整,生态保护红线划定工作调整至自然资源部。为有效解决各地存在的矛盾和问题,2019年,自然资源部办公厅、生态环境部办公厅联合印发《关于开展生态保护红线评估工作的函》(自然资办函〔2019〕1125号),开始了生态保护红线评估调整优化工作,至2019年底各地基本形成了稳定阶段性成果。但由于与自然保护地整合优化工作同步开展,缺乏相互衔接,2020年3月自然资源部和国家林草局就自然保护地整合优化和生态保护红线评估调整推进工作召开电视电话会议,进一步修改完善了生态保护红线自评估调整规则,目前各地经过省、市、县上下互动,与地方经过多轮次的校核后,形成上报成果,成果基本稳定,后续市县国土空间总体规划以及乡镇国土空间规划、村庄规划等更多的是落实生态保护红线划定的成果。在划定完成以后,需进行勘界定标,加强生态保护红线的管护和管控等工作。

2. 从严核实优化永久基本农田

永久基本农田是为保障国家粮食安全和重要农产品供给而实施永久特殊保护的耕地。

2008年党的十七届三中全会通过的《中共中央关于推进农村改革发展若干重大问题的决定》首次提出"永久基本农田"的概念。永久基本农田是在原有"基本农田"概念基础上提出来的,它既不是在原有基本农田中挑选的一定比例的优质基本农田,也不是永远不能占用的基本农田,而是在基本农田前面加上"永久"两字,体现了党中央、国务院对耕地特别是基本农田保护的高度重视,体现的是严格保护的态度。

2016年8月,原国土资源部、原农业部联合发布《关于全面划定永久基本农田实行特殊保护的通知》,对"全面完成永久基本农田划定工作,加强特殊保护"做出部署。2018年2月,原国土资源部印发《关于全面实行永久基本农田特殊保护的通知》。至此,各地已将永久基本农田落实到用途管制分区和图斑地块(在各地乡镇土地利用总体规划中表达),规划确定到2020年,全国永久基本农田保护面积不少于15.46亿亩。2019年新修改的《土地管理法》第三十三条再次明确规定,国家实行永久基本农田保护制度。下列耕地应当根据土地利用总体规划为永久基本农田,实行严格保护:

①经国务院农业农村主管部门或者县级以上地方人民政府批准确定的粮、棉、油、糖等重要农产品生产基地内的耕地;

②有良好的水利与水土保持设施的耕地,正在实施改造计划以及可以改造的中、低产田和已建成的高标准农田;

③蔬菜生产基地;

④农业科研、教学试验田;

⑤国务院规定应当划为永久基本农田的其他耕地。

市县国土空间规划中永久基本农田划定部分的工作,需落实上位规划确定的保护目标,在已划定的永久基本农田控制线的基础上,与生态保护红线、城镇开发边界进行统筹,依据第三次全国国土调查和土地整治规划、耕地质量调查监测与评价、土地综合整治、高标准农田建设等成果,结合当地实际,对永久基本农田布局进行优化。

①与依据"三调"形成的底数底图对比,对于不符合永久基本农田划定要求、违规占用的地区进行补划,避免出现永久基本农田非农化,包括工程恢复地类的林地、建设用地以及其他未利用土地等。

②生态保护红线内需要调出的退耕还林、退耕还草部分需要补划。

③城镇开发边界和非集中建设区内的城镇建设、交通等线性基础设施建设等无法规避而占用部分需要进行补划。

④其他现行永久基本农田划定不合理区域的调整。尤其受城市周边3km范围内划定

永久基本农田规则限制,导致永久基本农田布局与城镇布局不协调。以南京市栖霞区八卦洲为例,按照中心城区范围向外缓冲 3 km 划定永久基本农田等具体规则,区位条件优越、景观资源丰富、对外交通条件便捷、历史上一直是城镇集中建设且历版的城镇规划都是按照城镇建设规划预控的洲头地区反而成为永久基本农田保护区域,而西北方向则为一般农田,从实现资源价值最大化,既满足耕地保护、永久基本农田保护要求,又顺应城镇发展规律等多方面综合考虑,建议对永久基本农田布局进行优化调整。

南宁市市域农业空间格局图如图 6-2 所示。

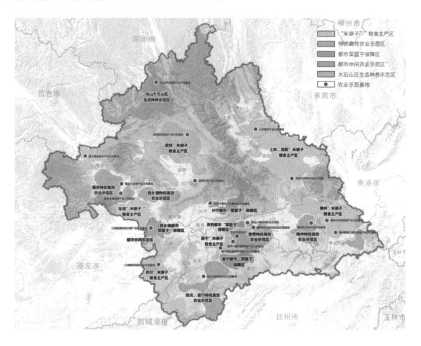

图 6-2 南宁市市域农业空间格局图

(资料来源:《南宁市国土空间总体规划(2021—2035 年)》(草案公示稿))

6.2.2.3 集约适度划定城镇开发边界

生态保护红线、永久基本农田的划定原则相对比较清晰,主要是基于其资源的价值和重要性评价,空间管控要求也比较明确,但划定城镇开发边界,需要对稳定状态的城镇化水平的判断、城镇空间形态结构的研究等多方面进行考虑,故城镇开发边界属于"三线"中最难确定的一条控制线。

2005 年,《城市规划编制办法》出台并提出划定城市增长边界,城市总体规划编制开展相关研究和实践。2014 年,为加快推进生态文明建设,我国在全国范围内确定首批 14 个试点城市开展城市开发边界划定研究与实践。

在市县国土空间总体规划阶段,按照集约适度、绿色发展要求划定城镇开发边界,主要以城镇开发建设现状为基础,综合考虑资源承载能力、人口分布、经济布局、城乡统筹、城镇发展阶段和发展潜力,框定总量,限定容量,防止城镇无序蔓延。同时,科学预留一定比例的留白区,为未来发展留有开发空间。

全国第一轮国土空间总体规划由于是边规划边建立规则,很多规划内容经过了不断的试点、反馈、磨合才能逐步形成稳定的规则。"三线"划定是市县国土空间总体规划的核心内容,也更为复杂,划定规则也经历了多轮修改。尽管国家层面已颁发《关于在国土空间规划中统筹划定落实三条控制线的指导意见》《永久基本农田核实整改补足规则》《城镇开发边界划定规则》,但由于城镇开发边界划定与耕地保护矛盾冲突较大,"三线"划定工作推进缓慢。由于很多地区农业结构调整比较大,大量耕地被转换为水产养殖、苗圃等地,造成"三调"耕地面积相比原"二调"口径有较大减少,但黑龙江、内蒙古、河南、吉林等北方地区耕地面积增加较多,出于对建设空间指标的争夺,耕地增加地区和耕地减少地区对耕地保护任务分配存在相反的声音;与此相应,由于耕地分布格局产生较大变化,原规划的永久基本农田内也出现了众多非耕地的问题,是按照实有耕地的一定比例确定永久基本农田,还是保持原有土地利用总体规划确定的永久基本农田保护量和布局基本不变,不同地区之间的观点也相左。2021年6月,自然资源部会同相关部委选择部分矛盾比较突出的省份,并兼顾区域代表性,将浙江、江西、山东、广东、四川5省列入"三线"划定试点地区,旨在形成地方政府可执行、可操作的划定规则。总的原则是耕地保有量目标根据"三调"实有耕地确定,永久基本农田量和布局尽可能按照原规划在大稳定、小调整基础上进行优化,对耕地确实有较大减少的部分区县可以适当放大到市域内平衡。关于"三线"划定的最终规则要根据试点省份探索形成的新规则确定。(见图6-3)

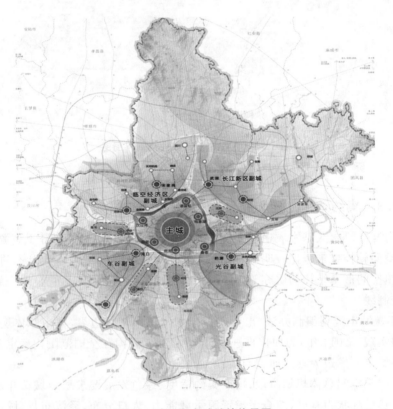

图6-3 武汉市市域城镇格局图

(资料来源:《武汉市国土空间总体规划(2021—2035年)》)

6.2.3 生态空间与生态保护红线划定思路

确保生态安全是划定和管控生态空间的底线要求,而要实现生态安全必须深刻认识生态各要素和各系统之间的客观联系,依据"双评价",在准确识别重要生态空间的基础上,运用系统思维,构筑不同尺度的生态安全格局,并根据生态空间承担的生态功能重要性和生态敏感性,本着充分保护、适度利用的原则,实施严格科学的空间管控。

6.2.3.1 生态保护红线评估调整背景

根据前述章节关于生态保护红线划定历程的梳理,以江苏为例,2013 年前后要求各地上报生态保护红线方案,形成了生态保护红线成果,包括生态保护红线类型、规模面积、边界范围以及矢量数据,并通过省政府批复。

但由于生态保护红线类型多,分属不同部门管辖,大部分缺少精准的矢量数据,且由于缺乏划定指南等技术要求,大多成果基本是"拿来主义",即将原分属不同部门的相关规划成果简单汇总上交。因此,该时间段形成的生态保护红线成果相对较粗,存在着划定不尽、划定不实的问题,与永久基本农田保护、城乡建设,尤其与各地关于文旅项目建设有较多的矛盾冲突,加上关于生态保护红线管控规则不明朗,出现"一刀切"的现象,导致道路等线性基础设施建设项目也无法建设。

随着时间推进,上述矛盾越来越尖锐,各地相继自发开展了有关生态保护红线的评估调整,但由于缺乏国家有关部门的许可等因素,评估调整成果未能得到上级政府部门允许。

根据自然资源部"三定"职能方案,生态保护红线划定成为其职责之一,因此自然资源部、生态环境部出台评估调整及划定的相关要求,并计划定于 2020 年底基本划定生态保护红线。

6.2.3.2 与自然保护地整合优化衔接

生态保护红线类型基本以自然保护地为主,以南京为例,除水源地外,其他生态保护红线类型均为自然保护地。但由于自然保护地整合优化一般由各地林草部门牵头,生态保护红线优化调整由各地自然资源与规划部门牵头,两项工作在时间上基本是同步开展,因此生态保护红线调整需与自然保护地整合优化工作做好充分衔接。

另外,根据"三线"统筹划定要求,评估调整后的自然保护地应划入生态保护红线,自然保护地发生调整的,生态保护红线也需相应调整。因此,对于自然保护地的一般控制区,包括国家公园的一般控制区、自然保护区的一般控制区以及自然公园(森林公园、湿地公园、地质公园、海洋公园等)的内部所有分区的调整,需要与生态保护红线同步且按照相同规则开展调整优化,才不至于出现自然保护地与生态保护红线边界范围等不一致的矛盾。

6.2.3.3 生态保护红线调整具体规则

由于生态功能的重要性,自然保护地核心保护区应完整划入生态保护红线,核心保护区内所有冲突地类均不得调出红线。因此生态保护红线的调整,以对自然保护地的一般控制区的调整为主。已划入自然保护地一般控制区内的永久基本农田、镇村、矿业权等,通过进行生态功能影响评估,论证保留在陆域生态保护红线内的必要性,经论证亟须保护的区域应以生态保护优先,全部保留在红线内;评估后对生态功能不造成明显影响的,可适当进行调整。

对于如何调整,各地制定了详细调入与调出规则。以江苏为例,在收集"三调"、产权、永久基本农田、城乡规划(以控制性详细规划为主)、交通等基础设施方案、林业保护利用规划以及矿产资源利用规划等相关资料基础上,对经评估后对生态功能不造成明显影响的,可按规则调整一般控制区范围,详见表6-2。

另外,由于生态保护红线大多基于影像图绘制,存在切割现状地形地物等矛盾,因此鼓励各地尽量采用更大比例尺地形图。同时,在工作方式上,可采用市、县联动方式,上下互为反馈,确定后纳入市级国土空间总体规划划定成果。

表6-2 生态保护红线调整建议表

调整类型	调出红线	保留在红线内
永久基本农田	集中连片,"三调"地类是耕地或即可恢复,且对生态功能不造成影响的永久基本农田(大于60亩,1亩≈666.7 m²)调整到红线外,永久基本农田区域内的农村道路、沟渠等农业基础设施用地同步调整到红线外	零散的永久基本农田仍保留在红线内并逐步有序退出,并在红线外补划集中连片,"三调"地类是林地等非耕地,不符合永久基本农田划定要求的,对生态功能造成明显影响的永久基本农田继续保留在红线内,并在红线外补划永久基本农田(大于60亩)
一般耕地	集中连片的耕地(大于60亩)可调整到红线外,耕地之间的农村道路、沟渠等农业基础设施用地同步调整到红线外	25°以上的坡耕地均保留在红线内,零散的耕地仍保留在红线内
城市、建制镇	集中连片的现状城市、建制镇用地(大于30亩)全部调整到红线外,登记发证、报批供地的建设用地调整到红线外	零散的现状城市、建制镇用地保留在红线内
村庄	与镇村布局规划相协调,集聚提升型、城郊融合型、特色保护型三类村庄全部调整到红线外,历史文化名村和传统村落调整到红线外,集中连片的不确定类型的一般村庄(大于10亩)调整到红线外	搬迁撤并类村庄全部保留在红线内,零散的不确定类型的一般村庄保留在红线内
基础设施项目用地	符合县级以上国土空间规划、已通过省级以上相关主管部门批复并已有明确选址的规划重大基础设施项目可调整到红线外,但涉及自然保护地核心保护区的应重新选址	现状基础设施保留在红线内

续表

调整类型	调出红线	保留在红线内
合法矿业权	若矿业权设立在生态保护红线划定之前(2018年6月11日之前),矿业权调整到红线外	若矿业权设立在生态保护红线划定之后(2018年6月11日之后),矿业权保留在红线内并逐步有序退出
战略性矿产资源区	—	全部保留在红线内
林地	需要采伐的商品林可调整到红线外	已经认定或计划调整为公益林的林地,全部保留在红线内,以采摘种植为主的商品林,可以保留在红线内
特殊用地	符合县级以上国土空间规划或相关专项规划、有特殊需要并已有明确选址的规划殡葬用地调整到红线外,集中分布的现状宗教用地、殡葬用地有扩建需求的建议调整到红线外	现状及规划军事用地全部保留在红线内,集中分布的现状宗教用地、殡葬用地全部保留在红线内
其他	生态保护红线内存在的违法用地、用海以及违建别墅清查整治、中央环保督察、"绿盾"系列专项行动发现的违法违规问题,须依法依规先行处理到位,再按规则进行红线调整,否则不得调整红线	

6.2.3.4 分级构建系统化生态空间

从生态空间系统化角度考虑,除生态保护红线区外,尚有部分需要予以保留原貌、强化生态保育和生态建设、限制开发建设的陆地和海洋自然区域作为生态空间,可纳入生态控制区进行控制。生态保护红线区、生态控制区以及其他生态空间一并统称为生态空间。

1. 生态功能空间

从生态系统的角度出发,形成覆盖全域、涵盖全要素的完整生态空间,促进生态空间与农业空间融合,生态空间向城镇空间渗透,三类空间相互交融。该部分生态空间是广义的生态空间,除了林地、湿地、河湖水系等生态要素外,包括了一部分农田区域。

2. 与农业、城镇空间不交叉不重叠的生态空间

支撑国土空间规划分区,以林地、湿地、河湖水系等生态要素为主,衔接农田保护区及其他各类主导功能区,不交叉重叠,形成生态保护区、生态控制区。其中,生态保护区为生态保护红线集中划定的区域;生态控制区是以促进生态功能系统性保护为目标,在生态保护红线外,由林地、湿地、河湖水系及零星的基本农田等构成的区域。生态控制区内以生态保护为重点,原则上不得开展有损主导生态功能的开发建设活动,在满足有关森林、湿地、河湖水系等相关自然资源法律法规管控要求的基础上,可适当布局一定量的旅游配套和新经济用地。

6.2.4 城镇开发边界的划定

6.2.4.1 城镇开发边界的概念和划定原则

城镇开发边界是在国土空间规划中划定的,一定时期内因城镇发展需要,可以集中进行城镇开发建设、完善城镇功能、提升空间品质的区域边界,涉及城市、建制镇以及各类开发区等。城镇开发边界内可分为城镇集中建设区、城镇弹性发展区和特别用途区(见图6-4)。城市、建制镇应划定城镇开发边界。

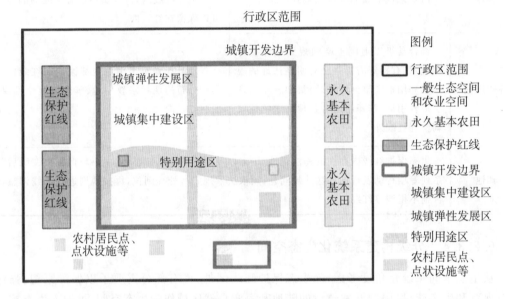

图6-4 城镇开发边界空间关系示意图
(资料来源:自然资源部.市级国土空间总体规划编制指南(试行)[R].2020.)

(1)城镇集中建设区:根据规划城镇建设用地规模,为满足城镇居民生产生活需要,划定的一定时期内允许开展城镇开发和集中建设的地域空间。

(2)城镇弹性发展区:为应对城镇发展的不确定性,在城镇集中建设区外划定的,在满足特定条件下方可进行城镇开发和集中建设的地域空间。

在不突破规划城镇建设用地规模的前提下,城镇建设用地布局可在城镇弹性发展范围内进行调整,同时相应核减城镇集中建设区用地规模。

(3)特别用途区:为完善城镇功能,提升人居环境品质,保持城镇开发边界的完整性,根据规划管理需划入开发边界内的重点地区,主要包括与城镇关联密切的生态涵养、休闲游憩、防护隔离、自然和历史文化保护等地域空间。

特别用途区原则上禁止任何城镇集中建设行为,实施建设用地总量控制,原则上不得新增除市政基础设施、交通基础设施、生态修复工程、必要的配套及游憩设施外的其他城镇建设用地。

6.2.4.2 城镇开发边界的划定思路

1）识别生态资源价值，形成生态保护本底

划定城镇开发边界，核心原则就是生态优先，基本思路就是"先底后图"。首先，要充分利用林地、湿地、水资源调查和全国第三次国土调查工作成果，详细识别山体、水面、林地、湿地、草地、园地等各类资源现状并在空间上准确落位，形成市县生态资源现状图；其次，梳理并叠加各类生态空间管控区，明确风景名胜区、自然保护区、森林公园、饮用水源保护区、生态公益林、湿地等生态红线保护空间的各级保护范围并在空间准确落位；再次，按照景观生态学"斑块-廊道-基质"理论，根据生态安全格局分析，判别并划定需要重点保护的生态斑块，识别和保护连接各个生态斑块之间的生态廊道，从而构建具有更高生态价值与效应的生态网络体系。

2）结合空间开发适宜性评价，明确建设用地潜力

城镇开发边界是未来可以集中建设的城镇建设地区，除了按照"先底后图"的思路确定不可侵占的生态空间本底外，还要根据粮食安全和农业高效生产的需要，对原土地利用总体规划较为破碎化的永久基本农田布局进行适度整合，划定永久基本农田集中区。由生态空间本底和永久基本农田集中区形成城镇开发边界的不可侵占空间和发展负空间，其他空间是有可能作为城镇建设的空间，但必须从城市安全、工程技术上更为准确地评价确定适宜用于集中城镇建设的空间。

在生态限制条件分析的基础上，要根据地形、地质、承载力、水文、气象、地质灾害等多方面的资料，以及宏观区位、交通条件等发展条件进行空间开发适宜性评价工作，为确定城镇可开发用地布局提供依据。经过空间开发适宜性评价确定为适宜建设用地和一般适宜建设用地的，可以划入城镇开发空间的可选择空间。生态本底分析主要基于生态安全和粮食安全角度，明确了城市增长必须避开的保护空间，空间开发适宜性评价更多是从建设用地适宜性，如高程、坡度、地基承载力、地质、安全角度筛选出可以用于集中城镇建设的空间。

3）根据国家和区域战略定位明确空间开发政策导向

城市在国家和相关区域战略中的发展定位及其主导功能，体现了国家和省对该地区的发展导向。要根据国家东、中、西部和东北地区不同发展战略，在"一带一路"、长江经济带等国家战略中对城市功能和建设规模控制的要求，以及国家、省主体功能区规划确定的重点开发区、优化开发区、限制开发区和禁止开发区的定位，分析判断一个市、县合理的城镇建设用地规模。市、县国土空间规划应依据国家和省国土空间规划确定的城镇体系格局、城镇发展战略来确定城镇建设用地规模控制要求，并将该规模作为城镇开发边界最大规模的控制上限。比如，作为国家重点开发地区的雄安新区、粤港澳大湾区、国家级新区所在地，应在城镇建设用地规模指标上适当倾斜和保障，但作为全国主体功能区规划确定的国家重点生态功能区的市县，其城镇开发边界划定就应主要根据最大限度保护生态本底为原则划定，城镇建设用地规模就要从严控制。

4）生态最大容量或终结状态的人口规模

人口规模是影响建设用地规模的重要需求变量，也是决定城镇开发边界划定规模的重要因素。但对于不同的城市，预测远景城市人口规模的思路应有所不同。有生态约束、条件和资源承载力门槛的城市，根据主要生态制约条件或资源承载力短板，考虑技术水平的变化趋势，分析预测宜居目标下的城市最大人口规模。对于生态约束条件不明显、发展潜力较大

的城市,要研究城市化达到相对稳定状态时的终极人口规模,根据适宜的人均城镇建设用地标准,确定城镇建设用地总需求。终结状态的城市人口规模预测,既要结合历年人口增长特征,又要根据未来产业结构特征和就业需求,与经济发展水平相适应;既要考虑城市自身的人口增长,又要考虑在人口迁移政策逐步放开、人口继续向经济发达地区和大城市迁移的趋势下,城市能够吸引的外来人口最大可能规模。

5)开发边界与合理的空间结构布局相适应

城镇开发边界不仅是集中城镇化空间的规模控制线,也是城镇发展方向和空间布局形态控制引导线。城镇开发边界划定应体现一个城市合理的城镇空间布局结构设计引导要求,不能忽视或代替城镇合理布局形态的深入研究。在城镇建设用地规模总量锁定的前提下,要借鉴国际先进城市布局理念,研究提出城市2050年前后的理想空间结构,将其作为前提支撑,作为划定城镇开发边界的形态引导。城市的理想空间结构要根据自然条件和山水环境,综合考虑公共交通与城市用地的互动关系,根据合理的空间组团规模和区域发展方向确定。不同城镇空间布局结构的城市,城镇开发边界划定原则要有所区别。对于多中心、组团式发展的城市,城市开发边界可以为相互分离的多个闭合范围。对于特大城市和组团城市,要做好生态廊道、绿化隔离等绿色开敞空间的规划预留控制。

6)边界留有一定弹性应对发展不确定性

对于生态约束条件明确、生态限制因素清晰、需要控制城镇用地规模的城市,建议城镇开发边界与2035年为规划期的规划建设用地边界重合,进行一条线管理。对于生态限制条件不明确的城市,或者水资源等环境承载力较大、城镇化水平仍然较低的城市,建议在2035年规划城镇建设用地基础上,适当考虑发展的弹性,城镇开发边界与2035年规划集中城镇建设用地边界为不重合的两条线,两条线之间的地区作为城镇弹性发展空间(或称为有条件建设区)。

6.2.4.3 城镇开发边界的划定方法

1. 总体目标

划定城镇开发边界,要达到防止城镇盲目扩张和无序蔓延,促进城镇发展由外延扩张向内涵提升转变,优化城镇布局形态和功能结构,提升城镇人居环境品质,推动形成边界内城镇集约高效、宜居适度,边界外山清水秀、开敞舒朗的国土空间格局的总体目标。

2. 划定原则

(1)坚持节约优先、保护优先。落实全市国土空间总体规划确定的主体功能区定位,在资源环境承载能力和国土空间开发适宜性评价的基础上,优先划定不能进行开发建设的范围,落实全市国土空间总体规划相关指标,统筹划定生态保护红线、永久基本农田、城镇开发边界。严控增量、盘活存量、优化结构、提升效率,提高城镇建设用地集约化程度。

(2)顺应城镇发展需求。在综合考虑城镇定位、发展方向和综合承载能力的基础上,科学研判城镇发展需求,优化城镇形态和布局,促进城镇有序、适度、紧凑发展,实现多中心、网络化、组团式、集约型的城乡国土空间格局。

(3)提升人居环境品质。坚持以人为本,统筹安排城镇生产生活生态,突出当地自然与人文特色,塑造高品质人居环境,把城市放在大自然中,让居民望得见山、看得见水、记得住乡愁。

(4) 做好发展留白。严格实行建设用地总量与强度双控,强化城镇开发边界对开发建设行为的刚性约束作用,同时也要考虑城镇未来发展的不确定性,科学预留功能留白区。

3. 划定方法

第一种划定方法是控制法。这种划定方法是基于"底线思维"而产生的一种方法。其具体的实施步骤就是：针对区域内的不宜建设开发的区域予以排除,这些区域或者是因为建设条件不足,或者是因为自然生态敏感等;将全部不宜建设开发的区域排除之后,进而形成一条城市扩张的边界线,作为城市蔓延的底线。

第二种划定方法是增长法。这种划定方法采用的是"正向思维"展开的方法,具体来说就是：将城市建设用地当成一个有机体,这个包括了诸多因素的有机体会不断成长和扩大;然后针对城市的经济、人口、资源和区位等因素,建立一个城市假设用地有机体发展的模型,从而对城市发展实施有效模拟,以最终得到的发展最优结果作为开发边界的划定方案。

控制法的原则是从限制因素的角度来对城市发展的最大范围划定界线,界线以外的区域皆为不适宜建设的区域。这种方法充分尊重了生态环境;但其问题在于控制法的限制因素往往都是静态不动的,对于城市发展的相关动力因素考虑明显不足;而事实上城市发展有一定的不确定性,排除法刚性过强的特点,会让划定的方案很多时候不具有可操作性。而增长法则是以城市的运行轨迹作为依据,对城市的发展实施了具有较高精准度的模拟,所以其结果具有较高的客观性;但是,这种划定方法完全体现了城市发展的"自下而上"性,而忽视了"自上而下"的发展动力,诸多政府的规划政策、国家的城市发展控制等,这些因素完全没有被考虑在内,也就是说,增长法忽略了政策调控、土地供需等宏观因素的影响。

4. 技术路线

建立"基础数据收集—评价分析—边界初划—方案协调—划定入库"的技术路线。

(1) 基础数据收集。

依托区县总规(即总体规划)专题研究工作,有针对性地开展经济社会发展、国土空间利用、生态环境保护、城乡建设等方面的调研,收集相关资料数据,梳理城镇发展需求和趋势,分析确定采用的基础数据,编绘相关现状基础图件。

(2) 评价分析。

①城镇发展定位研究。紧紧围绕"两个一百年"奋斗目标,落实国家和区域发展战略,依据上级国土空间规划要求,明确城镇定位、性质和发展目标。

②资源环境承载能力和国土空间开发适宜性评价。对自然资源和生态环境本底条件开展综合评价,识别城镇发展的限制因素和突出问题;对国土空间开发保护适宜程度进行综合评价,明确适宜、一般适宜和不适宜城镇开发的地域空间。

③城镇发展现状研究。摸清现状建设用地底数和空间分布,分析存在问题,提出优化方案。

④城镇发展规模研究。分析城镇人口发展趋势和结构特征、经济发展水平和产业结构、城镇发展阶段和城镇化水平,落实上级国土空间规划规模指标要求,提出行政辖区内不同城镇的人口和用地规模。

⑤城镇空间格局研究。综合研判城镇主要发展方向,平衡全域和局部、近期和长远、供给和需求,可以运用城市设计、大数据等方法,提出城镇空间结构和功能布局。

(3)边界初划。

①城镇集中建设区初划。结合城镇发展定位和空间格局,依据国土空间规划中确定的规划城镇建设用地规模,将规划集中连片、规模较大、形态规整的地域确定为城镇集中建设区。现状建成区,规划集中连片的城镇建设区和城中村、城边村,依法合规设立的各类开发区,国家、市确定的重大建设项目用地等应划入城镇集中建设区。城镇集中建设区内,为应对城镇发展的不确定性,满足未来重大事件和重大建设项目的需要,可根据地方实际,划定一定比例的功能留白区。

②城镇有条件建设区初划。在与城镇集中建设区充分衔接、关联的基础上,在适宜进行城镇开发的地域空间合理划定城镇有条件建设区,做到规模适度、设施支撑可行。城镇有条件建设区面积原则上不得超过城镇集中建设区面积的50%。

③特别用途区初划。根据地方实际,特别用途区可以包括对城镇功能和空间格局有重要影响、与城镇空间联系密切的山体、河湖水系、生态湿地、风景游憩空间、防护隔离空间、农业景观、古迹遗址等地域空间。要做好与城镇集中建设区的蓝绿空间衔接,形成完整的城镇生态网络。

(4)方案协调。

区县(自治县)自然资源主管部门在开展城镇开发边界具体划定工作时,应征求相关部门和镇(乡)人民政府的意见。

(5)划定入库。

①明晰边界。尽量利用国家有关基础调查明确的边界、各类地理边界线、行政管辖边界、保护地界、权属边界、交通线等界线,将城镇开发边界落到实地,做到清晰可辨、便于管理。城镇开发边界由一条或多条连续闭合线组成,范围应尽量规整、少"开天窗",单一闭合线围合面积原则上不小于 $30\ hm^2$。

②三线协调。城镇开发边界原则上不应与生态保护红线、永久基本农田交叉冲突。零散分布、确实难以避让的生态保护红线和永久基本农田,可以"开天窗"形式不计入城镇开发边界面积,并按照生态保护红线、永久基本农田的保护要求进行管理。

③上图入库。划定成果矢量数据采用 2000 国家大地坐标系(CGCS2000),在第三次全国国土调查成果基础上,结合高分辨率卫星遥感影像图、地形图等基础地理信息数据,和国土空间规划成果一同上图入库,并纳入自然资源部国土空间规划"一张图"。

6.2.5 管理要求

6.2.5.1 边界内管理

在城镇开发边界内建设,实行"详细规划+规划许可"的管制方式,并加强与水体保护线、绿地系统线、基础设施建设控制线、历史文化保护线等控制线的协同管控。

在不突破规划城镇建设用地规模的前提下,城镇建设用地布局可在城镇有条件建设区范围内进行调整,同时相应核减城镇集中建设区用地规模。调整方案由市规划自然资源局同意后,及时纳入自然资源部国土空间规划监测评估预警管理系统实施动态监管,调整原则上一年不超过一次。

特别用途区原则上禁止任何城镇集中建设行为,实施建设用地总量控制,不得新增城镇建设用地;根据实际功能分区,在规划中明确用途管制方式。

6.2.5.2 边界外管理

城镇开发边界外空间的主要用途为农业和生态,是开展农业生产、实施乡村振兴和加强生态保护的主要区域。

城镇开发边界外不得进行城镇集中建设,不得设立各类开发区;允许交通、基础设施及其他线性工程,军事及安全保密、宗教、殡葬、综合防灾减灾、战略储备等特殊建设项目,郊野公园、风景游览设施的配套服务设施,直接为乡村振兴战略服务的建设项目,以及其他必要的服务设施和城镇民生保障项目进行。

城镇开发边界外的村庄建设、独立选址的点状和线性工程项目,应符合有关国土空间规划和用途管制要求。

6.2.5.3 边界调整和勘误

城镇开发边界以及特别用途区原则上不得调整。因国家重大战略调整、国家重大项目建设、行政区划调整等确需调整的,按国土空间规划的调整程序进行。调整内容要及时纳入自然资源部国土空间规划监测评估预警管理系统实施动态监管。

规划实施中因地形差异、用地勘界、产权范围界定、比例尺衔接等情况需要局部勘误的,不视为边界调整。局部勘误由市规划自然资源局认定,并实时纳入自然资源部国土空间规划监测评估预警管理系统实施动态监管。

6.2.5.4 实施监督

市规划自然资源局将加强对区县(自治县)在国土空间规划中城镇开发边界划定工作的指导和监督,应用卫星遥感等技术手段,对城镇开发边界实施情况进行监管,并纳入国土空间规划监测评估和国家自然资源督察。

6.3 市域城乡体系规划

6.3.1 市域城乡体系规划的作用与任务

6.3.1.1 市域城乡体系的概念与演化规律

1. 市域城乡体系的概念

任何一个城市都不可能孤立地存在,城市与城市之间、城市与外部区域之间总是在不断地进行着物质、能量、人员、信息等各种要素的交换和相互作用。正是这种相互作用,才把区域内彼此分离的城市(镇)结合为具有特定结构和功能的有机整体,即市域城乡体系。根据《城市规划基本术语标准》(GB/T 50280—1998)中对"城镇体系"的定义,我们把市域城乡体系(urban system)解释为:一定区域内在经济、社会和空间发展上具有有机联系的市域城乡群体。这个概念有以下几层含义:

①市域城乡体系是以一个相对完整区域内的市域城乡群体为研究对象的,不同的区域有不同的市域城乡体系。

②市域城乡体系的核心是中心城市,没有一个具有一定经济社会影响力的中心城市,就不可能形成具有现代意义的市域城乡体系。

③市域城乡体系是由一定数量的市域城乡所组成的。市域城乡之间存在着职能、规模和功能方面的差别,即各市域城乡都有自己的特色,而这些差别和特色则是依据各市域城乡在区域发展条件的影响和制约下,通过客观的和人为的作用而形成的区域分工产物。

④市域城乡体系最本质的特点是相互联系,从而构成一个有机整体。如果仅仅是在一定区域空间内分布着大小不等而缺乏相互联系的市域城乡,这只是一种商品经济不发达时期市域城乡群体的空间形态,而不是有机整体。

2. 市域城乡体系演变的基本规律

市域城乡体系是区域市域城乡群体发展到一定阶段的产物,也是区域社会经济发展到一定阶段的产物。因此,市域城乡体系存在着一个形成—发展—成熟的过程。

按社会发展阶段划分,市域城乡体系的演化和发展阶段可以分为:①前工业化阶段(农业社会),以规模小、职能单一、孤立分散的低水平均衡分布为特征;②工业化阶段,以中心城市发展、集聚为表征的高水平不均衡分布为特征;③工业化后期至后工业化阶段(信息社会),以中心城市扩散、各种类型城市区域(包括城市连绵区、城市群、城市带、城市综合体等)形成、各类市域城乡普遍发展、区域趋向于整体性、市域城乡化的高水平均衡分布为特点。因此简单地说,市域城乡体系的组织结构演变相应经历了低水平均衡阶段、极核发展阶段、扩散阶段和高水平均衡阶段等。从空间演化形态看,市域城乡体系的演化一般会经历"点—轴—网"的逐步演化过程。

(1)点-轴形成前的均衡阶段,区域是比较均质的空间,社会经济客体虽呈"有序"状态分布,但却是无组织状态,这种状态具有极端的低效率。

(2)点、轴同时开始形成,区域局部开始进入有组织状态,区域资源开发和经济进入动态增长时期。

(3)主要的点-轴系统框架形成,社会经济发展迅速,空间结构变动幅度大。

(4)形成"点-轴-网"空间结构系统,区域全面进入有组织状态,它的形成是社会经济要素长期进行自组织过程的结果,也是科学的区域发展政策和计划、规划的结果。

6.3.1.2 市域城乡体系规划的地位

市域城乡体系规划是在一定地域范围内,妥善处理各市域城乡之间、单个或数个市域城乡与市域城乡群体之间以及群体与外部环境之间关系,以达到地域经济、社会、环境效益最佳的发展。根据《城市规划基本术语标准》(GB/T 50280—1998)中对"城镇体系规划"的定义,我们把市域城乡体系规划(urban system planning)定义为:一定地域范围内,以区域生产力合理布局和市域城乡职能分工为依据,确定不同人口规模等级和职能分工的市域城乡的分布和发展规划。

根据《中华人民共和国城乡规划法》及《城市规划编制办法》的相关内容,目前我国已经形成了由市域城乡体系规划、城市总体规划、分区规划、控制性详细规划和修建性详细规划等组成的比较完整的空间规划系列。由于历史的原因,在我国的城乡规划编制体系中市域城乡体系规划事实上长期扮演着区域性规划的角色,具有区域性、宏观性、总体性的作用,尤其是对城乡总体规划起着重要的指导作用。根据《中华人民共和国城乡规划法》及《城市规划编制办法》的规定,全国市域城乡体系规划用于指导省域市域城乡体系规划;全国市域城乡体系规划和省域市域城乡体系规划是城市总体规划编制的法定依据。市域市域城乡体系规划作为城市总体规划的一部分,为下层次各市域城乡总体规划的编制提供区域性依据,其重点是从区域经济社会发展的角度研究城市定位和发展战略,按照人口与产业、就业岗位的协调发展要求,控制人口规模、提高人口素质,按照有效配置公共资源、改善人居环境的要求,充分发挥中心城市的区域辐射和带动作用,合理确定城乡空间布局,促进区域经济社会全面、协调和可持续发展。

6.3.1.3 市域城乡体系规划的主要作用

市域城乡体系规划一方面需要合理地解决体系内部各要素之间的相互联系及相互关系,另一方面又需要协调体系与外部环境之间的关系。作为致力于追求体系整体最佳效益的市域城乡体系规划,其作用主要体现在区域统筹协调发展上。

(1)指导总体规划的编制,发挥上下衔接的功能。市域城乡体系规划是城市总体规划的一个重要基础,城市总体规划的编制要以全国市域城乡体系规划、省域市域城乡体系规划等为依据。编制市域城乡体系规划对于实现区域层面的规划与城市总体规划的有效衔接意义重大。

(2)全面考察区域发展态势,发挥对重大开发建设项目及重大基础设施布局的综合指导功能。重大基础设施的布局通常需要从区域层面进行考虑,市域城乡体系规划可以避免"就城市论城市"的思想,综合考察区域发展态势,从区域整体效益最优化的角度实现重大基础设施的合理布局,包括对基础设施的布局和建设时序的调控。

(3)综合评价区域发展基础,发挥资源保护和利用的统筹功能。综合评价区域发展基础,统筹区域资源的保护和利用,实现区域的可持续发展是市域城乡体系规划的一项重要职责。

(4)协调区域城市间的发展,促进城市之间形成有序竞争与合作的关系。市域城乡体系规划通过对区域内城市的空间结构、等级规模结构、职能组合结构及网络系统结构等进行协调安排,根据各城市的发展基础与发展条件,从区域整体优化发展的角度指导区域内城市的发展,从而避免区域内城市各自为政,促进区域的整体协调发展。

6.3.2 市域城乡体系规划的编制原则

6.3.2.1 市域城乡体系规划的类型

按行政等级和管辖范围,市域城乡体系规划可以分为全国市域城乡体系规划、省域(或自治区域)市域城乡体系规划、市域(包括直辖市以及其他市级行政单元)市域城乡体系规划等。

根据实际需要,还可以由共同的上级人民政府组织编制跨行政区域的市域城乡体系规划。

随着市域城乡体系规划实践的发展,在一些地区也出现了衍生型的市域城乡体系规划类型,例如都市圈规划、市域城乡群规划等。

6.3.2.2 市域城乡体系规划编制的基本原则

市域城乡体系规划是一个综合的多目标规划,涉及社会经济各个部门、不同空间层次乃至不同的专业领域,因此在规划过程中应贯彻以空间整体协调发展为重点,促进社会、经济、环境的持续协调发展的原则。

(1)因地制宜的原则。一方面,市域城乡体系规划应该与国家社会经济发展目标和方针政策相符,符合国家有关发展政策,与国土规划、土地利用总体规划等其他相关法定规划相协调;另一方面,又要符合地方实际、符合城市发展的特点,具有可行性。

(2)经济社会发展与市域城乡化战略互相促进的原则。经济社会发展是市域城乡化的基础,市域城乡化又对经济发展具有极大的促进作用,市域城乡体系规划应把两者紧密地结合起来。一方面,把产业布局、资源开发、人口转移等与市域城乡化进程紧密联系起来,把经济社会发展战略与市域城乡体系规划紧密结合起来;另一方面,市域城乡化战略要以提高经济效益为中心,充分发挥中心城市、重点市域城乡的作用,带动周围地区的经济发展。

(3)区域空间整体协调发展的原则。以区域整体的观念协调不同类型空间开发中的问题和矛盾,通过时空布局强化分工与协作,以期取得整体大于局部的优势。有效协调各城市在城市规模、发展方向以及基础设施布局等方面的矛盾,有利于城乡之间、产业之间的协调发展,避免重复建设。中心城市是区域发展的增长极,市域城乡体系规划应发挥特大城市的辐射作用,带动周边地区发展,实现区域整体的优化发展。

(4)可持续发展的原则。区域可持续发展的实质是在经济发展过程中,要兼顾局部利益和全局利益、眼前利益和长远利益,要充分考虑到自然资源的长期供给能力和生态环境的长期承受能力,在确保区域社会经济获得稳定增长的同时,自然资源得到合理开发利用,生态环境保持良性循环。在市域城乡体系规划中,要把人口、资源、环境与发展作为一个整体来加以综合考虑,加强自然与人文景观的合理开发和保护,建立可持续发展的经济结构,构建可持续发展的空间布局框架。

6.3.3 市域城乡体系规划的编制内容

为了贯彻落实城乡统筹的规划要求,协调市域范围内的市域城乡布局和发展,在制定城市总体规划时,应制定市域市域城乡体系规划,市域市域城乡体系规划属于城市总体规划的一部分。编制市域市域城乡体系规划的目的主要有:①贯彻市域城乡化和市域城乡现代化发展战略,确定与市域社会经济发展相协调的市域城乡化发展途径和市域城乡体系网络;②明确市域及各级市域城乡的功能定位,优化产业结构和布局,对开发建设活动提出鼓励或限制的措施;③统筹安排和合理布局基础设施,实现区域基础设施的互利共享和有效利用;④通过不同空间职能分类和管制要求,优化空间布局结构,协调城乡发展,促进各类用地的空间集聚。

根据《城市规划编制办法》的规定,市域城乡体系规划应当包括下列内容:

(1)提出市域城乡统筹的发展战略。其中位于人口、经济、建设高度聚集的市域城乡密集地区的中心城市,应当根据需要提出与相邻行政区域在空间发展布局、重大基础设施和公共服务设施建设、生态环境保护、城乡统筹发展等方面进行协调的建议。

(2)确定生态环境、土地和水资源、能源、自然和历史文化遗产等方面的保护与利用的综合目标和要求,提出空间管制原则和措施。

(3)预测市域总人口及市域城乡化水平,确定各市域城乡人口规模、职能分工、空间布局和建设标准。

(4)提出重点市域城乡的发展定位、用地规模和建设用地控制范围。

(5)确定市域交通发展策略,原则上确定市域交通、通信、能源、供水、排水、防洪、垃圾处理等重大基础设施、重要社会服务设施的布局。

(6)在城市行政管辖范围内,根据城市建设、发展和资源管理的需要划定城市规划区。

(7)提出实施规划的措施和有关建议。

6.4 市域空间结构规划

市域空间结构表现为地区内各种经济社会活动在地域上互相依存的组合关系,体现了市域生产力布局的特征。确定空间结构形态是市域规划中心工作之一,合理的空间结构将会推动区域经济社会发展。为此,规划中必须研究市域空间结构演变的动力机制,选择和产业结构相适应的地域开发模式,建立合理的点(城镇)、线(网络)、面(区域)有机结合的空间结构。

6.4.1 市域空间结构发展的阶段性

市域空间结构的发展,是一种渐变过程。当影响其发展的主导因素发生质的变化时,空间结构就会改变形态特征,构成发展过程中的阶段性。影响这种变化的最直接作用力,就是市域产业结构的变更。因此,市域经济发展的不同阶段,都有与其相适应的空间结构。在市域经济发展的初期阶段,社会分工形成,市域产业结构以农业为主;少数工业部门主要集中在中心城市;道路、通信等区域基础设施水平比较低,中心城市对市域影响比较弱;空间结构形成单一中心城市和联系不密切的农村外围地区特征。在市域经济发展的中期阶段,第二、三产业迅速发展,就业结构以第二产业为主,各种经济、社会活动日益频繁;首位城市已成为市域经济发展的中心,周围地区次级中心城市开始出现;区域性基础设施网络形成;空间结构形成中心城市—次级中心城市—外围地区的特征。在市域经济发展的后期阶段,市域形成稳固的产业结构,就业结构以第二、三产业为主;中小城镇发展迅速,各级规模的城镇分布合理,社会、经济网络联系密切,城乡趋于一体化;空间结构形成分工明确、互相依存的城镇体系。(见图 6-5)。

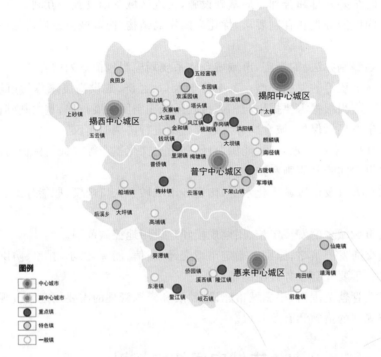

图 6-5 揭阳市城镇空间结构规划图
(资料来源:《揭阳市国土空间总体规划(2020—2035 年)》(公示版))

遵循市域空间结构发展的阶段性,是市域规划的重要原则之一。在一些规划实例中,经常出现忽视这一原则的做法。有的不发达地区,在没有分析市域发展目标和所处的经济、社会环境,以及具体城市发展条件的前提下,追求完美的金字塔式空间结构,采取控制中心城市、重点发展次级中小城市的分散式布局方案;有的发达地区,在中心城市人口、用地严重饱和的条件下,没有及时调整其产业结构和用地结构,积极发展中小城市,而是仍然采取集中式布局方案。这些都会加剧市域空间结构的不合理性,最终影响市域经济、社会的发展。因此,市域空间结构,必须和市域经济、社会发展阶段相适应,依据市域发展目标和产业结构特点,制定其空间结构布局方案。一般情况下,在落后地区,市域以迅速发展经济为主要目标,采用发展极的空间布局方案,重点发展中心城市或主导产业指向地区,通过规模经济和集聚经济,加快资金积累,提高辐射能力,带动市域发展。在发展中地区,市域以经济、社会协调发展为目标,采用点线开发空间布局方案,在继续发展中心城市的同时,在交通沿线选择若干次级中心城镇重点发展,加大市域空间发展范围,逐步缩小市域内地区间发展的不平衡。

在发达地区,市域以经济、社会、环境协调发展为目标,采用网络开发空间布局方案,达到点、线、面合理分布。

6.4.2 市域空间结构的优化

市域空间结构作为一个地域系统,其优化目标体现在两个方面:第一,结构合理性,市域内各种经济、社会活动有机组合,地区分布有序,产业结构和空间结构互相协调;第二,关联密切性,市域内各种经济社会活动互相依存,点、线、面结合紧密,形成交流畅通的区域网络。

目前,按经济发展阶段划分,我国市域可分为三种类型,市域空间布局应采取各自相适应的规划方案。(见图6-6)

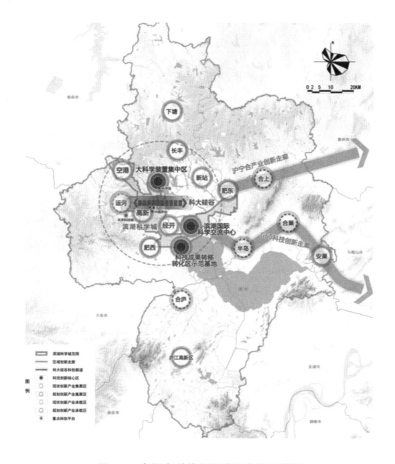

图6-6 合肥市科技创新空间布局示意图

(资料来源:《合肥市国土空间总体规划(2021—2035年)》)

1. 经济发达类型

经济发达类型的市域主要分布于长江三角洲和珠江三角洲地区。市域空间结构骨架已经形成,中心城市已建立多种主导产业部门,经济稳定,辐射能力强,经济活动地域向外扩展,有与周围中小城镇连接的趋势。次级中心城镇(县城)也拥有稳固的支柱产业部门,经济发展水平接近和超过中心城市，能带动周围地区的发展。农业发达，大中城市周围已形成城郊农业区，非农业产业比重大，各级乡镇都形成一定经济规模的乡镇工业。区域性基础设施形成网络，市域内城镇之间、城乡之间联系密切。这类地区规划的特点是：

(1) 依托各级城镇确定市域主导产业的地区指向，各级城镇之间建立互相依存的产业分工。

(2) 从市域角度规划中心城市地域扩展方案，控制协调中心城市边缘区经济活动，防止其与周围中小城镇连片发展，选择若干中小城市，作为市域副中心，给予重点发展。

(3) 进一步完善区域基础设施，建立交通、通信网络，形成物资、人才、技术、信息、资金传递便利的区域市场。

(4) 农业布局要以建立为城市服务的城郊农业基地为重要内容之一。

2. 经济发展中类型

大部分市域属此类型。市域发展方向明确，空间结构正在建立，中心城市已形成主导产业部门，经济辐射力逐步加强。县城经济规模较小，支柱产业部门还不稳定，乡镇经济以农业为主，城镇间、城乡间经济、社会联系还不十分密切，基本是单向的或逐级的联系。这类地区的规划特点是：

(1) 调整中心城市产业结构，增加中心城市的辐射力，积极培育县城建立支柱产业部门，逐步形成次级中心，在交通沿线或基础条件较好的地区选择若干城镇重点发展。

(2) 区域基础设施建设，首先要沟通中心城市和县城之间的联系。在完善交通等基础设施建设的同时，加强经济的分工协作和人员、信息交流，为经济社会活动扩散创造条件。

(3) 外围农村地区，在加强农业发展的同时，确定有发展前途的村镇，选择和扶持非农产业的建立与发展。

3. 经济起步类型

这类市域数目较少。空间结构还没有建立，中心城市主导产业部门不明确，经济不稳定，对周围地区没有形成辐射力。周围县级经济具有农业经济特征，县城工业主要是农副产品加工工业，经济基础十分脆弱，各级城镇和城乡联系十分松散。这类地区的规划特点是：

(1) 确定牢固的地区产业结构，重点发展中心城市和主导产业指向性地区，增强中心城市的经济实力。

(2) 建设交通、通信区域性基础设施，为城镇之间、城乡之间建立联系创造条件。

(3) 将农业布局作为重点，提高农产品商品率，为市域经济发展提供资金积累。

6.4.3 市域城乡空间的基本构成及空间管制

市域城乡空间一般可以划分为建设空间、农业开敞空间和生态敏感空间三大类，也可以细分为城镇建设用地、乡村建设用地、交通用地、其他建设用地、农业生产用地、生态旅游用地等。

(1) 城镇建设用地，是指为城镇各种建设行为所占据的用地，即《城市用地分类与规划建设用地标准》(GB 50137—2011)及《镇规划标准》(GB 50188—2007)中规定的用地类型。

(2)乡村建设用地,是指集镇建设用地及乡村居民点建设用地。

(3)交通用地,是指区域性交通线路及其附属设施所占用的土地。

(4)其他建设用地,主要是指独立工矿用地、独立布局的区域性基础设施用地及特殊用地等。独立工矿用地指独立分布于城镇建成区之外,以工矿生产为主要内容的用地类型,在市域规划中一般指分布于各乡镇的市属及非市属工矿企业用地。独立布局的区域性基础设施用地,是指独立于一般城镇建成区的区域性水、电、气、电信等设施所占用的土地。特殊用地是指军事、外事、保安等设施用地。这些建设用地类型一般与城乡居民生活无直接关系,因此规划中应单独列出,不宜作为城镇或乡村人均建设用地进行平衡。

(5)农业生产用地,是指各种农业(广义大农业)生产活动所占用的土地。

(6)生态旅游用地,是指各级自然生态环境保护区及其他具有生态意义的山体、水面、水源保护涵养区,具有旅游功能的区域等。

立足于生态敏感性分析和未来区域开发态势的判断,通常对市域城乡空间进行生态适宜性分区,分别采取不同的空间管制策略。一般来说,分为以下三类:

(1)鼓励开发区,一般指市域发展方向上的生态敏感度低的城市发展急需的空间。该区用地一般来说基地条件良好,现状已有一定开发基础,适宜城市优先发展。

(2)控制开发区,一般包括农业开敞空间和未来的战略储备空间,航空、电信、高压走廊,自然保护区的外围协调区,文物古迹保护区的外围协调区。该区用地既要满足城市长远发展的空间需求,也要担负区域基本农田保护任务,并具有一定的生态功能。建设用地的投放主要是满足乡村居民点建设的需要。

(3)禁止开发区,指生态敏感度高、关系区域生态安全的空间,主要是自然保护区、文化保护区、环境灾害区、水面等。

根据国家关于主体功能区的提法及目标要求,市域城乡空间又可划分为优化调整区、重点发展区、适度发展区以及控制发展区,定义如下:

(1)优化调整区,主要是指发展基础、区位条件均优越,但由于发展过度或发展方式问题导致资源环境支撑条件相对不足的地区。未来发展的方向是转变经济增长方式,增强科技发展能力,调整空间布局,提高发展的质量与效率。特别应该指出,优化调整区并非所有城市都会出现,一般在那些工业化、城市化程度较高且资源环境压力较大的发达地区的部分县市级单元才有可能出现这种空间发展类型。

(2)重点发展区,主要是指发展基础厚实、区位条件优越、资源环境支撑能力较强的地区,是区域未来工业化、城市化的最适宜扩展区和人口集聚区。未来主要以加快发展、壮大规模为主,并应合理布局产业,促进产业集聚。

(3)适度发展区,主要是指发展基础中等,区位条件一般,资源环境支撑能力不足,工业化、城市化发展条件一般的地区;或者是虽然各方面发展条件较好,但由于受到土地开发总量的限制或者出于景观生态角度的考虑而无法列入重点发展区的地区。

(4)控制发展区,主要是指工业化、城市化的不适宜区,包括各类生态脆弱区,以及各方面发展潜力不够,工业化、城市化发展条件最差的地区。这类区域的主体功能是生态环境功能,是整个区域主要的生态屏障。

6.4.4 市域城镇空间组合的基本类型

市域城镇空间由中心城区及周边其他城镇组成,主要有如下几种组合类型:
(1)均衡式:市域范围内中心城区与其他城镇的分布较为均衡,没有呈现明显的聚集。
(2)单中心集合式:中心城区集聚了市域范围内大量的资源,首位度高,其他城镇的分布呈现围绕中心城区、依赖中心城区的态势,中心城区往往是市域的政治、经济、文化中心。
(3)分片组团式:市域范围内城镇由于地形、经济、社会、文化等因素的影响,若干个城镇聚集成组团,呈分片布局形态。
(4)轴带式:这类市域城镇组合类型一般是由于中心城区沿某种地理要素扩散,如交通道路、河流以及海岸等,市域城镇沿一条主要伸展轴发展,呈"串珠"状发展形态。中心城区向外集中发展,形成轴带,市域内城镇沿轴带间隔分布。

6.4.5 市域城镇发展布局规划的主要内容

市域城镇发展布局规划的主要内容包括以下几个方面:
(1)市域城镇聚落体系的确定与相应发展策略。目前,市域城镇发展布局规划中可将市域城镇聚落体系分为中心城市—县城—镇区、乡集镇—中心村四级体系。对一些经济发达的地区,从节约资源和城乡统筹的要求出发,结合行政区划调整,实行中心城区-中心镇-新型农村社区的城市型居民点体系。市域城镇发展布局应根据当地城镇发展条件,对市域城镇聚落体系进行合理安排,并提出相应发展策略,促使市域城镇聚落体系优化发展。
(2)市域城镇空间规模与建设标准。基于科学发展观和"五个统筹"的思想,市域城镇空间规模应秉承合理利用土地、集约发展的原则。市域城镇发展规划应结合市域城乡空间管制的内容,根据城镇的发展条件和发展状况,对未来市域城镇空间的城市化水平、人口规模、用地规模等进行合理预测,并针对不同城镇确定相应的建设标准。
(3)重点城镇的建设规模与用地控制。重点城镇是市域城镇发展的集中区,也是各种发展要素的聚集地,对于拉动整个市域的发展有着重要作用。重点城镇建设规模是否合理关系到整个市域的健康、快速发展。市域城镇发展布局规划应专门对重点城镇的建设规模进行研究,提出相应的用地控制原则,引导重点城镇良性发展。
(4)市域交通与基础设施协调布局。市域交通与基础设施的合理布局是市域城镇发展的基础。交通和基础设施的布局一方面要满足市域内城镇发展的基本要求,另一方面又需要引导市域城镇在空间上的合理布局。市域城镇发展布局规划应对市域交通与基础设施的布局进行协调,按照可持续发展原则,优化市域城镇的发展条件。
(5)相邻城镇协调发展的要求。市域是一个开放系统,一方面市域城镇聚落体系是和周边市的发展相互联系的,存在着相互之间交叉服务的状况,另一方面市域基础设施也是与大区域内的基础设施相连接的。因此,在进行市域城镇发展布局规划时,要对周边市的发展状况详细调查,从大区域上协调本市与相邻城镇的发展。
(6)划定城市规划区。市域城镇发展布局规划应根据城市建设、发展和资源管理的需要划定城市规划区。城市规划区应当位于城市行政管辖范围内。

6.4.6 城市空间形态与布局结构

在城市总体规划工作过程中,对城市空间形态与布局进行分析研究和定位具有重要意义。可以说,这与确定城市性质、发展目标和规模、各项建设用地功能分区布局以及各项系统的综合与部署均有直接联系。首先,应研究探讨形成城市空间形态的历史发展动态过程及其主要的基本影响因素作用,研究寻求其产生、发展、扩延或紧缩、迅速或缓慢等变化特征,研究分析其现状形态布局的利弊、优势与局限,以及对未来发展的几种预测性战略方案做出评价,从国情和城市本身实际出发,自觉地运用城市空间形态发展的一般规律做出科学决策,最后还应研究确定如何规划引导实现城市合理形态的对策和措施。这样才能充分发挥城市的功能和效益,才能使城市具有实现可持续发展的良性循环。

城市空间形态的形成和动态发展有其客观规律可循,有的是因城市所处地理区位和地形环境等天然特性条件必然影响因素(如山区城市、水网城市、横跨河流、湖海港口等);有的则是因城市规划、性质或功能配置等非自然条件起决定作用(如各级中心城市、工矿城镇、交通枢纽、风景旅游城市等)。

一般来说,前者在规划和建设上是不可能或甚难改变的,而后者有的因素是可能控制或引导其逐渐发生变化或改善的。因此,在城市总体规划过程中对城市形态与布局结构进行分析定位,既要依据客观条件符合规律,又应在一定程度上发挥主观能动作用,促使城市朝理想方向发展,认真深入地研究探讨是非常必要的。

在制定城市总体规划过程中,对一般中小规模城市的空间形态与布局结构进行分析定位是比较简单容易的。但对于人口和建成区用地规模很大并处于动态发展阶段的城市来说,由于城市各方面问题相当突出,往往正面临人口仍在不断集中、功能日益复杂、居住拥挤、交通阻塞、环境恶化等严峻形势,必须从根本上寻求缓解和逐步改善的对策,也就必须从分析探讨未来的城市空间形态几种可能发展模式入手。在城市规划理论方法上,有不少从经济、社会、文化、环境、交通等各种角度提出特大城市形态布局最佳方案的战略。其中主要可归纳以下几种设想方案:

(1)合理规划大城市人口和用地规模,抑制其无序扩展方式,以郊区环状绿带限制蔓延,改造城市中心地区,向空中和地下争取空间,为控制性方案。

(2)保持强大的城市中心功能,按规划引导城市进一步沿主体轴线或多向扩展,形成更大的放射状形态,而且保留绿化间隔和楔形绿地。

(3)适当分散城市功能,在大城市近郊外围培育建造一系列功能较单纯的新开发区或稍远的卫星城镇,形成更大规模的星座状形态。

(4)在几座大城市之间,沿市际交通干线走廊重新配置城市功能,在特大城市周围形成多向串联的城镇系列。

(5)在具有强大吸引力的大城市远郊范围,在一定距离的隔离绿色地带外,按环状配置新型的小城镇,保证其良好的生态环境。

(6)在特大城市行政区附近建设具有独立功能或特殊性质的新城市或城市群。

(7)在城市行政区范围内,大面积分散城市功能,将大城市分解转化为城市共同体或社区共同体,为充分分散方案。

(8)从根本上避免形成单核心形态的大城市,而在保留的大型绿色核心区外围安排组织环状城镇群。

(9)在城市物质空间形态与布局结构上,重视根据城市历史和现状保持并发展原来所具有的特征,规划设计上强调继承历史、文化、人文传统内涵以及地方性景观和城市美学建设。

为了解决存在的众多难题,一些大城市在采取上述几种方案的同时,都配合实施下列一些措施,如限制人口增长,控制用地规模,调整城市中心功能,开发配置多元化副中心,规划建设新区新镇的同时治理改造旧区,调整城市经济和分散就业机构,改善城市道路网,建设捷运系统,靠近就业岗位营造居住区,提高居住水平,完善绿化体系,建立现代化市政工程,治理城市公害进行环境保护,等等,以求综合地更好发挥城市效益,全面实现可持续发展目标。

在制定城市总体规划工作中,包括分析探讨城市空间形态与布局结构定位过程中,最重要的是从城市的历史和现状出发,实事求是地寻求可行的战略。要采取与其历史、环境和社会经济状况相一致的政策,同时也不能忽视城市政治体制以及规划、管理水平的作用。

6.5 案例解析——《合肥市国土空间总体规划(2021—2035年)》（公示草案）

6.5.1 市域空间保护利用总体格局

6.5.1.1 保护优先,构建国土开发保护新格局

按照生产空间集约高效、生活空间宜居适度、生态空间山清水秀的基本原则,构建"中心引领、两翼齐飞、多极支撑、岭湖辉映、六带协同"的国土空间总体格局(见图6-7)。

(1)中心引领:高品质建设中心城区,构建"一核四心"钻石型城市公共活动中心体系,高起点规划建设骆岗公园,推动肥东、肥西、长丰与市区一体化发展,提高发展活力,塑造生态引力,增强辐射能力,强化长三角副中心城市的服务职能。

(2)两翼齐飞:做强以高新区、经开区为引擎,以新桥科创示范区、大科学装置集中区、西部运河新城、肥西产城融合示范区、合庐产业新城等为支点的西部增长翼;做大以新站高新区、东部新中心为引擎,以下塘产业新城、肥东产业新区、合巢产业新城等为支点的东部发展翼,促进区域更加协调发展。

(3)多极支撑:按照中等城市标准,提升巢湖城区、长丰县城、庐江县城等承载能力,打造市域三大副中心。依托资源禀赋、区位优势、产业基础,打造一批特色城镇。

(4)岭湖辉映:以巢湖为核心,以江淮分水岭为屏障,构建蓝绿交织、山水交融的全域生产生活生态融合发展格局。

(5)六带协同:提速建设合六、合淮蚌、合滁、合芜马、合安、合铜六大发展带。

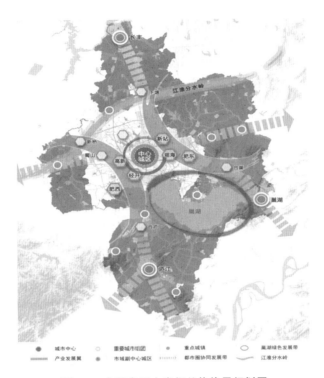

图 6-7　合肥市国土空间总体格局规划图

(资料来源:《合肥市国土空间总体规划(2021—2035 年)》(公示草案))

6.5.1.2　强化底线约束,统筹划定三条控制线

按照党中央、国务院决策部署,落实最严格的耕地保护制度、生态环境保护制度和节约用地制度,将三条控制线作为调整经济结构、规划产业发展、推进城镇化不可逾越的红线。

(1)保质保量,划定永久基本农田。永久基本农田是为保障国家粮食安全和重要农产品供给,实施永久特殊保护的耕地。严格落实永久基本农田保护任务,推进永久基本农田核实整改补足,确保永久基本农田数量不减、质量不降、布局稳定。

(2)依照功能,划定生态保护红线。生态保护红线是指在生态空间范围内具有特殊重要生态功能、必须强制性严格保护的区域。建立市域自然保护地体系,将各类自然保护地纳入生态保护红线管理。

(3)集约绿色,划定城镇开发边界。城镇开发边界是在一定时期内因城镇发展需要,可以集中进行城镇开发建设、以城镇功能为主的区域边界。划定城镇开发边界,防止城镇无序蔓延,优化城市结构、美化空间形态、提升空间效率。

6.5.1.3　统筹市域农业、生态、城镇三大空间

(1)构建"两圈一带,六廊多园"农业发展格局。积极推动永久基本农田整改核实补足,确保永久基本农田数量不减、质量不降、布局稳定,保障粮食安全和重要农产品有效供给(见图 6-8)。

两圈:中心城区都市农业圈、环湖生态农业圈。

图 6-8 合肥农业发展格局

(资料来源:《合肥市国土空间总体规划(2021—2035 年)》(公示草案))

一带:江淮分水岭特色农业带。

六廊:形成瓦东干渠、合蚌路、紫蓬山、浮槎山、江淮运河和兆西河六条现代农业产业廊。

多园:建设若干个现代农业产业园。

(2)构建以"一湖一岭一带"为核心的市域生态安全格局。传承发扬"九龙攒珠"的经典格局。加强全域生态保护与修复,建设生态与游憩功能兼具的绿色空间体系。(见图 6-9)

一湖:以巢湖为核心。

一岭:以江淮分水岭为屏障。

一带:以江淮运河生态带为纽带。

多片:董铺-大房郢水库、紫蓬山、牛王寨山、雾顶山、银屏山、浮槎山、公安山等多个生态源。

多廊:南淝河、十五里河、塘西河、店埠河、杭埠河、白石天河、兆西河、裕溪河、柘皋河、瓦东干渠、滁河干渠等多条河流廊道。

(3)构建"多中心、组团式、网络化、生态型"城镇发展格局。保护农业空间、生态空间,优化城镇体系,构建城乡生活圈,培育多中心公共活动体系。

(4)优化城镇体系。将中心城区建设为近千万人口的特大城市;将巢湖城区、庐江县城、长丰县城建设成为合肥市辐射皖江、带动皖北的桥头堡;支持下塘、合巢、合庐三大产业新城做大做强,打造产城融合、特色鲜明的中小型城市,全面增强县域经济综合实力和竞争力;推进市域均衡发展,培育多个市域重点镇和特色产业镇。

(5)构建城乡生活圈。分别以中心城区、县(市)城区、产业新城、中心镇为中心,以城市

图 6-9 合肥市生态系统保护格局

(资料来源:《合肥市国土空间总体规划(2021—2035年)》(公示草案))

型公共服务供给为主体,构建城乡一体化的广域生活圈体系,通过兼顾"效率"和"公平"实现公共服务均等化。

6.5.2 案例点评

本方案旨在基于资源环境承载能力和国土安全要求,明确重要资源利用上限,划定各类控制线,作为开发建设不可逾越的红线。优先确定生态保护空间,保障农业发展空间,融合城乡发展空间,彰显地方特色空间。

课 后 习 题

1."三区三线"的内涵是什么?
2."三区三线"的特征是什么?
3.哪些耕地应当根据土地利用总体规划确定为永久基本农田,实行严格保护?

第 7 章 市域公共服务设施与基础设施规划

7.1 市域综合交通规划

在我国交通发展中一直采用"城乡分治"的二元化管理,而处于城镇密集地区的城市区域协调和城镇化正迈入一个新的发展阶段。城市空间结构调整在整个市域范围内进行,城市的区域服务职能不断丰富,城市和区域快速交通网络正在形成,市域交通也开始显现城市交通的特征。市域已成为交通管理体制、城镇空间与职能、交通组织、交通建设与服务标准以及城乡统筹发展等冲突最为严重的地区。

7.1.1 市域综合交通规划的特点

现阶段城市交通规划、交通研究都局限于城区,大交通行业规划则侧重于运输,把城市仅仅作为一个点加以考虑,而市域城镇体系规划中又往往缺乏支撑规划的交通专项研究。无论是规划的广度和深度,还是研究的内容与对象,市域综合交通规划都与城市综合交通规划有着明显的不同,主要表现在:

(1)市域范围一般都在数千平方千米以上,如南京市域 6598 km^2、贵阳市域 8034 km^2、东莞市域 2465 km^2。在如此大的尺度下城市综合交通规划的技术方法不能满足市域交通规划的要求。

(2)市域内涉及的主体更多,协调的难度更大。市域交通除了满足运输需求外,更重要的是通过交通系统建设支持重点地区的发展,促进新的城镇体系的形成。

(3)市域统筹发展要求市域内交通资源合理配置,必然会带来利益的再分配。如何协调市域内各城镇利益通过资源的最佳配置实现市域的整体发展,是市域交通规划超越技术层面的显著特点。

(4)市域的交通层次更为复杂。既有区域对外、各主要节点联系、城市内部交通,也有通勤交通、旅游交通和城乡客货运输等,其交通系统的特点与城市交通系统的有本质的差别。

7.1.2 市域综合交通规划的技术思路

(1)以系统整合协调发展为规划目标。市域综合交通规划应抓住国家和区域交通的大发展以及城镇空间不断融合的机遇,以促进交通与城镇协调发展为目标,整合与完善市域综合交通系统,实现各种交通方式协调发展、市域交通与城镇交通良好衔接,引导市域城镇合理空间布局与城镇体系的形成,利用交通促进市域城乡统筹,促进集约化发展的节约型城镇

群建设,促进枢纽型大型区域设施共享。(见图7-1)

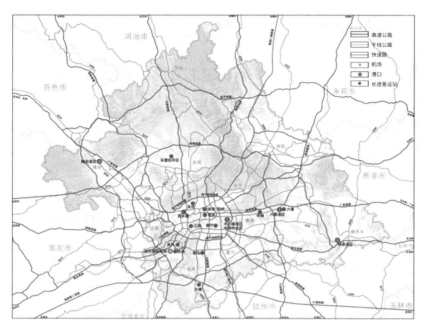

图 7-1 南宁市市域干线公路网规划图
(资料来源:《南宁市国土空间总体规划(2021—2035年)》(草案公示版))

(2)以区域视角规划市域综合交通体系。区域一体化发展已经成为我国城市发展的必然趋势,必须分析区域空间、城镇关系和交通网络变化对城市区域地位、职能发展和交通联系方向的影响,作为网络结构调整的依据。在新的经济分工体制下,需要打破传统的城镇体系格局,根据城镇密集地区的城镇空间在市域的布局特征,从市域空间、交通一体化出发,考虑区域协调、城乡统筹和交通发展,分析城镇密集地区市域城镇化发展中的城镇职能和空间关系,以及由此带来的交通特征和流量流向变化,统筹区域、都市区、市域和中心城市交通的衔接,在区域共享的背景下研究重大交通基础设施的布局。

(3)以地区职能为主线统筹市域交通组织。市域范围广大,不同地区的职能、发展潜力和资源禀赋会有很大差异,需要打破以城市为主体组织对外和市域交通的模式,根据市域内城镇职能的分布构建以功能分区为主导的市域交通组织模式,根据不同地区的发展潜力和资源禀赋确定分区差别化的交通战略和规划方案。

(4)以枢纽布局调控市域交通网络结构。将交通枢纽作为市域交通一体化以及城镇空间与交通系统结合的切入点,分离交通枢纽的生产性功能与交通组织性功能。将交通枢纽的管理职能与交通组织功能分离,强化枢纽的交通组织作用,使枢纽成为各种交通方式有机衔接的载体,引导市域交通网络结构向以枢纽为核心的转变,实现不同方式、不同等级交通的一体化组织。

(5)将枢纽布局与城市空间发展相结合作为城市空间与交通系统融合的切入点,整合不同层级的交通网络,实现交通网络结构调整。

(6)以延伸城市交通服务促进城乡交通一体化发展。通过市域交通网络结构调整和组织方式转变延伸城市化客运交通服务,实现市域范围内城市公交、旅游、长途客运和乡村客运的整合。通过票价、票制改革建立市域一体化的、以干线和枢纽为核心的公共客运交通系统骨架,引导城区、都市区和城乡公共交通跨越发展,将城市客运交通服务模式拓展到整个市域。

7.1.3　案例解析——《上海市浦东新区国土空间总体规划(2017—2035)》

7.1.3.1　综合交通发展目标及战略

1. 发展目标

进一步提升浦东国际枢纽功能及辐射能力,强化国际－国内客流、物流转换功能,强化公交优先战略,构建智慧舒适的绿色交通系统,努力构筑与城市功能和空间布局相协调、与城乡公共服务均等化要求相适应、与"五个中心"和文化大都市核心区地位相匹配的"安全、便捷、高效、绿色、舒适"的综合交通体系,全面支撑浦东新区社会经济科学发展。

2. 发展战略

(1)强化对外交通枢纽功能。突出国际海空枢纽的开放性,构建覆盖全球的航线网络,成为连接世界的空中门户、亚太地区的核心航运中心及全球航运网络上的关键节点。持续提高"公、铁、水"综合运输走廊的运输效率、服务能级和可靠性,积极发挥浦东枢纽的集聚功能和溢出效应。

(2)突出公交主体地位。坚持公共交通为主导的交通发展模式,强化以多层次轨道交通为骨架的公共交通网络对城镇土地空间布局的引领和支撑作用,构建相对独立、服务本区、广泛覆盖、高度融合的公共交通网络。

(3)优化完善道路网络,调整路网结构。进一步强化浦东对外衔接的干道路网系统,支撑浦东新区进一步融入长三角一体化发展格局;进一步强化支撑主要枢纽、功能片区的骨干道路网络,提升主要枢纽、功能片区的交通可达性和承载力;进一步加强跨江交通联系,促进浦东浦西融合发展;加强与周边各区的道路衔接;在城市开发边界内,优化路网结构,以次干路、支路、公共通道为重点进一步加密路网。

(4)促进综合交通服务品质全面提升。以多层级交通枢纽为核心,发挥公共交通枢纽对地区开发的引导作用,加强地区次支路网的构建,完善地区微循环系统,提高出行便捷性、舒适性,强化慢行交通、智慧交通,加强绿道系统的建设。

7.1.3.2　对外交通

(1)航空系统。发挥浦东国际机场在上海航空枢纽中的主体作用,将其建设成为品质领先的世界级航空枢纽,强化国内与国际航线的衔接能力,进一步改善与长三角地区的交通衔接,加强铁路、轨道交通、高快速路的集疏运能力。

(2)港航运系统。打造具有全球资源配置能力的国际航运中心核心区,进一步强化洋山深水港区、外高桥港区、临港港区的海港布局。集中发展集约化、专业化的公共货运码头,逐步转型与城市发展功能不匹配的码头功能,在有条件地区实现滨江、沿海岸线功能转型。形成现代化港口集疏运体系,实现港航运产业与城市功能布局的协调发展。逐步转移黄浦江港区货运功能,释放岸线资源并逐步调整为生态、生活性岸线,兼顾客运旅游需求。强化内河航道的"减量增能",形成芦潮港市级集装箱内河港区及航头、惠南港2个区级内河综合性港区。

(3)铁路系统。规划构建"三条干线、一条支线、三条专用线"的铁路系统布局,分别为:"南通方向"的沪通铁路、"杭州方向"的沪乍杭铁路、"湖州方向"的沪苏湖铁路,并研究预留经大洋山至宁波、舟山方向的铁路通道;考虑对南汇新城的支撑服务,规划南汇支线;考虑对港区的服务,规划外高桥港区专用线、芦潮港集装箱中心站专用线、南港码头专用线三条专用线。

7.1.3.3 公共交通

构建由铁路、轨道交通、常规公交、辅助公交等构成的多模式公共交通系统,将城镇圈作为公共交通组织的有效载体,通过层次分明的客运枢纽布局体系,高效便捷地组织公共交通客运体系。至2035年,浦东新区公共交通占全方式出行比例提升至40%左右。

规划轨道交通形成市域线、市区线、局域线三个功能层次,进一步提高轨道交通站点覆盖率和客运出行占比,适当增加轨道线网密度,重点提升主城区轨道服务水平,完善南汇新城轨道网络,同时做好轨道交通网络结构控制和战略预留。

构建适应城市空间发展需要的公交客运走廊网络,补充轨道交通运能。

7.1.3.4 骨干路网规划

持续提升路网规模,优化完善路网结构,强化沿江沿海运输通道,拓展辐射长三角扇面,预留战略通道;完善南汇新城道路系统,构建相对独立和完善的道路系统;强化交通网络对浦东枢纽地区、张江科学城、国际旅游度假区、南汇新城等重点地区的服务支撑。

(1)高快速路。由高速公路和快速路组成,承担大区域间的快速交通联系,是区域道路的主要骨架系统,对外交通的主通道。规划形成"四环、八射、十二联"的高快速路系统,规划里程约470 km。

(2)主要公路。围绕主城区规划形成"十六纵、二十二横"的主要公路网络结构,以连接近沪地区、中心城、主城片区、南汇新城、新市镇、交通枢纽等为主,提供中长距离、较高容量和较高速度的交通服务,是高速公路系统的主要集散道路。

(3)次要公路。围绕主城区规划形成"十五纵、十七横"的次要公路网络结构,以提升骨干网络密度和城镇覆盖度,提供中短距离交通服务的集散通道。

(4)越江跨海通道。规划东海大桥、东海二桥2处跨海通道,G40沪陕跨长江通道,以及30处越黄浦江通道。

(5)规划指标。至2035年,规划市政道路路网密度≥6.0 km/km²,中央活动区全路网密度≥10.0 km/km²,主城区和新城全路网密度≥8.0 km/km²,南汇新城至中心城及重要交通枢纽的道路交通出行时间在1小时以内。

7.2 市域公共服务设施体系规划

根据自然资源部《市级国土空间总体规划编制指南(试行)》有关编制内容的要求编制市

县国土空间总体规划要基于常住人口的总量和结构，提出市县分区分级公共服务中心体系布局和标准，针对实际服务管理人口特征和需求，完善服务功能，提高服务的便利性。结合中心城区用地布局深化，确定中心城区公共服务设施用地总量和结构比例。

7.2.1 城市公共活动中心的概念和特征

城市公共活动中心是居民进行政治、经济、文化等社会生活活动比较集中的地段。城市公共活动中心，按主导功能，可分为综合性公共中心、专业性公共中心。根据所承担的职能、服务对象和服务范围的不同，城市公共活动中心可以划分为市级和区级；按所服务的范围，城市公共活动中心的类型有全市性、地区性、居住区和小区等多级中心。城市一级公共中心，主要是为整个城市乃至更大的区域范围服务的综合职能型和专业职能型公共中心区，市级"多中心"结构是特大城市中心体系发展的高级形态，即城市中同时出现了多个发展成熟、独具特色的大型综合公共服务中心。城市二级公共中心，主要是为政策分区相对独立的地区或行政区范围提供服务的公共中心。纵观城市中心体系结构的演变历程，从早期城市中心区的诞生一直发展至今，空间结构经历了"单中心"—"一主多副"—"两主多副"—"多主中心"结构的台阶状发展轨迹，越往高端发展，所承担的服务职能越多，在区域中的服务辐射范围也越大。按性质分，城市公共活动中心有政治活动、科技活动、文化活动、商业经济活动、纪念游览活动等多种功能的中心。

城市公共活动中心一般具有以下特征：

（1）城市公共活动中心是城市开展政治、经济、文化等公共活动的中心，是城市居民公共活动最频繁、社会生活最集中的场所。

（2）城市公共活动中心是城市结构的核心地区和城市功能的重要组成部分，是城市公共建筑和第三产业的集中地，集中体现城市的经济社会发展水平，承担经济运作和管理职能。

（3）城市公共活动中心是城市形象精华所在和区域性标志，一般通过各类公共建筑与广场、街道、绿地等要素有机结合，充分反映历史与时代的要求，形成富有独特风格的城市空间环境，以满足居民使用和观赏的要求。

7.2.2 布局要求

城市公共活动中心的规划布局，除应当符合总体规划布局结构的要求外，还应满足以下条件：一是在总体上，不同类型的公共中心应分布合理、功能互补、交通便捷、使用方便；二是同一类型的公共中心应当根据服务范围的不同，按城市、地区、居住区、小区等分级设置，其主导功能和规模应根据城市发展和居民生活的实际需要确定；三是建设上应充分利用城市原有设施资源，节约用地，建成富有地方特色的城市景观。

新建城市中心的规划布局，应按照"科学布局、因地制宜、集约节约、复合用地、公益优先"的原则，首先应考虑城市的自然环境，如沿山、滨水的城市，城市中心的位置要选在能充分利用自然特点、突出城市特色的地方。其次，要考虑城市的历史和现状，充分利用历史上已经形成的中心，这对于城市改建和历史文化名城的改建、保护来说，尤为重要。最后，城市中心一般应选在位置适中、交通方便的地段。位于山谷、河谷地带的城市，因受地形限制，城市中心可能偏于城市一侧,则要尽可能创造方便的交通条件,使城市居民都能比较便捷地到达市中心。

一些现代的大城市和特大城市,为了缓解城市中心功能过多和负担过重的状况,大多采用多中心的布局结构形式,即将大城市的集中式布局结构分成几个相对独立、面积较大、各自设有"中心"的分区。在多中心布局结构的城市,各个中心的选址既要考虑各自的适中位置,又要考虑各中心之间的互相联系。此外,城市中心位置的选择还应考虑城市用地将来的发展,在布局上保持一定的灵活性。这类分区中心基本上具有市一级中心的内容和特征,有些国家称之为城市的副中心。现行的上海市城市总体规划提出了中心城"一区、一主、四副"市级公共中心布局。"一区"即中央商务区,由浦东小陆家嘴和浦西外滩组成,集金融、贸易、信息、购物、文化、娱乐、都市旅游及商务办公等功能为一体;"一主"即以人民广场为核心,以南京路、淮海中路、西藏中路、四川北路四条商业街和豫园商城为依托,具有行政、办公、购物、观光、文化、娱乐等多种功能;"四副"即城市副中心,分别是徐家汇、花木、江湾五角场、真如。

7.2.3 配置标准和规划引导

城市公共活动中心是城市开展政治、经济、文化等公共活动的地域,是城市公共服务设施(如商场、体育馆、博物馆、图书馆等)的集中地,是市民社会活动最频繁、社会生活最集中的场所。(见图7-2)

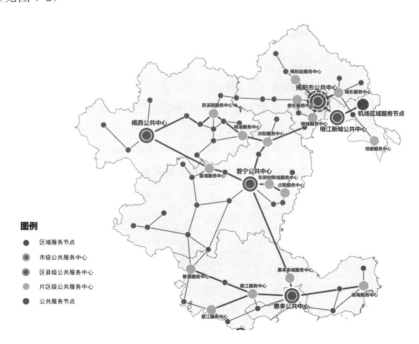

图7-2 揭阳市公共服务中心体系图

(资料来源:《揭阳市国土空间总体规划(2020—2035年)》(公示版))

在新的城市公共设施规划规范出台之前,目前国土空间总体规划专项规划宜根据现行的《城市公共设施规划规范》(GB 50442—2008)对城市公共设施用地分类,将其分为行政办公、商业金融、文化娱乐、体育、医疗卫生、教育科研设计和社会福利设施用地。各项城市公共设施用地布局，应根据城市的性质和人口规模、用地和环境条件、设施的功能要求等进行综合协调与统一安排，以满足社会需求和发挥设施效益。

城市公共设施用地指标应依据规划城市规模确定（见表 7-1）。城市规模与人口规模划分应符合表 7-2 的规定。

表 7-1　城市公共设施规划用地综合（总）指标

分　项	城　市　规　模				
	小城市	中等城市	大城市		
			Ⅰ	Ⅱ	Ⅲ
占中心城区规划用地比例/(%)	8.6～11.4	9.2～12.3	10.3～13.8	11.6～15.4	13.0～17.5
人均规划用地/(米²/人)	8.8～12.0	9.1～12.4	9.1～12.4	9.5～12.8	10.0～13.2

表 7-2　城市规模与人口规模划分标准

城市规模	小城市	中等城市	大　城　市		
			Ⅰ	Ⅱ	Ⅲ
人口规模/(万人)	<20	20～50	50～100	100～200	≥200

（1）行政办公设施规划用地布局宜采取集中与分散相结合的方式，以利于提高效率。行政办公设施规划用地指标应符合表 7-3 的规定。

（2）商业金融设施宜按市级、区级和地区级分级设置，形成相应等级和规模的商业金融中心。

表 7-3　行政办公设施规划用地指标

分　项	城　市　规　模				
	小城市	中等城市	大城市		
			Ⅰ	Ⅱ	Ⅲ
占中心城区规划用地比例/(%)	0.8～1.2	0.8～1.3	0.9～1.3	1.0～1.4	1.0～1.5
人均规划用地/(米²/人)	0.8～1.3	0.8～1.3	0.8～1.2	0.8～1.1	0.8～1.1

商业金融中心的规划布局应符合下列基本要求：

①商业金融中心应以人口规模为依据合理配置，市级商业金融中心服务人口宜为 50 万～100 万人，服务半径不宜超过 8 km；区级商业金融中心服务人口宜为 50 万人以下，

服务半径不宜超过 4 km；地区级商业金融中心服务人口宜为 1 万人以下，服务半径不宜超过 1.5 km。(见表 7-4)

②商业金融中心规划用地应具有良好的交通条件，但不宜沿城市交通主干路两侧布局。

③在历史文化保护城区不宜布局新的大型商业金融设施用地。

表 7-4　各级商业金融中心规划用地指标

级　别	城 市 规 模				
	小城市	中等城市	大城市		
			Ⅰ	Ⅱ	Ⅲ
市级商业金融中心/hm²	30～40	40～60	60～100	100～150	150～240
区级商业金融中心/hm²	—	10～20	20～60	60～80	80～100
地区级商业金融中心/hm²	—	—	12～16	16～20	20～40

注：400 万人口以上城市的市级商业金融中心规划用地面积可按 1.2～1.4 的系数进行调整。

(3)文化娱乐设施按照基本公共服务均等化的要求，统筹城乡文化设施建设，建成具有国际影响力、多元活力、覆盖城乡、惠及全民的公共文化服务体系。文化娱乐设施规划用地指标应符合相关的规定(见表 7-5)。

表 7-5　文化娱乐设施规划用地指标

分　项	城 市 规 模				
	小城市	中等城市	大城市		
			Ⅰ	Ⅱ	Ⅲ
占中心城区规划用地比例/(%)	0.8～1.0	0.8～1.1	0.9～1.2	1.1～1.3	1.1～1.5
人均规划用地/(米²/人)	0.8～1.1	0.8～1.1	0.8～1.0	0.8～1.0	0.8～1.0

(4)体育设施规划用地指标应符合相关的规定，并保障具有公益性的各类体育设施规划用地比例(见表 7-6)。大中城市宜分级设置市级和区级体育设施。新建体育设施用地布局应满足用地功能、环境和交通疏散的要求，并适当留有发展用地。群众性体育活动设施宜布局在方便、安全、对生活休息干扰小的地段。

表 7-6　体育设施规划用地指标

分　项	城 市 规 模				
	小城市	中等城市	大城市		
			Ⅰ	Ⅱ	Ⅲ
占中心城区规划用地比例/(%)	0.6～0.9	0.5～0.7	0.6～0.8	0.5～0.8	0.6～0.9
人均规划用地/(米/人)	0.6～1.0	0.5～0.7	0.5～0.7	0.5～0.8	0.5～0.8

(5)医疗卫生设施用地布局应考虑服务半径,选在环境安静、交通便利的地段。传染性疾病的医疗卫生设施宜选址在城市边缘地区的下风方向。大城市应规划预留"应急"医疗设施用地。(见表7-7)

表7-7 医疗卫生设施规划千人指标床位数

城市规模	小城市	中等城市	大城市		
			Ⅰ	Ⅱ	Ⅲ
千人指标床位数/(床/千人)	4～5	4～5	4～6	6～7	>7

(6)教育科研设计设施规划用地指标,应按照学校发展规模计算。新建的高等院校和对场地有特殊要求重建的科研院所,宜在城市边缘地区选址,并应当适当集中布局。(见表7-8)

表7-8 教育科研设计设施规划用地指标

分 项	城 市 规 模				
	小城市	中等城市	大城市		
			Ⅰ	Ⅱ	Ⅲ
占中心城区规划用地比例/(%)	2.4～3.0	2.9～3.6	3.4～4.2	4.0～5.0	4.8～6.0
人均规划用地/(米²/人)	2.5～3.2	2.9～3.8	3.0～4.0	3.2～4.5	3.6～4.8

7.2.4 案例解析——《上海市浦东新区国土空间总体规划(2017—2035)》

7.2.4.1 公共服务体系构建目标

(1)坚持国际水准,完善高等级优质公共服务资源布局。对标全球城市建设标准,有针对性地扩大优质公共服务资源的布局力度,进一步推进高等级、高品质、具有国际水准的公共服务设施布局,提高优质公共服务供给的覆盖率,提升浦东新区公共服务能级和国际影响力。结合公共中心建设,优先强化并补足资源相对薄弱地区和人口密集导入地区,郊区以城镇圈统筹优质公共服务设施布局。

(2)坚持全面覆盖,构建公平共享的基本公共服务体系。以构建社区15分钟服务圈为目标,通过功能复合、设施共享、更新改造和规划统筹等方式,逐步消除城乡之间、城镇不同地区间公共服务供给的差异性,提升基本公共服务的便利性与可达性,加强各类公共服务设施的复合使用度和开放共享度,并提供差异化的品质提升类服务产品,提高社区级设施的服务效率和水平。至2035年,规划社区基础公共服务设施15分钟步行可达覆盖率提升至100%。

(3)坚持关爱包容,提供全年龄段的公共服务保障支撑。应对人口结构变化和不同人群的需求,构建覆盖全年龄段市民的基本公共服务保障体系,重点保障对老人、儿童、残障人士的文化、医疗等基本服务,提升开放度和利用率,落实无障碍规划设计理念。进一步完善社区学校、社区图书馆、文体活动室、市民健身中心、职业培训中心、老年学校、青少年活动中心、婴幼儿托管等社区性文化教育设施建设;建立终身教育、终身学习服务体系。

7.2.4.2 高等级公共服务设施

1. 文化设施

对标全球城市建设标准,建设具有国际影响力的文化地标。完善文化设施体系,加快文化设施建设,规划形成由"2条文化发展轴线、11个文化集聚区"组成的文化空间发展新格局。重点打造浦江东岸文化发展轴线和城市东西向文化发展轴线,建设陆家嘴、世博、前滩、花木－龙阳路、张江、金桥、国际旅游度假区、浦东枢纽、南汇新城等文化集聚区。支持多方参与,积极鼓励社会主体参与建设各类文化设施。

规划21处城市级文化设施,其中保留12处、新增9处,新增设施主要位于黄浦江东岸、花木城市副中心、金桥城市副中心、张江城市副中心、川沙城市副中心以及南汇新城中心。

规划54处区级文化设施,其中现状保留28处、新增26处。鼓励在主城区结合城市更新设置专业文化设施。以城镇圈为单位,集中配置区级及以上文化设施,引导博物馆、美术馆、公共图书馆、剧场等设施向新城和中心镇集聚。

2. 教育设施

以科技创新及产业发展为引领,积极引进与科技创新及特色产业相匹配的高等院校、科研院所及职业教育,大力发展高品质教育公共服务。鼓励高校或开放型大学与新城、城市副中心、产业园区联动发展。加强终身教育内涵,普及常规老年教育。鼓励结合外籍人士聚集区等建设高水平的国际教育基地。

规划42所高等教育机构(包括本校和分校),其中保留32所、迁建3所、新增3所、升级2所、预留2所,新增与预留设施位于张江科学城、惠南镇区及川沙城市副中心地区。

进一步优化中等职业学校专业布局,重点做强若干优等学校,实现订单式中职人才培养,积极服务大飞机、迪士尼、自贸区等大项目建设。主城区提升完善,郊区以城镇圈为单位配置区级教育设施,每个城镇圈配置1所高水平成人教育机构。规划成人教育机构6所,其中保留3所、新增3所。规划特殊教育学校(含分校区)5处,其中保留4处、改扩建1处(图7-3)。

3. 体育设施

发挥区域功能集聚效应,完善体育设施网络建设,构建体育服务圈,实现城乡公共体育设施均等化。增强设施的综合化利用,积极引入新兴运动项目,建设国际化特色体育公园,使公园成为大众体育健身集聚地,将体育旅游与休闲娱乐相结合,创建浦东新区体育文化、体育旅游休闲区。

规划9处城市级体育设施,包括综合性体育中心、单项体育场馆和体育休闲基地。其中

图 7-3　上海市浦东新区公共服务设施规划图（教育）

（资料来源：《上海市浦东新区国土空间总体规划（2017—2035）》）

保留 2 处、新增 7 处，新增设施位于川沙、张江、金桥城市副中心及南汇新城。

规划 14 处区级体育设施，其中保留 5 处、新增 8 处、扩建 1 处。（见图 7-4）

4. 医疗卫生设施

打造具有全球影响力的国际医学中心。依托张江科学城加快建设上海国际医学园区，积极扶持和推动现代医疗服务业的发展，促进各类高端医疗机构建设，形成产学研联动、辐射国内外的高水平医疗资源集聚区。

推进高等级医疗设施均衡布局，依托本市各大医学院、三级医院资源，推进优质医疗设施在人口导入区布局。整合提升现有设施，促进二级综合性医院向三级综合性医院或三级中西医结合医院转化。

规划 25 处城市级医疗卫生设施（三级医院），其中保留 14 所（含分院）、迁建 1 所、提升 1 所、新增 9 所，新增设施位于曹路大社区、航头大社区、唐镇新市镇中心、祝桥新市镇、国际医学园区及南汇新城。同时结合国际医学园区建设，积极关注城市级医疗卫生项目的发展动态，争取更多的项目落户浦东。

规划 21 处区级医疗卫生设施（二级医院），其中保留 11 所、迁建 1 所、新增 9 所。

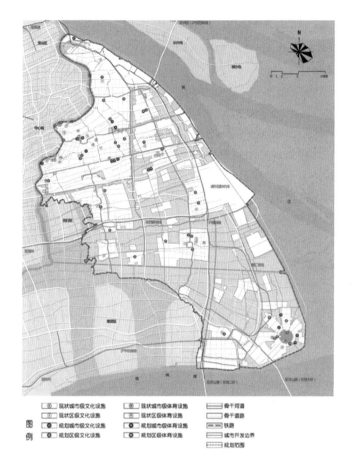

图 7-4 上海市浦东新区公共服务设施规划图（文化、体育）

（资料来源：《上海市浦东新区国土空间总体规划（2017—2035）》）

5. 养老设施

构建以居家养老为基础、社区为依托、机构为支撑的养老服务格局，促进医养结合，提升养老机构专业护理功能，优化老年护理床位配置。

浦东高等级养老设施重点聚焦区级机构养老设施。区级机构养老设施以示范和培训功能为主，承担提供地区更专业化养老服务。布局上倾向人口导入区和医疗资源优势区，重点布局于主城片区和城镇圈核心城镇。

规划 8 处区级机构养老设施，其中保留 1 处、新增 7 处。新增设施的分布和未来人口主要导入区域相对应，位于川沙新镇、周浦镇、惠南镇、祝桥镇、南汇新城及中心城内的花木-龙阳路城市副中心区域。

规划引导设置一定量的市场类机构养老设施床位，以满足居民对机构养老设施不同层次的需求。（见图 7-5）

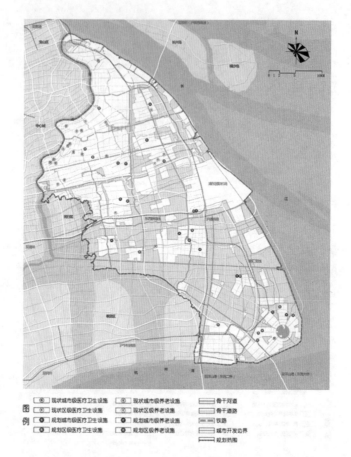

图 7-5　上海市浦东新区公共服务设施规划图（医疗、养老）

（资料来源：《上海市浦东新区国土空间总体规划（2017—2035）》）

7.3　市政公用设施规划

7.3.1　市政公用设施规划

市政公用设施是城市安全有序运行的重要基础，是保障城市生存、持续发展的支撑体系。构建系统完备、高效实用、智能绿色、安全可靠的现代化绿色韧性市政公用设施体系，是满足新时代人民更加美好生活的需求、保障城乡经济社会平稳健康发展的需要。市政公用设施一般包括供水、排水、供电、燃气、供热、通信、环境卫生等子系统。

1. 市政公用设施规划的任务

科学确定规划期内各专业系统规划目标、指标，提出城乡一体化市政公用设施体系，科学布局各项重大市政公用设施并进行用地控制，制定相应的规划策略和措施，以此作为后续开展相关专项规划的基础。

2. 市政公用设施规划的主要内容

作为国土空间总体规划成果的组成部分,市政公用设施规划的深度有别于专项规划阶段。依据各市政公用设施现状调查与分析、现行规划实施评估,考虑行业发展需求、区域协调,结合国土空间总体规划提供的城市发展目标定位,人口、用地规模及总体布局等阶段规划方案,整合优化相关主管部门和规划管理部门的意见与建议,提出各市政公用设施发展目标,以及重大设施和重要高压廊道、天然气高压输气干线的布局方案;在国土空间总体规划统筹和综合平衡各相关专项领域的空间需求后,对市政公用设施等专项规划方案提出反馈意见;通过多方多次互动反馈,形成国土空间总体规划市政公用设施规划成果。

市国土空间总体规划阶段的市政公用设施规划包括市域和中心城区两个层次。县国土空间规划内容深度可参考中心城区层次内容深度。中心城区层面要确定重大市政公用设施位置及用地控制,划定城市黄线和蓝线。

3. 市政公用设施规划的总体原则

市县国土空间总体规划阶段的市政公用设施规划主要依据以下原则:

(1) 节约优先,底线约束——坚持绿色发展,保护优先,市政公用设施与廊道用地严格避让生态保护红线,避让基本农田;坚持节水优先,量水而行,进行水资源承载能力分析,支撑城市规模和产业布局等规划方案。坚持节约优先,合理确定规划标准和设施规模,同类设施宜集中布局,鼓励规划建设市政综合体,归并同类市政廊道,节约集约用地。

(2) 区域协调,城乡融合——坚持以人民为中心,以统筹协调为原则,建立区域协调、城乡一体、共建共享的高质量市政公用设施体系,实现市域市政公用设施服务均等化。

(3) 因地制宜,合理布局——因地制宜,建立与城市规模、空间结构和产业布局相适应的市政公用设施系统。近远期有机结合,并为城市远景发展留有余地。

(4) 科学引领,注重实施——统筹存量和增量、地上和地下、传统和新型基础设施系统布局,运用大数据等手段改进规划方法,提高规划编制水平,体现科学前瞻性。高度重视规划成果可操作性,突出重大市政场站设施、高压廊道定位控制工作,确保规划能用、管用、好用。

7.3.2 市政公用设施规划的主要任务和内容

7.3.2.1 城市水资源规划的主要任务和内容

主要任务:根据城市和区域水资源的状况,最大限度地保护和合理利用水资源;按照可持续发展原则科学合理预测城乡生态、生产、生活等需水量,充分利用再生水、雨洪水等非常规水资源,进行资源供需平衡分析;确定城市水资源利用与保护战略,提出水资源节约利用目标、对策,制定水资源的保护措施。

城市市域规划中城市水资源规划的主要内容:

(1) 水资源开发与利用现状分析:区域、城市的多年平均降水量,年均降水总量,地表水资源量,地下水资源量和水资源总量。

(2)供用水现状分析:从地表水、地下水、外调水量、再生水等几方面分析供水现状及趋势,从生活用水、工业用水、农业用水及生态环境用水等几方面分析用水现状及趋势,横向及纵向分析城市用水效率水平及发展趋势。

(3)供需水量预测及平衡分析:根据本地地表水、地下水、再生水及外调水等现状情况及发展趋势,预测规划期内可供水资源,提高水资源承载能力;根据城市经济社会发展规划,结合城市总体规划方案,预测城市需水量,进行水资源供需平衡分析。

(4)水资源保障战略:根据城市经济社会发展目标和城市总体规划目标,结合水资源承载能力,按照节流、开源、水源保护并重的规划原则,提出城市水资源规划目标,制定水资源保护、节约用水、雨洪及再生水利用、开辟新水源、水资源合理配置及水资源应急管理等战略保障措施。

7.3.2.2 城市河湖水系规划的主要任务和内容

主要任务:根据城市自然环境条件和城市规模等因素,确定城市防洪标准和主要河道治理标准;结合城市功能布局确定河道功能定位;划定河湖水系、湿地的蓝线,提出河道两侧绿化隔离带宽度;落实河道补水水源,布置河道截污设施。(见图7-6)

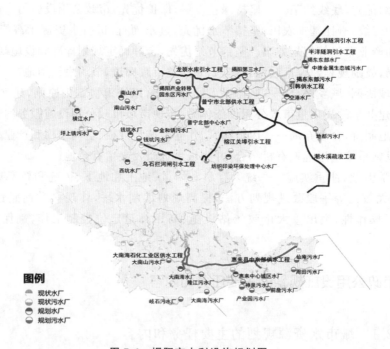

图7-6 揭阳市水利设施规划图
(资料来源:《揭阳市国土空间总体规划(2020—2035年)》(公示版))

城市市域规划中城市河湖水系规划的主要内容:

(1)确定城市防洪标准和河道治理标准;

(2)结合城市功能布局确定河湖水系布局和功能定位,确定城市河湖水系水环境质量标准;

(3)划分河道流域范围,估算河道洪水量,确定河道规划蓝线和两侧绿化隔离带宽度,确定湿地保护范围；

(4)落实景观河道补水水源，布置河道污水截流设施。

7.3.2.3 城市电力工程规划的主要任务和内容

主要任务：根据城市和区域电力资源状况，合理确定规划期内的城市用电量、用电负荷，进行城市电源规划；确定城市输配电设施的规模、布局以及电压等级；布置变电所（站）等变电设施和输配电网络；制定各类供电设施和电力线路的保护措施。

城市市域规划中城市电力工程规划的主要内容：

(1)预测城市供电负荷；

(2)选择城市供电电源；

(3)确定城市电网供电电压等级和层次；

(4)确定城市变电站容量和数量；

(5)布局城市高压送电网和高压走廊；

(6)提出城市高压配电网规划技术原则。

7.3.2.4 城市燃气工程规划的主要任务和内容

主要任务：根据城市和区域燃料资源状况，选择城市燃气气源，合理确定规划期内各种燃气的用量，进行城市燃气气源规划；确定各种供气设施的规模、布局；选择确定城市燃气管网系统；科学布置气源厂、气化站等产、供气设施和输配气管网；制定燃气设施和管道的保护措施。

城市市域规划中城市燃气工程规划的主要内容：

(1)预测城市燃气负荷；

(2)选择城市气源种类；

(3)确定城市气源厂和储配站的数量、位置与容量；

(4)选择城市燃气输配管网的压力级制。

7.3.2.5 城市供热工程规划的主要任务和内容

主要任务：根据当地气候条件，结合生活与生产需要，确定城市集中供热对象、供热标准、供热方式；确定城市供热量和负荷，选择并进行城市热源规划，确定城市热电厂、热力站等供热设施的规模和布局；布置各种供热设施和供热管网；制定节能保温的对策与措施，以及供热设施的防护措施。

城市市域规划中城市供热工程规划的主要内容：

(1)预测城市热负荷；

(2)选择城市热源和供热方式；

(3)确定热源的供热能力、数量和布局；

(4)布局城市供热重要设施和供热干线管网。

7.3.2.6 城市通信工程规划的主要任务和内容

主要任务：根据城市通信实况和发展趋势，确定规划期内城市通信发展目标，预测通信需求；确定邮政、电信、广播、电视等各种通信设施和通信线路；制定通信设施综合利用对策与措施,以及通信设施保护措施。

城市市域规划中城市通信工程规划的主要内容:

(1)依据城市经济社会发展目标、城市性质与规模及通信有关基础资料,宏观预测城市近期和远期通信需求量,预测与确定城市近、远期电话普及率和装机容量,确定邮政、移动通信、广播、电视等发展目标和规模。

(2)依据市域城镇体系布局、城市总体布局,提出城市通信规划的原则及其主要技术措施。

(3)研究和确定城市长途电话网近、远期规划,确定城市长途网结构、长途网自动化传输方式、长途局规划,研究和确定城市电话本地网近、远期规划,研究和确定市话网络结构、汇接局、汇接方式、模拟网、数字网、综合业务数字网(ISDN),以及模拟网向数字网的过渡方式,拟定市话网的主干路规划和管道规划。

(4)研究和确定近、远期邮政、电话局所的分区范围、局所规模和局所址。

(5)研究和确定近、远期广播及电话台、站的规模和选址,拟定有线广播、有线电视网的主干路规划和管道规划。

(6)划分无线电收发信区,制定相应主要保护措施。

(7)研究和确定城市微波通道,制定相应的控制保护措施。

7.3.2.7　城市环境卫生设施规划的主要任务和内容

主要任务:根据城市发展目标和城市布局,确定城市环境卫生设施配置标准和垃圾集运、处理方式;确定主要环境卫生设施的规模和布局;布置垃圾处理场等各种环境卫生设施,制定环境卫生设施的隔离与防护措施;提出垃圾回收利用的对策与措施。城市市域规划中城市环境卫生设施规划的主要内容:

(1)测算城市固体废弃物产量,分析其组成和发展趋势,提出污染控制目标;

(2)确定城市团体废弃物的收运方案;

(3)选择城市固体废弃物的处理和处置方法;

(4)布局各类环境卫生设施,确定服务范围、设置规模。

7.4　市域国土空间功能分区及用途管制

7.4.1　市域规划分区和形成思路

1.规划分区

按照土地用途进行分类形成"规划总图",一直以来是各级各类空间相关规划的核心内容之一。以往土地用途规划存在过于刚性、弹性管控不足等问题,尤其是在空间尺度较大的市县全域层面,致使现实中与各级各类规划确定的用途存在较多不一致,需要对原规划进行频繁修改。

根据《市级国土空间总体规划编制指南(试行)》,落实国土空间规划战略意图,国土空间总体规划采取主导功能分区来实现国土空间规划治理,并建立"主导功能分区+土地用途分类"的分级管控机制,实现全域管控,创新管控方式,解决以往土地用途"蓝图式"规划存在的问题。

规划分区分为一级规划分区和二级规划分区。一级规划分区包括以下7类:生态保护区、生态控制区、农田保护区、城镇发展区、乡村发展区、海洋发展区、矿产能源发展区。将城镇发展区、乡村发展区、海洋发展区分别细分为二级规划分区,各地可结合实际补充二级规划分区类型。

规划分区类型及其具体含义如表7-9所示。

表7-9 规划分区类型及其具体含义

一级规划分区	二级规划分区		含　义
生态保护区			具有特殊重要生态功能或生态敏感脆弱、必须强制性严格保护的陆地和海洋自然区域,包括陆域生态保护红线、海洋生态保护红线集中划定的区域
生态控制区			生态保护红线外,需要予以保留原貌、强化生态保育和生态建设、限制开发建设的陆地和海洋自然区域
农田保护区			永久基本农田相对集中需严格保护的区域
城镇发展区			城镇开发边界围合的范围,是城镇集中开发建设并可满足城镇生产、生活需要的区域
	城镇集中建设区	居住生活区	以住宅建筑和居住配套设施为主要功能导向的区域
		综合服务区	以提供行政办公、文化、教育、医疗以及综合商业等服务为主要功能导向的区域
		商业商务区	以提供商业、商务办公等就业岗位为主要功能导向的区域
		工业发展区	以工业及其配套产业为主要功能导向的区域
		物流仓储区	以物流仓储及其配套产业为主要功能导向的区域
		绿地休闲区	以公园绿地、广场用地、滨水开敞空间、防护绿地等为主要功能导向的区域
		交通枢纽区	以机场、港口、铁路客货运站等大型交通设施为主要功能导向的区域
		战略预留区	在城镇集中建设区中,为城镇重大战略性功能控制的留白区域

续表

一级规划分区	二级规划分区	含 义
城镇发展区	城镇弹性发展区	为应对城镇发展的不确定性,在满足特定条件下方可进行城镇开发和集中建设的区域
	特别用途区	为完善城镇功能,提升人居环境品质,保持城镇开发边界的完整性,根据规划管理需划入开发边界内的重点地区,主要包括与城镇关联密切的生态涵养、休闲游憩、防护隔离、自然和历史文化保护等区域
乡村发展区		农田保护区外,为满足农林牧渔等农业发展以及农民集中生活和生产配套为主的区域
	村庄建设区	城镇开发边界外,规划重点发展的村庄用地区域
	一般农业区	以农业生产发展利用为主要功能导向划定的区域
	林业发展区	以规模化林业生产利用为主要功能导向划定的区域
	牧业发展区	以草原畜牧业发展利用为主要功能导向划定的区域
海洋发展区		允许集中开展开发利用活动的海域,以及允许适度开展开发利用活动的无居民海岛
	渔业用海区	以渔业基础设施建设、养殖和捕捞生产等渔业利用为主要功能导向的海域和无居民海岛
	交通运输用海区	以港口建设、路桥建设、航运等为主要功能导向的海域和无居民海岛
海洋发展区	工矿通信用海区	以临海工业利用、矿产能源开发和海底工程建设为主要功能导向的海域和无居民海岛
	游憩用海区	以开发利用旅游资源为主要功能导向的海域和无居民海岛
	特殊用海区	以污水达标排放、倾倒、军事等特殊利用为主要功能导向的海域和无居民海岛
	海洋预留区	规划期内为重大项目用海用岛预留的控制性后备发展区域
矿产能源发展区		为适应国家能源安全与矿业发展的重要陆域采矿区、战略性矿产储量区等区域

2. 形成思路

规划分区应落实上位国土空间规划要求,为本行政区域国土空间保护开发做出综合部署和总体安排,应充分考虑生态环境保护、经济布局、人口分布、国土利用等因素。

坚持陆海统筹、城乡统筹、地上地下空间统筹的原则,以国土空间的保护与保留、开发与利用两大功能属性作为规划分区的基本取向。

规划分区划定应科学、简明、可操作,遵循全域全覆盖、不交叉、不重叠,并应符合下列基本规定。

以主体功能定位为基础,体现规划意图,配套管控要求。当出现多重使用功能时,应突出主导功能,选择更有利于实现规划意图的规划分区类型。如存在上位国土空间规划未列出的特殊政策管控要求,可在规划分区建议的基础上,叠加历史文化保护、灾害风险防控等管控区域,形成复合控制区。

规划分区类型和分区划定基本原则是形成规划分区的基本依据。但由于市县全域均采用规划分区的总图表达方式,因此市、县(市)规划分区存在一定差异性。县(市区)规划分区的形成需要重点体现以下四个方面的原则与要求。

1)落实全市国土空间规划战略意图

落实国土空间规划战略意图是规划分区形成的首要原则。以南京为例,具体包括:一是,需要全面体现全市"南北田园、中部都市、拥江发展、城乡融合"的总体格局,按照生态优先要求,贯彻落实全市"一带两环十片多廊"的生态空间结构,实现城镇建设与生态保护利用协调,锚定国土空间开发总体格局;二是,在充分挖潜存量空间、增量空间有限的背景下,对于未来增量空间分布需要与全市战略空间意图结合,并体现"亩均论英雄"的思路,城镇增量空间优先向重点产业平台供给;三是,在"三调"现状基础上,按照"创新名城、美丽古都"的愿景目标,在规划分区的结构优化方面,需要优先保障创新发展、智能制造的商业商务区、工业发展区以及满足人民群众生活需求的综合服务、绿地休闲等功能区;四是,基于未来15年发展的不确定性,对于属于全市重大战略但目前仍存在较大不确定性的地区采取战略留白,尤其是石化钢铁等老旧工业改造地区以及重点城市建设地区周边地区等。

2)全域覆盖、全要素管控,实现不交叉、不重叠

与城镇集中建设区已形成的总体规划—控制性详细规划—修建性详细规划—建筑设计,甚至城市设计等完整的分级分类的规划体系相比,外围非集中建设区,尤其是广大农林地区缺乏规划,已有的相关空间规划普遍"重城镇轻外围",缺乏对全域国土空间规划的精细治理。市县国土空间规划分区则应体现全域空间覆盖和山水林田湖草各类自然资源的全要素管控。其中,尤其需重视外围非集中建设区的规划管控,按照建立统一生命共同体的要求,合理划定生态保护、生态控制区,并处理好与农田保护区的关系;城镇集中建设区则应重点体现规划空间结构,突出主要城市功能导向,便于通过详细规划进一步传导和落实。

按照主要功能导向,将规划管制意图相同的关键资源要素划入同一分区,当主导功能分区划分出现可叠加或交叉的情况时,依据管制规定从严选择规划分区的类型,或在确保不损害保护资源的前提下,选择更有利于实现规划意图的分区类型。对于城镇集中建设区的主导功能区的确定,规划基础相对较好,但外围尤其是生态保护区的确定需要"双评价"、生态保护规划等专题研究、专项规划的支撑,经详细评定后优先划定生态保护区、生态控制区,体现生态文明价值导向。如南京国土空间总体格局确定的"六条楔形廊道",在具体土地用途中存在较多的耕地,尤其是永久基本农田,但为突显主导功能,建议在相关专题深度研究的基础上,明确生态保护区、生态控制区以及农田保护区的分区类型。

3)建立市-县分级传导落实机制

由于市、县空间尺度存在差异性,原则上市层面以一级规划分区为主(有条件的城市可将城镇发展区细化至二级规划分区),县则需要在市级层面的基础上,深化细化至二级规划分区。另外,在规划深度方面,参照原城乡规划、原土地利用规划等相关制图要求,市、县分别达到1:100 000、1:50 000深度,县国土空间规划中心城区应达到1:2000~1:5000深度,满足土地用途分类管控要求。

4) 充分考虑与专项规划衔接,兼顾"用途分类",实现向详细规划传导落实

国土空间总体规划涉及内容庞杂,需要统筹落实各子专项对于空间的需求,发挥规划的战略性、综合性作用。尽管在相应规范中已经充分考虑了主导功能分区与用途分类之间的对应关系,但是由于国家标准以普适性操作为主,各地尤其大城市、特大城市用途分类的复杂和多元,在明确主导功能分区的过程中,一方面需要充分衔接已有的法定批复的详细规划,另一方面对于本次规划新增或调整的地区,需要在综合考虑未来该地区的主导功能基础上,充分考虑未来用途分类的情况和可能性,便于向详细规划传导落实。

7.4.2 市域主导功能区管控要求

规划分区的管控要求从一定程度上决定了其空间的划定,空间与管控要求相辅相成。在《市级国土空间总体规划编制指南(试行)》明确的规划分区的基础上,结合各地实践实际,其管控要求主要体现为以下三个方面的内容。

1. 体现主导功能,满足兼容混合需求

顾名思义,主导功能包括两种及以上功能,体现的是主要用途功能。但是随着城市发展需求多元化,无论是外围的生态保护区、生态控制区,还是城镇集中发展区内各类主导功能区,均包括了一部分其他功能,绝非单一的生态功能或城镇功能。生态保护区内可允许兼容人类活动以及必要的服务配套设施,城镇主导功能区内也会充分考虑人民对生活的美好需求,融入生态休闲功能。

要避免主导功能区与用途分类的简单对照,如农田保护区与永久基本农田,前者包括了一部分一般农用地、农业生产设施用地以及沟塘水渠等其他用途分类。

2. 制定向下传导的用途分类"正负面"清单

对于每类主导功能区,尤其是城镇集中建设区,一方面需要提出主导功能用地比例,另一方面,需要制定不允许兼容的"负面"清单,如居住生活区不允许工业、物流仓储用途等,通过"正负面"清单,为国土空间总体规划以及详细规划向下传导提供直接依据。(见表7-10)

表7-10 规划分区(城镇集中建设区)主导功能与禁止功能建议

城镇分区	主导功能建议比例	禁止功能用地
居住生活区	居住用地比例≥60%	工业用地、物流仓储用地
综合服务区	公共管理与公共服务设施用地比例≥60%	工业用地、物流仓储用地
商业商务区	商业服务业设施用地比例≥60%,其中市级、副市级、地区级(服务人口20万~30万)以上中心商业服务业设施用地比例≥80%	工业用地、物流仓储用地
工业发展区	工业用地比例≥60%	—
物流仓储区	物流仓储用地比例≥60%	—

续表

城镇分区	主导功能建议比例	禁止功能用地
绿地休闲区	绿色休闲用地比例≥80%	居住用地、工业用地、物流仓储用地
交通枢纽区	交通运输用地比例≥80%	居住用地
战略预留区	—	—

3. 应对未来不确定性,通过年度评估,实现动态调整

即使将以往的用途管控调整为主导功能区管控,从一定程度上避免了用地功能频繁修改调整,但由于本轮规划面临高速铁路等规划不确定性,以及无人驾驶汽车等未来科学技术新变化,难免保证"蓝图式"规划不进行调整。因此,在划定市、县规划分区中除坚持"宜粗不宜细"、层层分级传导落实的思路外,还要通过"一年一体检、五年一评估"的定期评估制度进行适时的动态评估调整,以完善国土空间规划。

7.5 案例解析——《鹤壁市国土空间总体规划(2021—2035 年)》

7.5.1 市域空间格局规划与管控

7.5.1.1 新型城镇化战略

落实国家和河南省主体功能区战略格局,强化对淇滨区、山城区和鹤山区作为城市化地区以及浚县和淇县作为农产品主产区的主体功能管控引导。以乡(镇、街道)为单元进行差异化指引,形成城市化地区、农产品主产区、重点生态功能区三类主体功能,实现精细管理。

优化城镇空间格局,强化核心支撑功能,推动从带状延绵、点状离散向"一体两翼引领,特色节点支撑"的网络化、层次分明的城镇格局转变,建立"中心城区-副中心-中心镇-一般镇-中心村"的全域城乡体系。推进以人为核心的新型城镇化,引导人口和产业加快集聚,推动鹤壁市科创新城快速崛起,促进城市建成区有机更新,加快县城提档升级,建设特色小城镇和宜居宜业和美乡村,不断提高城乡融合发展水平。(见图 7-7)

7.5.1.2 城镇化目标

规划到 2025 年,鹤壁市常住人口达到 163 万人,城镇人口达到 107.34 万人,城镇化率达到 65.85%。规划到 2035 年,鹤壁市常住人口达到 181 万人,城镇人口达到 141.18 万人,城镇化率达到 78%。

7.5.1.3 优化城镇空间布局

鹤壁市中心城区是政治、经济、文化中心,定位为转型创新活力城、山水灵秀品质城、绿

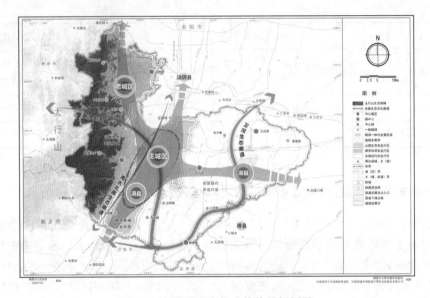

图 7-7　市域国土空间总体格局规划图

(资料来源:《鹤壁市国土空间总体规划(2021—2035 年)》)

色低碳生态城、诗经之源文化城,包含位于淇滨区的主城区域和位于鹤山区、山城区的老城区域。

主城区域:包含经开区、淇滨区、示范区与淇县县城一体化发展形成的区域。该区域是河南省重要电子信息与新能源汽车生产基地,南太行重要旅游集散地,中原城市群区域性大数据、商贸、物流、商务及研发中心,全国重要的金属镁精深加工、人工智能产业基地,应以科创新城建设为契机,强化区域协同发展,持续推进高端功能集聚,盘活存量,提升品质,推动产城融合。向北以经开区为纽带联动汤阴县县城、汤阴县高新技术开发区、宜沟镇区域协同发展,加强与安阳市红旗渠机场的快速联通,向南与淇县县城一体化发展,向东大力建设科创新城东区组团,搭建东向快速通道,连接浚县和滑县,西向联通林州南部区域,增强集聚能力。

老城区域:包含鹤山区、山城区和鹤壁宝山经济技术开发区等区域,定位为循环经济发展示范区、清洁能源与新材料产业基地、鹤壁市产业转型升级先行区,应加快推动内涵式发展,优化现有居住、工业布局,推动产业向西布局,推进城市更新,强化与主城区域的交通联系和分工协作。

7.5.1.4　加快建设城市副中心

鹤壁市副中心包括浚县县城和淇县县城,是承接中心城区部分功能、承载本地人口集聚的重要节点。浚县县城为国家历史文化名城,县域政治、经济、文化、科技中心,现代农业和农产品加工示范基地,全国知名的民俗文化旅游目的地。强化鹤浚之间联系通道建设,以白寺镇为支点推进鹤浚一体化发展,以郑济高铁片区建设为纽带,推动与滑县县城联动协同发展。淇县县城为省级历史文化名城,县域政治、经济、文化、科技中心,以食品制造、装备制造、文化旅游等产业为主的城市,应加强与主城区域的全方面合作衔接,实现一体化建设,与主城融合发展。

7.5.1.5 统筹培育建设特色小城镇

小城镇包括中心镇和一般乡(镇),共 15 个。其中,中心镇包括石林镇、庙口镇、王庄镇、新镇镇和白寺镇,推动镇区与中心城区产业、基础设施、公共服务等对接融合,共享共建,强化特色产业支撑,分担城市功能。一般镇包括善堂镇、卫贤镇、小河镇、屯子镇、西岗镇、北阳镇、姬家山乡、大河涧乡、上峪乡和黄洞乡。

7.5.1.6 统筹城乡公共服务设施布局

完善城乡公共服务设施配置等级,构建"市级-县(区)级-乡(镇)级-社区(村庄)级"的多层级、全覆盖的设施服务体系,合理配置教育、医疗、文化、体育、养老等公共服务设施,建设全龄友好城市,打造高品质城乡生活空间,提升"民生温度",增加"幸福厚度"。

市级公共服务设施:结合城市主中心、副中心布局高等级公共服务设施,服务鹤壁市全市;由行政中心、高铁商务中心和创智服务中心共同形成的复合中心,是鹤壁市战略目标下核心功能的承载区,研发创新、商务金融、品质商业和休闲旅游等功能高度融合。

县(区)级公共服务设施:以区县为引领,主要承担城市综合服务功能,以满足 15~30 分钟通勤圈的覆盖范围为标准,重点完善高中、综合医院、文化馆、图书馆和体育场馆等较高等级公共服务设施,形成服务周边的综合中心,促进城乡协调均衡发展。浚县公共服务副中心、淇县公共服务副中心和老城公共服务副中心,是面向所在区域的公共活动中心,同时承担面向市域的部分特定职能。

乡(镇)级公共服务设施:保障基本公共服务向农村地区延伸的基础性节点。服务半径不限于步行,可考虑交通工具,以满足 15~30 分钟通勤圈的覆盖范围为标准。结合乡镇特征,合理配套公共服务设施,以满足居民公共服务需求。

社区(村庄)级公共服务设施:布局于居住区中心,以满足居民 15 分钟步行距离可达的范围为标准。社区级公共服务设施重点加强教育、健康医疗、养老、文化和体育健身等服务设施的配套建设。村庄级公共服务设施将针对集聚提升类、特色保护类和整治改善类提供差异化的公共服务设施配套。集聚提升类和特色保护类村庄的公共服务设施以品质提升为主,整治改善类村庄则以满足基本保障为主,提升乡村公共服务设施均等化水平。(图 7-8)

7.5.1.7 推进城乡基本公共服务均等普惠化

明确生活圈规划和建设标准。社区生活圈分为城镇社区生活圈和乡村社区生活圈两类。

城镇社区生活圈:构建社区服务设施管理单元,形成"15 分钟、5~10 分钟"两级社区生活圈层级。补齐居民日常生活需求的基础保障服务要素,有条件的情况下配置品质提升类服务要素,促进社区融合,激发社区活力,塑造"宜业、宜居、宜游、宜养、宜学"的社区。其中,15 分钟社区生活圈应重点配置卫生服务中心、养老院、老年养护院、初中、小学、文化活动中心、大型和中型多功能运动场地、商场、菜市场或生鲜超市、餐饮设施、银行-电信-邮政营业网点、社区服务中心、街道办事处、司法所、开闭所、社区就业服务中心、公交车站等。5~10 分钟社区生活圈应重点配置老年人日间照料中心、幼儿园、文化活动站、小型多功能运动场地、室外综合健身场地、社区商业点、社区服务站、再生资源回收点、生活垃圾收集站和公

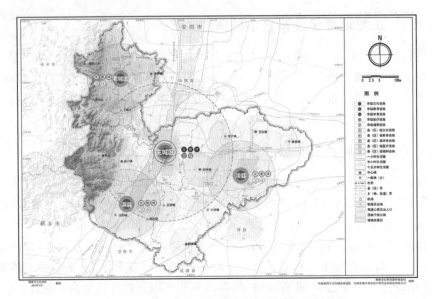

图 7-8 市域城乡生活圈和公共服务设施规划图

(资料来源:《鹤壁市国土空间总体规划(2021—2035 年)》)

共厕所等。

乡村社区生活圈:构建"乡(镇)—村庄"两个社区生活圈层级。完善基础设施配置,提高医疗、教育、文化、体育、交通等方面的服务品质,保障乡村基本公共服务水平,实现生产生活便利和人居环境提升的目标。其中,乡(镇)层级宜重点配置乡镇卫生院、卫生服务站、养老院、老年活动室、老年人日间照料中心、初中、小学、幼儿园、文化活动室、室外综合健身场地、菜市场、邮政营业场所、生活垃圾中转站、公共厕所、农业服务中心、集贸市场和公交换乘车站等。村庄层级宜重点配置村卫生室、老年活动室、老年人日间照料中心、村幼儿园、文化活动室、农家书屋、健身广场、便民农家店、村务室、垃圾收集点、公共厕所、小型排污设施和物流配送点等。

7.5.1.8 优化产业和创新空间布局

保障产业发展空间需求,保障各类产业发展空间需求,重点保障电子电器、现代化工及功能性新材料、绿色食品、镁基新材料四个优势产业和数字经济核心产业、生物技术、现代物流三个新兴产业用地需求,集聚各类经济要素,建设高质量产业发展平台。支持国防科技工业和军民融合产业发展,统筹规划国防科技工业和军民融合产业的空间布局,优先支持相关产业发展需要,重点保障国防领域发展重大工程建设用地需求等。

7.5.1.9 集约高效布局产业空间

优化形成"双心、三廊、六区"的产业空间布局。主城区依托示范区、经开区和淇滨区建设科创新城,打造战略性新兴产业增长极、区域创新产业中心;白寺组团建设现代物流商贸服务中心。主城区至浚县、滑县构建创新产业发展走廊,至淇县县城、汤阴县县城建设先进智造经济走廊;主城区至老城区建设资源产业转型经济走廊,保障走廊沿线产业落地。保障鹤壁经济技术开发区、鹤壁宝山经济技术开发区、鹤壁市中介服务开发区、鹤壁市现代物流开发区、鹤壁高新技术产业开发区和浚县先进制造业开发区等六大开发区用地需求。

7.5.1.10 统筹布局魅力旅游空间

坚持文化引领,生态赋能,擦亮"诗经淇河,生态鹤壁"名片,依托太行山、淇河、大运河等名山大川,结合浚县古城、商周(卫国)文化、传统村落、城市活力休闲和山地生态康养等主题,打造"一山两河五板块"的全域旅游格局,支撑全域景区城市建设。

7.5.1.11 保障鹤壁市科创新城建设

支撑以鹤壁东区为基础,包括经开区的城北、龙岗片区,以及城乡一体化示范区的淇水湾、淇河南直管片区,建设鹤壁市科创新城。以数字经济核心产业、智能制造产业和现代新兴服务业为主,积极融入郑洛新国家自主创新示范区发展,建设高质量发展示范城市先行区。

7.5.1.12 保障开发区建设

按照"一县一省级开发区、突出发展制造业"的原则,鹤壁市整合形成省级以上开发区6个,其中:鹤壁经济技术开发区以电子电器、镁基新材料、装备制造为主导产业;鹤壁宝山经济技术开发区以现代化工及功能性新材料、装备制造和生物医药为主导;鹤壁市中介服务开发区以中介服务为主导;鹤壁市现代物流开发区以现代物流为主导;鹤壁高新技术产业开发区以食品加工、纺织服装和尼龙新材料为主导;浚县先进制造业开发区以食品加工、家居制品和生物基材料为主导。优化工业用地布局,划定工业用地红线。按照"退二优二"原则,盘活城区存量工业用地,推动低效工业企业加快退出,为培育先进产业腾挪发展空间。

7.5.2 案例点评

本案例提出了市域空间格局规划与管控、城镇化目标、城镇化布局等,以自然地理格局为基础,强化空间管控,突出土地用途分类的管控要求;控制中心城区城市人口规模和城镇开发边界规模,并按照节约集约用地的规则,控制规划"市级-县(区)级-乡(镇)级-社区(村庄)级"的多层级的市域国土空间总体格局。

课 后 习 题

1. 从空间演化形态角度说说"点—轴—网"的逐步演化过程。
2. 在制定城市总体规划过程中,有几种设想方案?
3. 规划分区分为一级规划分区和二级规划分区,它们分别是什么?

第8章 中心城区规划

8.1 中心城区发展方向与规模预测

8.1.1 城市发展战略的研究

城市是一个开放的复杂巨系统，它的发展是社会、经济、文化、科技等内在因素和外部条件综合作用的结果。正如《雅典宪章》开宗明义地指出："城市与乡村彼此融洽为一体，而各为构成所谓区域单位的要素。"城市是构成一个地理的、经济的、社会的、文化的和政治的区域单位的一部分，城市依赖这些单位而发展。因此，我们不能将城市脱离它们所在区域单独地研究。总体规划工作的开展必须研究城市和区域发展背景，以及城市的社会、经济发展，以城市社会、经济、文化、科技的全面发展为城市发展的目标，对在城市发展一定时期内的城市性质、城市发展可能规模的预测和城市空间发展结构做出正确分析，进而提出合理的引导、调控的策略和手段，使总体规划建立在可靠的、科学的基础之上。

城市发展战略的核心是要确定一定时期的城市发展目标和实现这一目标的途径。城市发展战略的内容一般包括确定战略目标、战略重点、战略措施等。

1. 战略目标

战略目标是城市发展战略的核心，是在城市发展战略和城市规划中拟定的一定时期内社会、经济、环境发展应选择的方向和预期达到的指标。战略目标可分为多个层面，包括总体目标和从经济、社会、城市建设等多个领域明确的城市发展方向，总体目标和发展方向一般采用定性的描述。

为更好地指导战略目标的实施，还需要对发展方向提出具体发展指标的定量规定。这些对应发展方向的具体指标一般包括：

(1) 经济发展指标，如经济总量指标(国内生产总值、增长速度等)、经济效益指标(人均国内生产总值、单位产值能耗指标等)、经济结构指标(三次产业比例等)等。

(2) 社会发展指标，如人口总量指标(总人口控制规模、城市人口规模等)、人口构成指标(城乡人口比例、就业结构等)、居民物质生活水平指标(人均居住面积)、居民精神文化生活水平指标等。

(3) 城市建设指标，如建设规模指标、空间结构指标、基础设施供应水平指标、环境质量指标等。

城市发展战略目标的确定既要针对现实中的发展问题，也要以目标为导向，对核心问题的把握与宏观趋势判断至关重要,因此开展城市发展战略研究是保证其科学合理的前提。必须从社会经济整体运行的关系中认识空间发展问题,而不是局限在某一领域之中,需要对人口、经济、环境、土地使用、交通和基础设施等系统进行分析并提出关键性发现,从大区域、长时段来考虑城市发展的未来。

2. 战略重点

战略重点是指对城市发展具有全局性或关键性意义的问题。为了要达到战略目标,必须明确战略重点。城市发展的战略重点所涉及的是影响城市长期发展和事关全局的关键部门和地区的问题。战略重点通常表现在以下几个方面:

(1)城市竞争中的优势领域。遵循客观的市场竞争规律,把自己的优势作为战略重点,在比较优势的基础上,不断提升核心竞争优势,争取主动,求得不断创新和发展。如有的城市虽然交通区位突出,但并没有转化为经济区位优势,对此就应注重对交通资源的整合,处理好交通发展与城市功能布局的关系。

(2)城市发展中的基础性建设。科技是推动社会经济发展的根本动力,能源是工业发展和社会经济发展的基础,教育是提高劳动力素质和培养人才的基础,交通是经济运转和流通的基础。因此,科技、能源、教育和交通经常被列为城市发展的重点。

(3)城市发展中的薄弱环节。城市是由不同的系统构成的有机联系和互相制约的整体,如果系统或某一环节出现问题将影响整个战略的实施,该系统或环节也会成为战略重点。如受到资源约束的城市,要深入分析本地区的资源环境承载能力、城市空间结构和拓展方向。城市空间增长的过程反映了社会经济发展的需求,诸如城市发展的方向、空间布局结构以及时序关系都会因不同阶段城市发展的需求而改变。

需要指出的是,战略重点是阶段性的,随着内外部发展条件的变化,城市发展的主要矛盾和矛盾的主要方面也会发生变化,重点发展的部门和区域会发生转换,因而城市发展战略重点会发生转移。战略重点的转移往往成为划分城市发展阶段的依据。

3. 战略措施

战略措施是实现战略目标的步骤和途径,是把比较抽象的战略目标、重点加以具体化、使之可操作的过程。战略措施通常包括基本产业政策、产业结构调整、空间布局的改变、空间开发的顺序、重大工程项目的安排等方面。政策研究在战略措施中占有重要地位。

城市发展战略的制定必须具有前瞻性、针对性和综合性,既要有宏观的视角,也必须有微观的可操作的抓手,必须考虑城市发展的"软件"因素,同时注意体现"软中有硬"的整体发展思路。

8.1.2 城市空间发展方向

城市总体规划必须对城市空间的发展方向做出分析和判断,以应对城市用地的扩展或改造,适应城市人口的变化。由于当前我国正处于城市高速发展的阶段,城市化的特征主要体现在人口向城市地区的积聚,即城市人口的快速增长和城市用地规模的外延型扩张。因此,在城市的发展中,非城市建设用地向城市用地的转变仍是城市空间变化与拓展的主要形式。而当未来城市化速度放慢时,则有可能出现以城市更新、改造为主的城市空间变化与拓展模式。

虽然城市用地的发展体现为城市空间的拓展,但与城市及其所在区域中的政治、经济、社会、文化、环境因素密切相关。因此,城市用地的发展方向也是城市发展战略中重点研究的问题之一,城市总体规划中对此应进行专门的分析、研究和论证。由于城市用地发展具有事实上的不可逆性,因此对城市发展方向做出重大调整时,一定要经过充分的论证。对城市发展方向的分析研究往往伴随着对城市结构的研究,但各自又有所侧重。如果说对城市结构的研究着眼于城市空间整体的合理性的话,那么对城市发展方向的分析研究则更注重于城市空间发展的可能性及合理性。(见图8-1)

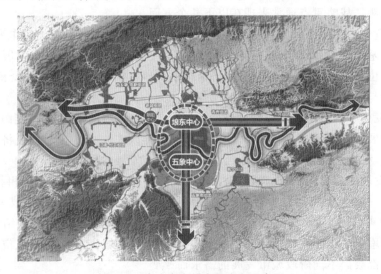

图 8-1　南宁市空间发展方向示意图
(资料来源:《南宁市国土空间总体规划(2021—2035年)》(草案公示版))

影响城市发展方向的因素较多,可大致归纳为以下几种:

(1)自然条件:地形地貌、河流水系、地质条件等土地的自然因素通常是制约城市用地发展的重要因素之一;同时,出于维护生态平衡、保护自然环境目的的各种对开发建设活动的限制也是城市用地发展的制约条件之一。

(2)人工环境:高速公路、铁路、高压输电线等区域基础设施的建设状况以及区域产业布局和区域内各城市间的相对位置关系等因素均有可能成为制约或诱导城市向某一特定方向发展的重要因素。

(3)城市建设现状与城市形态结构:除个别完全新建的城市外,大部分城市依托已有的城市发展。因此,城市现状的建设水平不可避免地影响到与城市新区的关系,进而影响到城市整体的形态结构。城市新区是依托旧城区在各个方向上均等发展,还是摆脱旧城区,在某一特定方向上另行建立完整新区,决定了城市用地的发展方向。

(4)规划及政策性因素:城市用地的发展方向不可避免地受到政策性因素以及其他各种规划的影响。例如,土地部门主导的土地利用总体规划中,必定体现农田保护政策,从而制约城市用地的扩展,避免其过多地占用耕地;而文物部门所制定的有关文物保护的规划或政策,则限制城市用地向地下文化遗址或地上文物古迹集中地区的扩展。

(5)其他因素:除以上因素外,土地产权问题、农民土地征用补偿问题、城市建设中的城中村问题等社会问题也是需要关注和考虑的因素。

8.1.3 城市规模

城市规模是指以城市人口总量和城市用地总量所表示的城市的大小,包括人口规模和用地规模两个方面。城市性质影响了城市建设的发展方向和用地构成,而城市规模则决定城市的用地及布局形态。城市规模是科学编制城市规划的前提和基础,是市场经济条件下,合理配置资源、提供公共服务、协调各种利益关系、制定公共政策的重要依据。

规划中人口规模的确定是否合理,对城市建设影响很大。因为城市用地规模的多少和各项设施的内容、指标和数量,无不与城市人口的数量与构成有着密切的关系。城镇人口指城镇建成区内实际居住人口,由三部分构成,即建成区内的户籍非农业人口、户籍农业人口和居住一年以上的暂住人口。这三部分人口的确定都离不开相关的统计和调查的准确性,其中以下三个方面应当说明:

第一,统计范围的一致。在确定人口规模和用地规模时,必须保证统计的人口与相应的地域范围一致,即现状城镇人口与现状建成区、规划城镇人口与规划建成区要相互对应。

城市建成区是指城市行政区内实际已成片开发建设、市政公用设施和其他公共设施基本具备的地区,包括城区集中连片的部分以及分散在城市近郊但与核心有着密切联系、具有基本市政设施的城市建设用地(如机场、铁路编组站、污水处理厂等)。在实际工作中,可根据地形图、航空或卫星影像图确定现状建成区范围,统计现状城市人口。由于人口的统计口径(通常按街道办事处、居委会、乡、村等行政管辖边界)与城市建成区一般不重合,故需要尽可能详尽地收集人口数据或实地走访调查。

第二,暂住人口的确定。暂住人口已经成为影响我国城市人口规模的主要因素。从1980年开始,随着区域、城乡间发展水平差异的扩大,人口出现了从乡村到城镇、从内陆到沿海的大规模人口流动。流动人口占全国总人口的比例从1990年的3.0%提高到2005年的11.3%。由于同期城市户籍人口增长非常缓慢,暂住人口成为城镇人口增长的主要因素,2000年全国1.44亿流动人口中,78.6%流入城镇,在深圳、东莞等地区暂住人口甚至超过本地人口。暂住人口对城市各项设施都产生了压力。

在第五次全国人口普查中,国家统计局将已在本乡(镇、街道)居住半年以上、常住户口在本乡(镇、街道)以外的人,以及在本乡(镇、街道)居住不满半年但已离开常住户口登记地半年以上的人作为本地常住人口登记,故在实际工作中可将居住在城镇半年以上的暂住人口计入城镇人口规模中。

我国尚缺乏时间连续、准确的正式暂住人口数据。受经济发展水平、产业结构调整和政策影响,城镇暂住人口流动性强,难以统计,对城镇暂住人口尚缺乏准确的统计制度和手段。公安部门负责登记暂住人口,但大部分城镇登记的暂住人口不到实际总量的一半。国家统计局人口普查有详细的暂住人口资料,但普查工作10年进行一次,资料不连续。在实际工作中需要走访公安、统计、劳动等部门综合确定。

一些城镇为统计暂住人口采取多种手段和方法,如广州市采用生活用水量、东莞市用食盐消耗量作为暂住人口数量估算的辅助手段。深圳市在2004年组织了8000人左右的队伍对暂住人口进行拉网式普查,其结果超出以前统计数据。

第三,加强人口结构的研究。人口构成是研究城镇公共服务与公共设施需求差异的基础。人口年龄结构变化带来教育设施、医疗卫生、福利设施、住房设计、社区服务的需求变化。人口文化素质提高带来文化设施、生态健康空间需求的变化。人口收入、阶层差异加大带来设施供给标准、娱乐休闲度假需求的变化。家庭规模和家庭构成变化带来住房需求的变化等。随着市场经济的发展,我国城市暂住人口持续增加,人口构成更趋多元化,消费取向和需求层次的差异更加明显。在城市规划编制中要重视研究人口构成,分析不同人群对城市功能和服务的需求和发展愿望,以发挥城市规划对公共资源配置的指导作用。

8.1.4 城市规模预测

城市的人口规模和用地规模是相关的。在开展城市规模预测时,一般先从预测人口规模着手,再根据城市性质与用地条件加以综合协调和采取多种方法进行校核,然后确立合理的人均用地指标,再推算城市的用地规模。

8.1.4.1 城市人口规模的预测

在城市总体规划中预测规划期人口发展规模,并非以制定一个硬性的控制指标为目的,而是为了使人口规模与资源环境条件、社会经济发展、城市建设相适应,促进城市健康持续发展。这一人口规模应该是适度人口规模,是总体规划中预留城镇发展空间的基础与前提。

在我国城市快速发展时期,需要对现有人口规模预测方法的局限性有足够的认识。一方面,可将根据不同方法预测、校核得来的人口规模数值作为一个大致范围(数值区间)来看待,不必片面追求数值的精确程度,同时考虑到市场的不确定性和政府的宏观调控能力,留有一定的弹性幅度。另一方面,在考虑城市设施的建设以及城市建设用地规模时,可以考虑降低时间因子的作用,按照人口增长的实际情况,灵活、科学地设定城市设施建设目标。

8.1.4.2 城市建设用地规模的确定

1. 建设用地规模与人口增长的关系

人口规模(P)和用地规模(A)是相关的,根据人口规模以及人均用地的指标就能确定城市的用地规模。因此,在城市发展用地无明显约束条件下,一般是根据已确定的城市人口规模,选用合理的人均城市建设用地指标(a),继而推算城市的用地规模,公式为 $A=Pa$,重点在于人均城市建设用地指标的选取。

2. 人均城市建设用地指标的选取

人均城市建设用地指标是指城市规划区各项城市用地总面积与城市人口之比值,单位为米^2/人,是衡量城市用地合理性、经济性的一个重要指标。影响城市用地规模的因素较多,人均城市建设用地指标有一定的幅度范围,如:大城市人口集中,用地一般比较紧张,建筑层数和建筑密度比较高,建设用地指标就较低;而小城市,特别是边远地区小城市,建筑层数低,建筑密度较低,用地较为宽绰。矿业城市和交通枢纽城市受矿区与交通枢纽的要求,用地指标相应大一些;风景旅游城市主要根据风景区情况的不同而各不相同。

我国人口基数大,土地资源十分有限,城市用地规模和用地指标的确定必须坚持节约用地的原则,合理地使用城市土地,适当地提高土地利用率。当然也不是指标越低越好、用地越少越好,因为过度拥挤,不能创造良好的生活和生产环境,可能会带来其他城市交通和环境等问题,不符合现代化城市的要求。

在贯彻节约土地资源、充分挖掘现有城镇建设用地潜力的基础上,要根据现状的城镇建设用地使用状况以及规划城市布局,区分老城区和新区,确定建设用地分布,并提出引导调控城市建设用地的措施。老城区现状土地使用强度大,在规划中着重优化居民生活环境,应在现有基础上适当提高人均建设用地指标;新城区是规划重点发展地区,建设条件较好,一般人均建设用地指标高于老城区。

我国目前所执行的《城市用地分类与规划建设用地标准》(GB 50137—2011)中,新建城市的规划人均城市建设用地指标应在 85.1~105.0 米²/人内确定。首都的规划人均城市建设用地指标应在 105.1~115.0 米²/人内确定。边远地区、少数民族地区城市,以及部分山地城市、人口较少的工矿业城市、风景旅游城市等,不符合表 8-1 中的规定时,应专门论证确定规划人均城市建设用地指标,且规划人均城市建设用地指标上限不得大于 150.0 米²/人。

表 8-1 规划人均城市建设用地面积指标(米²/人)

气候区	现状人均城市建设用地面积指标	允许采用的规划人均城市建设用地面积指标	允许调整幅度		
			规划人口规模 ≤20.0 万人	规划人口规模 20.1 万~50.0 万人	规划人口规模 >50.0 万人
Ⅰ、Ⅱ、Ⅵ、Ⅶ	≤65.0	65.0~85.0	>0.0	>0.0	>0.0
	65.1~75.0	65.0~95.0	+0.1~+20.0	+0.1~+20.0	+0.1~+20.0
	75.1~85.0	75.0~105.0	+0.1~+20.0	+0.1~+20.0	+0.1~+15.0
	85.1~95.0	80.0~110.0	+0.1~+20.0	-5.0~+20.0	-5.0~+15.0
	95.1~105.0	90.0~110.0	-5.0~+15.0	-10.0~+15.0	-10.0~+10.0
	105.1~115.0	95.0~115.0	-10.0~-0.1	-15.0~-0.1	-20.0~-0.1
	>115.0	≤115.0	<0.0	<0.0	<0.0
Ⅲ、Ⅳ、Ⅴ	≤65.0	65.0~85.0	>0.0	>0.0	>0.0
	65.1~75.0	65.0~95.0	+0.1~+20.0	+0.1~20.0	+0.1~+20.0
	75.1~85.0	75.0~100.0	-5.0~+20.0	-5.0~+20.0	-5.0~+15.0
	85.1~95.0	80.0~105.0	-10.0~+15.0	-10.0~+15.0	-10.0~+10.0
	95.1~105.0	85.0~105.0	-15.0~+10.0	-15.0~+10.0	-15.0~+5.0
	105.1~115.0	90.0~110.0	-20.0~-0.1	-20.0~-0.1	-25.0~-5.0
	>115.0	<110.0	<0.0	<0.0	<0.0

以安徽省池州市贵池区梅街镇国土空间规划为例进行讲解。

贵池区梅街镇国土空间规划中现状建成区规模：2019年梅街镇镇区建设用地总面积为0.27 km²。

人均建设用地预测：

按照近期中心城区人均建设用地取值120米²/人，远期110米²/人，根据中心城区高、中、低三种人口规模，预测2025年、2035年中心城区建设用地规模如表8-2所示。

2035年中心城区建设用地预测结论：

预测至2025年中心城区建设用地规模为0.42～0.51 km²，2035年中心城区建设用地规模为0.54～0.76 km²。

表8-2 中心城区建设用地预测

方案	现状建成区建设用地面积/km²	取值考虑因素	预测方法	2025年城区建设用地/km²	2035年城区建设用地/km²
高方案		镇区人口最多，新增建设用地面积最大		0.42	0.76
中方案	0.27	镇区人口居中，新增建设用地面积取中	人均建设用地法、年均增长用地法	0.37	0.58
低方案		镇区人口最少，新增建设用地面积最小		0.31	0.49

8.2 中心城区功能布局与用地规划

8.2.1 城市总体布局

城市总体布局是城市社会、经济、自然条件以及工程技术与建筑艺术的综合反映，在城市性质和规模基本确定之后，在城市用地适宜性评定的基础上，根据城市自身的特点与要求，对城市各组成用地进行统一安排，合理布局，使其各得其所，并为今后的发展留有余地。城市总体布局的合理性，关系到城市经营的整体经济性，关系到城市长远的社会效益与环境效益。

8.2.1.1 城市总体布局的基本原则

(1)城乡结合，统筹安排。城市总体布局的综合性很强，要立足于城市全局，符合国家、区域和城市自身的根本利益和长远发展的要求。城市与周围地区有密切联系，总体布局时应将其作为一个整体，统筹安排，同时还应与区域的土地利用、交通网络、山水生态相互协调。（见图8-2）

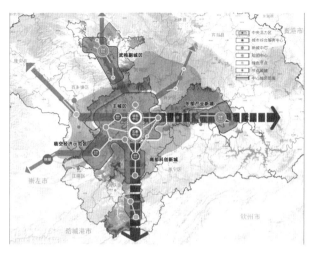

图 8-2　南宁市中心城区空间结构图

(资料来源:《南宁市国土空间总体规划(2021—2035 年)》(草案公示版))

(2)功能协调,结构清晰。城市是一个庞大的系统,各类物质要素及其功能既有相互关联、互补的一面,又有相互矛盾、排斥的一面。城市规划用地结构清晰是城市用地功能组织合理性的一个标志,它要求城市各主要用地功能明确,各用地之间相互协调,同时有安全便捷的联系,保障城市功能的整体协调、安全和高效运转。

以《鹤壁市国土空间总体规划(2021—2035 年)》为例,鹤壁市提出构建"一主一次多组团"山水城相融的城市空间结构。(见图 8-3)

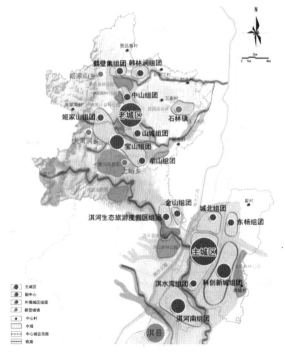

图 8-3　鹤壁市中心城区空间结构示意图

(资料来源:《鹤壁市国土空间总体规划(2021—2035 年)》)

"一主":主城区以综合服务功能提升为主,盘活存量、做精增量,重点向东、向南发展。

"一次":老城区以城市更新、空间优化为主,产业适度向西发展,限制向东发展。

"多组团":包括鹤壁集、韩林涧、姬家山、石林、宝山、金山、淇河生态旅游度假、淇河南等城市功能组团,为中心城区外围重要的功能组成部分。

(3)依托旧区,紧凑发展。城市总体布局在充分发挥城市正常功能的前提下应力争布局的集中紧凑,节约用地,节约城市基础设施建设投资,有利于城市运营,方便城市管理;减轻交通压力,有利于城市生产和方便居民生活。依托旧区和现有对外交通干线,就近开辟新区,循序滚动发展。

(4)分期建设,留有余地。城市总体布局是城市发展与建设的战略部署,必须有长远观点和具有科学预见性,力求科学合理、方向明确、留有余地。对于城市远期建设规划,要坚持从现实出发;对于城市近期建设规划,必须以城市远期建设规划为指导,重点安排好近期建设和发展用地,滚动发展,形成城市建设的良性循环。

8.2.1.2 自然条件对城市总体布局的影响

(1)地貌类型。地貌类型一般包括山地、高原、丘陵、盆地、平原、河流谷地等,它对城市的影响体现在选址和空间形态等方面。

平原地区因地势平坦,用地充裕,自然障碍较少,城市可以自由地扩展,因而其布局多采用集中式,如北京、沈阳、长春、石家庄、郑州等城市。

河谷地带和海岸线上的城市,由于海洋及山地和丘陵的限制,城市布局多呈狭长带状,如兰州、青岛、抚顺、深圳等城市。

江南河网密布,用地分散,城市多呈分散式布局,如武汉、广州、福州、汕头等城市。(见图 8-4)

图 8-4 武汉市规划范围图

(资料来源:《武汉市国土空间总体规划(2021—2035 年)》)

（2）地表形态。地表形态包括地面起伏度、地面坡度、地面切割度等。其中，地面起伏度为城市提供了各具特色的景观要素，地面坡度对城市建设的影响最为普遍和直接，而地面切割度则有助于城市特色的创造。地表形态对城市布局的影响主要体现在：首先，山地丘陵城市的市中心一般都选择在山体的四周进行建设，既可以拥有优美的城市绿化景观，同时又可以俯瞰、眺望整个城市的全貌，如围绕南山建设的韩国首尔城市中心；其次，居住区一般布置在用地充裕、地表水源丰富的谷地中；再次，工业特别是有污染的工业布置在地形较高的城市下风向，以利于污染空气的扩散。

（3）地表水系。流域的水系分布、走向对污染较重的工业用地和居住用地的规划布局有直接影响，规划中居住用地、水源地，特别是取水口应安排在城市的上游地带。

沿河水位变化、岸滩稳定性及泥沙淤积情况也是港口选址必须考虑的基本因素。河流的凹岸多为侵蚀地段，沙岸很不稳定；相反，凸岸则易产生泥沙淤积，影响水深，堵塞航道。因此，河流的平直河段最适宜建设内河港口。水位深、岸滩稳定、泥沙淤积量小、有山体屏障的海湾是海港的最佳位置。

（4）地下水。地下水的矿化度、水温等条件决定着一些特殊行业的选址与布局，决定其产品的品质。如饮料业、酿酒业、风味食品业等对水质的要求较高；又如现代都市居民休闲、度假普遍喜欢选择的项目——温泉旅游休闲、疗养项目，对地下水的水温、水质也有着特殊的要求，这些项目的选址与布局必然是在拥有特种地下水源的地方。

在城市总体规划中，地下水的流向应与地面建设用地的分布以及其他自然条件（如风向等）一并考虑。防止因地下水受到工业排放物的污染，影响到居住区生活用水的质量。城市生活居住用地及自来水厂，应布置在城市地下水的上水位方向；城市工业区特别是污水量排放较大的工业企业，应布置在城市地下水的下水位方向。

（5）风向。在进行城市用地规划布局时，为了减轻工业排放的有害气体对生活区的危害，通常把工业区布置于生活居住区的下风向，但应同时考虑最小风频风向、静风频率、各盛行风向的季节变换及风速关系。如全年只有一个盛行风向，且与此相对的方向风频最小，或最小风频风向与盛行风向转换夹角大于90°，则工业用地应放在最小风频之上风向，居住区位于其下风向；当全年拥有两个方向的盛行风时，应避免使有污染的工业处于任何一个盛行风向的上风方向，工业区及居住区一般可分别布置在盛行风向的两侧。

（6）风速。风速对城市工业布局影响很大。一般来说，风速越大，城市空气污染物越容易扩散，空气污染程度就越低；相反，风速越小，城市空气污染物越不易扩散，空气污染程度就越高。在城市总体布局中，除了考虑城市盛行风向的影响外，还应特别注意当地静风频率的高低，尤其在一些位于盆地或峡谷的城市，静风频率往往很高。如果只将频率不高的盛行风向作为用地布局的依据，而忽视静风的影响，那么在静风时日，烟气滞留在城市上空无法吹散，只能沿水平方向慢慢扩散，仍然影响到邻近上风侧的生活居住区，难以解决城市大气的污染问题。因此，在静风占优势的城市，布局时除了将有污染的工业布置在盛行风向的下风地带以外，还应与居住区保持一定的距离，防止近处受严重污染。

此外，城市用地布局在绿地安排和道路系统规划中也应考虑自然通风的要求，如大面积绿地安排成楔状插入城市，以导引风向；道路系统的走向可与冬季盛行风向成一定角度，以减轻寒风对城市的侵袭；为了防止台风、季节风暴的袭击，道路走向和绿地分布以垂直其盛行风向为好。对城市局部地段在温差热力作用下产生的小范围空气环流也应考虑，处理得当有利于该地段的自然通风。如在山地背风面,由于会产生机械性涡流,故布置于此的建筑有利于通风,但其上风向若为污染源,也会因此而加剧污染。

8.2.1.3 城市总体布局的主要模式

城市总体布局模式是对不同城市形态的概括表述,城市形态与城市的性质规模、地理环境、发展进程、产业特点等相互关联,具有空间上的整体性、特征上的传承性和时间上的连续性。

1. 集中式城市总体布局

集中式城市总体布局的特点是城市各项建设用地集中连片发展,就其道路网形式而言,可分为网络状、环状、环形放射状、混合状,以及沿江、沿海或沿主要交通干线带状发展等模式。(见图8-5)

集中式城市总体布局的优点:
① 布局紧凑,节约用地,节省建设投资;
② 容易低成本配套建设各项生活服务设施和基础设施;
③ 居民工作、生活出行距离较短,城市氛围浓郁,交往需求易于满足。

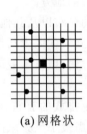
(a) 网格状
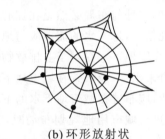
(b) 环形放射状

图 8-5 集中式城市总体布局

(资料来源:崔功豪,王本炎,查彦玉. 城市地理学[M]. 南京:江苏教育出版社,1992.)

集中式城市总体布局的缺点:
① 城市用地功能分区不十分明显,工业区与生活区紧邻,如果处理不当,易造成环境污染;
② 城市用地大面积集中连片布置,不利于城市道路交通的组织,因为越往市中心,人口和经济密度越高,交通流量越大;
③ 城市进一步发展,会出现"摊大饼"的现象,即城市居住区与工业区层层包围,城市用地连绵不断地向四周扩展,城市总体布局可能陷入混乱。

2. 分散式城市总体布局

城市分为若干相对独立的组团,组团之间大多被河流、山川等自然地形、矿藏资源或对外交通系统分隔,组团间一般都有便捷的交通联系。(见图8-6)

分散式城市总体布局的优点:
① 布局灵活,城市用地发展和城市容量具有弹性,容易处理好近期与远期的关系;
② 接近自然、环境优美;

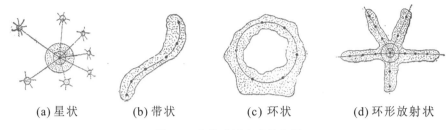

(a) 星状　　　　(b) 带状　　　　(c) 环状　　　　(d) 环形放射状

图8-6　分散式城市总体布局

(资料来源:崔功豪,王本炎,查彦玉.城市地理学[M].南京:江苏教育出版社,1992.)

③各城市物质要素的布局关系井然有序,疏密有致。

分散式城市总体布局的缺点:

①城市用地分散,土地利用不集约;

②各城区不易统一配套建设基础设施,分开建设成本较高;

③如果每个城区的规模达不到最低要求,城市氛围就不浓郁;

④跨区工作和生活出行成本高,居民联系不便。

8.2.1.4　城市总体布局的基本内容

城市活动概括起来主要有工作、居住、游憩、交通四个方面。为了满足各项城市活动,就必须有相应的不同功能的城市用地。各种城市用地之间,有的相互间有联系,有的相互间有依赖,有的相互间有干扰,有的相互间有矛盾,需要在城市总体布局中按照各类用地的功能要求以及相互之间的关系加以组织,使城市成为一个协调的有机整体。城市总体布局的核心是城市用地的功能组织,可通过以下几个方面的内容来体现。

(1)按组群方式布置工业企业,形成工业区。工业是城市发展的主要因素,发展工业是推动城市化进程的必要手段之一。合理安排工业区与其他功能区的位置,处理好工业与居住、交通运输等各项用地之间的关系,是城市总体规划的重要任务。

由于现代化的工业组织形式和工业劳动组织的社会需要,无论新城建设还是旧城改造,都力求将那些单独的、小型的、分散的工业企业按其性质、生产协作关系和管理系统组织成综合性的生产联合体,或按组群分工相对集中地布置成为工业区。工业区要协调好其与交通系统的配合,协调好工业区与居住区的方便联系,控制好工业区对居住区等功能区及对整个城市的环境污染。

(2)按居住区、居住小区等组成梯级布置,形成城市居住区。城市居住区的规划布置应能最大限度地满足城市居民多方面和不同程度的生活需要。一般情况下,城市居住用地由若干个居住区组成,根据城市居住区布局情况配置相应公共服务设施内容和规模,满足合理的服务半径,形成不同级别的城市公共活动中心(包括市级、居住区级等中心),这种梯级组织更能满足城市居民的实际需求。

(3)配合城市各功能要素,组织城市绿地系统,建立各级休憩与游乐场所。绿地系统是改善城市环境、调节小气候和构成休憩游乐场所的重要因素,应把它们均衡分布在城市各功能组成要素之中,并尽可能与郊区大片绿地(或农田)相连接,与江河湖海水系相联系,形成较为完整的城市绿化体系,充分发挥绿地在总体布局中的功能作用。居民的休憩与游乐场所，包括各种公共绿地、文化娱乐和体育设施等，应把它们合理地分散组织在城市中，最大限度地方便居民利用。

(4)按居民工作、居住、游憩等活动的特点，形成城市的公共活动中心体系。城市公共活动中心通常是指城市主要公共建筑物分布最为集中的地段，是城市居民进行政治、经济、社会、文化等公共生活的中心，是城市居民活动十分频繁的地方。选择城市各类公共活动中心的位置以及安排什么内容，是城市总体布局的重要任务之一。这些公共活动中心包括社会政治中心、科技教育中心、商业服务中心、文化娱乐中心、体育中心等。

(5)按交通性质和交通速度划分城市道路的类别，形成城市道路交通体系。在城市总体布局中，城市道路与交通体系的规划占有特别重要的地位。它的规划又必须与城市工业区和居住区等功能区的分布相关联，按各种道路交通性质和交通速度的不同，对城市道路按其从属关系分为若干类别。交通性道路比如联系工业区、仓库区与对外交通设施的道路，以货运为主，要求高速；联系居住区与工业区或对外交通设施的道路，用于职工上下班，要求快速、安全。而城市生活性道路则是联系居住区与公共活动中心、休憩游乐场所的道路，以及它们各自内部的道路。此外，还有在城市外围通过的过境道路等。在城市道路交通体系的规划布局中，还要考虑道路交叉口形式、交通广场和停车场位置等。

以上五个方面构成了城市总体布局的主要内容。城市总体布局就是要使城市用地功能组织建立在各功能区的合理分布的基础之上。按此原理组织城市布局，就可使城市各部分之间有简便的交通联系，可使城市建设有序合理，使城市各项功能得以充分发挥。

8.2.1.5 城市总体布局的艺术性

城市总体布局应当在满足城市功能要求的前提下，利用自然和人文条件，对城市进行整体设计，创造优美的城市环境和形象。

(1)城市用地布局艺术。城市用地布局艺术是指用地布局上的艺术构思及其在空间上的体现，把山川河湖、名胜古迹、园林绿地、有保留价值的建筑等有机组织起来，形成城市景观的整体框架。

(2)城市空间布局体现城市审美要求。城市之美是自然美与人工美的结合，不同规模的城市要有适当的比例尺度。城市美在一定程度上反映在城市尺度的均衡、功能与形式的统一上。

(3)城市空间景观的组织。城市中心和干路的空间布局都是形成城市景观的重点，是反映城市面貌和个性的重要因素。城市总体布局应通过对节点、路径、界面、标志的有效组织，创造出具有特色的城市中心和城市干路的艺术风貌。城市轴线是组织城市空间的重要手段。利用轴线，可以把城市空间组成一个有秩序、有韵律的整体，以突出城市空间的序列和秩序感。

(4)继承历史传统，突出地方特色。在城市总体布局中，要充分考虑每个城市的历史传统和地方特色，保护好有历史文化价值的建筑、建筑群、历史街区，使其融入城市空间环境之中，创造独特的城市环境和形象。

8.2.1.6 城市功能的要素配置

1)城市居住与生活系统布局

构建多层次、多渠道的住房供应体系,改善居住环境,完善居住配套,提升居住品质,实现住有所居、住有宜居的总体目标。

健全完善多层次的居住区公共服务体系。居住用地按照"居住社区—基层社区"二级体系进行居住社区组织,加强公共设施分级配置。

2)城市公共服务设施布局

以建设"以人民为中心"的城市为目标,满足人民日益增长的物质文化生活需要,完善公共服务体系,形成与城镇布局结构有机结合,以"市级(副市级)—地区级—居住社区级—基层社区级"为主的公共服务中心体系。

优化文体设施布局,加强大型文体设施和便民型设施建设。完善教育资源配置,加快教育设施布局调整。完善由疾病预防、妇幼保健、院前急救、采供血、卫生监督和计划生育技术服务等组成的市—区—镇三级公共卫生机构,围绕医疗机构合理配置养老服务设施,促进医养融合。加快养老、儿童福利、社会救助、残疾人服务等社会福利和救助设施建设,完善社会救助咨询点体系。

3)城市商业商务设施布局

建立与城市性质、城市职能相匹配的商业中心体系,适应商业发展新趋势、电商消费需求新变化,加快构建起与其相适应的现代商业体系。针对市级(副市级)—地区(新城)中心—社区中心—基层社区中心提出规划目标、发展规模、空间引导和业态准入等要求。

市级(副市级)商业中心的发展要强调功能混合,注重培育特色,错位发展,注重培育其综合职能,协助市级商业中心辐射本地区及周边城市。

结合轨道交通和公交枢纽站点在交通便捷的区域中心地带设置,形成地区级公共设施中心,与地区公共绿地广场共同形成综合的地区级公共活动中心。大力加强主城内地区级商业中心建设,鼓励设置购物中心、大型综合超市、百货店、专业店、专卖店、文化娱乐中心、餐饮店,缓解市级商业中心的压力;积极培育主城外地区级商业中心,参照主城内地区级商业中心的业态引导要求,适当发展大型购物中心等,结合本地区实际情况,建设不同特色的商业中心,带动新区发展。

依靠各方力量,吸引多元资本,创新建设思路;推进社区信息化工程建设,结合社区发展新型电子商务平台;融合各种新型业态、各种服务功能的现代社区商业。居住社区商业中心,宜设置超市、便利店、专业店、菜市场、餐饮设施、生活服务设施;发展大型综合超市、文化娱乐设施、专卖店、电子商务社区等。基层社区商业中心,适宜配置便利店、菜市场、餐饮设施、生活服务设施、电子商务社区等商业服务设施。

4)城市工业仓储用地布局

在土地要素紧约束,同时要保障实体经济发展的总体背景下,要尤其重视加快存量低效工业用地的更新改造,以及闲置工业仓储用地处理,逐步实施"退二优二"计划,引导新增工业、物流向规划的产业园区、区域交通枢纽周边集中布局,在产业园区内实现产业集群发展,提高地均产出效益。

5)城市道路交通系统布局

规划建成以快速路和跨区干道、城市主干路、次干道等组成的城市路网,形成道路交通信号和安全设施完善的城市道路体系。建立以轨道交通为骨干、路面公交为主体、出租车为补充的多层次一体化公共客运交通体系。全面建立差别化的区域停车供应及消费政策,停车总体供应水平应能够促进城市社会和经济的发展,满足小汽车适度使用条件下的停车需求。创建自行车、步行安全、顺畅的交通环境,倡导慢行交通加公共交通的出行方式,建立分区域的慢行系统。

6)城市市政防灾安全设施布局

逐步完善给排水、供电通信、燃气等基础设施布局,按照新要求,超前建设5G基站设施,尤其重视消防、人防、防洪防灾等安全设施建设,通过风险评估,确定灾害风险源,通过安全设施规划预留,提升城市安全水平。

7)城市绿地与开敞空间布局

遵循"公园城市"建设新理念,结合自然山体、河流水系、历史遗迹、道路交通廊道规划构建以带状绿地为骨架、以滨河绿地为纽带,联系各山林绿地,公园绿地均衡分布的绿地系统体系,形成网状交织的绿地系统结构。合理布局综合公园、社区公园、专类公园、游园等,形成类型丰富的绿地网络,老城内应着重提升存量绿地品质,结合旧城改造地块更新,完善点状绿地布局,通过开展面积1万平方米以上社区公园及2000至1万平方米小微游园建设,实现"300米见绿、500米见园"目标。

8)战略预留用地布局

为了应对未来发展的不确定性,要为城市重要功能和重大事件预留战略空间。

8.2.2 城市用地规划

城市规划中土地利用规划的根本任务就是根据各种城市活动的具体要求,为其提供规模适当、位置合理的土地。总体布局重点考虑城市的四大主要功能,即生产、生活、交通、游憩,规划需要按照各自对区位的需求,按照各类城市用地的分布规律,并综合考虑影响各种城市用地的位置及其相互之间关系的主要因素,明确提出城市土地利用的规划方案。

其功能组织的要点、各种用地的位置及相互关系的确定,可以归纳为以下几种:

(1)各种用地所承载的功能对用地的要求。如居住用地要求具有良好的环境,商业用地要求交通设施完备。

(2)各种用地的经济承受能力。在市场环境下,各种用地所处位置及其相互之间的关系主要受经济因素影响。对地租(地价)承受能力强的用地种类,如商业用地在区位竞争中通常处于有利地位,当商业用地规模需要扩大时,往往会侵入其邻近其他种类的用地,并取而代之。

(3)各种用地相互之间的关系。由于各类城市用地所承载的功能之间存在相互吸引、排斥、关联等不同的关系,城市用地之间也会相应地反映出这种关系。如大片集中的居住用地会吸引为居民日常生活服务的商业用地,而排斥有污染的工业用地或其他对环境有影响的用地。

(4)规划因素。虽然城市规划需要研究和掌握在市场作用下各类城市用地的分布规律，但这并不意味着对不同性质用地之间自由竞争的放任。城市规划所体现的基本精神恰恰是政府对市场经济的有限干预，以保证城市整体的公平、健康和有序，因此，城市规划的既定政策也是左右各种城市用地位置及相互关系的重要因素，对旧城以传统建筑形态为主的居住用地的保护就是最为典型的实例。

8.3 中心城区公共服务设施规划

8.3.1 公共设施用地规划

城市作为人类的聚居地，其社会生活、经济生活和文化生活需要丰富而多样的公共设施予以支持。城市公共设施的内容与规模在一定程度上反映出城市的性质、城市的物质生活与文化生活水平和城市的文明程度。

城市公共设施的内容设置及其规模大小与城市的职能和规模相关联。某些公共设施（如公益性设施）的配置与人口规模密切相关而具有地方性；有些公共设施则与城市的职能相关，并不全然涉及城市人口规模的大小，如一些旅游城市的交通、商业等营利性设施，多为外来游客服务，而具有泛地方性；另外也有些公共设施是兼而有之，如一些学校等。

城市公共设施是以公共利益及设施的可公共使用为基本特性的。公共设施的设置，在一定的标准与要求控制下，可以由政府、社团或是企业与个人来设立与经营，并不因其所有权属的性质而影响其公共性；城市公共设施按照用途与性质，来确定其服务的对象与范围。

8.3.1.1 公共设施分类

城市公共设施种类繁多，且性质、归属不一。在城市总体规划中，为了便于总体布局和系统配置，一般按照用地的性质和分级配置的需要对城市公共设施加以分类。

1. 按使用性质分类

依照《城市用地分类与规划建设用地标准》(GB 50137—2011)的规定，城市公共设施分为以下八类：

①行政办公类：如市属和非市属的行政管理、党派、团体、企事业管理等办公用地。

②商业金融业类：商业，如各类商店、各类市场、专业零售批发商店等；服务业，如饮食、照相、理发、浴室、洗染、日用修理以及旅馆和度假村等；金融业，如银行、信用社、证券交易所、保险公司、信托投资公司；贸易业，如各种贸易公司、商社、各种咨询机构等。

③文化娱乐类：如出版社、通讯社、报社、文化艺术团体、广播台、电视台、博物馆、展览馆、纪念馆、科技馆、图书馆、影剧场、杂技场、音乐厅、文化宫、青少年宫、俱乐部、游乐场、老年活动中心等。

④体育类：如各类体育场馆、游泳池、体育训练基地及其附属的业余体校等。

⑤医疗卫生类：如各类医院、卫生防疫站、专科防治所、检验中心、急救中心、休养所、疗养院等。

⑥大专院校、科研设计类：如高等院校、中等专科学校、成人与业余学校、特殊学校（聋、哑、盲人学校和工读学校）以及科学研究、勘测设计机构等。

⑦文物古迹类：具有保护价值的古遗址、古墓葬、古建筑、革命遗址等。

⑧其他类：如宗教活动场所、社会福利院等。

2. 按公共设施的服务范围分类

按照城市用地结构的等级序列，公共设施相应地分级配置，一般分成三级：

①市级，如市政府、博物馆、大剧院、电视台等。

②居住区级，如街道办事处、派出所、街道医院等。

③小区级，如小学、菜市场等。

在一些大城市，公共设施的分级配置，还可能增加行政区级或片区级的相应内容。前者如区少年宫等，后者如电影院等。

需要说明的是，并非所有各类公共设施都须分级设置，这要根据公共设施的性质和居民使用情况来定。例如银行可以由市级机构直到居住小区或街坊的储蓄所，构成银行自身的系统。而如博物馆等设施一般只在市一级设置。

3. 其他分类

如按照公共设施所属机构的性质及其服务范围，可以分为非地方性公共设施与地方性公共设施。前者如全国性或区域性行政或经济管理机构、大专院校等；后者则基本上为当地居民使用的设施。另外，在市场经济不断发展的条件下，某些公共设施的设置将受到市场强烈的调节作用，同时为实现城市发展目标，对另一些设施须带有强制设置的要求，因此，城市公共设施还可以分为公益性设施与营利性设施等。

8.3.1.2 公共设施用地规模

1. 公共设施用地规模的影响因素

影响城市公共设施用地规模的因素较为复杂，而且城市之间存在差异。公共设施用地的规模通常不包括与市民日常生活关系密切的设施的用地规模，而将其计入居住用地的规模，例如中小学用地、居住区内的小型超市、洗衣店、美容院等商业服务设施用地。

影响城市公共设施用地规模的因素主要有以下几个方面：

①城市性质。城市性质对公共设施用地规模具有较大的影响，有时这种影响是决定性的。例如：在一些国家或地区经济中心城市中，大量的金融、保险、贸易、咨询、设计、总部管理等经济活动需要大量的商务办公空间，并形成中央商务区，在这种城市中，商务办公用地的规模就会大幅度增加；而在不具备这种活动的城市中，商务办公用地的规模就会小很多。再如：交通枢纽城市、旅游城市中需要为大量外来人口提供商业服务以及开展文化娱乐活动的设施，相应用地的规模也会远远高于其他性质的城市。

②城市规模。按照一般规律，城市规模越大，其公共服务设施的门类越齐全，专业化水平越高，规模也就越大。这是因为在满足一般性消费与公共活动方面，大城市与中小城市并没有太大的区别。但是专业化商业服务设施以及部分公共设施的设置需要一个最低限度的

人群作为支撑,例如可能每个城市都有电影院,但音乐厅则只能存在于大城市甚至是特大城市中。

③城市经济发展水平。就城市整体而言,经济较发达的城市中第三产业占有较高的比重,对公共设施用地有大量的需求,同时城市政府提供各种文化体育活动设施的能力较强;而在经济相对欠发达的城市中,对公共设施用地的需求相对较少。对于个人或家庭消费而言,可支配的收入越多就意味着购买力越强,也就要求更多的商业服务、文化娱乐设施。

④居民生活习惯。虽然居民的生活和消费习惯与经济发展水平有一定的联系,但不完全成正比。例如,在我国南方地区,由于气候等原因,居民更倾向于在外就餐,因而带动餐饮业以及零售业的蓬勃发展,产生出相应的用地需求。

⑤城市布局。在布局较为紧凑的城市中,商业服务中心的数量相对较少,但中心的用地规模较大且其中的门类较齐全,等级较高。而在因地形等原因呈较为分散布局的城市中,为了照顾到城市中各个片区的需求,商业服务中心的数量增加,同时整体用地规模也相应增加。

2. 公共设施用地规模的确定

确定城市公共设施用地规模,要从城市对公共设施设置的目的、功能要求、分布特点、城市经济条件和现状基础等多方面进行分析研究,综合地加以考虑。

①根据人口规模推算。通过对不同类型城市现状公共设施用地规模与城市人口规模的统计比较,可以得出该类用地与人口规模之间关系的函数或者是人均用地规模指标。规划中可以参照指标推算公共设施用地规模。

②根据各专业系统和有关部门的规定来确定。有一些公共设施,如银行、邮局、医疗、商业、公安部门等,由于它们业务与管理的需要自成系统,并各自规定了一套具体的建筑与用地指标。这些指标是从其经营管理的经济与合理性来考虑的。这类公共设施的规模,可以参考专业部门的规定,结合具体情况确定。

③根据地方的特殊需要,通过调研,按需确定。在一些自然条件特殊地区、少数民族地区,或是特有的民风民俗地区的城市,某些公共设施需通过调查研究,予以专门设置,并拟定适当指标。其他需要设置的,如纪念性展示馆、博览会场、区域性体育场馆等设施,都应以项目的形式确定其用地。

8.3.1.3 公共设施的布局规划

城市公共设施的种类繁多,它们的布局因各自的功能、性质、服务对象与范围的不同,而各有其要求。公共设施的用地布局不是孤立的,它们与城市的其他功能地域有着配置的相宜关系,需要通过规划过程,加以有机组织,形成功能合理、有序有效的布局。城市公共设施的布局在不同规划阶段,有着不同的布局方式和深度要求。总体规划阶段,在研究确定城市公共设施总量指标和分类分项指标的基础上,进行公共设施用地的总体布局,包括不同类别公共设施分级集聚并组织城市不同层级的公共中心。按照各项公共设施与城市其他用地的配置关系,使之各得其所。

(1)公共设施项目要合理配置。所谓合理配置有着多重含义:一是指整个城市各类公共设施应按城市的需要配套齐全,以保证城市的生活质量和城市机能的运转;二是按城市的布局结构进行分级或系统的配置,与城市的功能、人口、用地的分布格局具有对应关系;三是局部地域的设施按服务功能和对象予以成套设置,如地区中心、车站码头、大型游乐场所等地域;四是指某些专业设施的集聚配置,以发挥联动效应,如专业市场群、专业商业街区等。

(2)公共设施要按照与居民生活的密切程度确定合理的服务半径。根据服务半径确定其服务范围大小及服务人数的多少,以此推算公共设施的规模。服务半径的确定首先是从居民对设施方便使用的要求出发,同时也要考虑到公共设施经营管理的经济性与合理性。不同的设施有不同的服务半径。某项公共设施服务半径的大小又将随它的使用频率、服务对象、地形条件、交通便利程度以及人口密度等有所不同。服务半径是检验公共设施分布合理与否的指标之一,它的确定应是科学的,而不是随意的或机械的。

(3)公共设施的布局要结合城市道路与交通规划考虑。公共设施是人、车集散的地点,尤其是一些吸引大量人流、车流的大型公共设施。公共设施要按照它们的使用性质和对交通集聚的要求,结合城市道路系统规划与交通组织一并安排。如一些商业设施可结合步行道路或自行车专用道、公交站点,形成以步行为主的商业街区。而大型体育场馆、展览中心等公共设施,由于对城市道路交通系统的依存关系,则应与城市干道相联结。

(4)根据公共设施本身的特点及其对环境的要求进行布置。公共设施本身是一个环境形成因素,同时其分布对周围环境也有所要求。例如:医院一般要求有一个清洁安静的环境;露天剧场或球场的布置,既要考虑自身发生的声响对周围的影响,同时也要防止外界噪声对表演和竞技的妨碍;学校、图书馆等单位一般不宜与剧场、市场、游乐场等紧邻,以免相互之间干扰。

(5)公共设施布置要考虑城市景观组织的要求。公共设施种类多,而且建筑的形体和立面也比较多样而丰富。因此,可通过不同的公共设施和其他建筑的和谐处理与布置,利用地形等其他条件,组织街景与景点,以创造具有地方风貌的城市景观。

(6)公共设施的布局要考虑合理的建设顺序,并留有余地。在按照规划进行分期建设的城市,公共设施的分布及其内容与规模的配置,应该与不同建设阶段城市的规模、建设的发展和居民生活条件的改善过程相适应,安排好公共设施项目的建设顺序。同时为适应城市发展和城市生活的需求变化,对一些公共设施应留有扩展或应变的余地,尤其对一些营利性的公共设施,更要按市场规律,保持布点与规模设置的弹性。

(7)公共设施的布置要充分利用城市原有基础。老城市公共设施的内容、规模与分布一般不能适应城市的发展和现代城市生活的需要,多存在布点不均匀、门类余缺不一、用地与建筑缺乏、建筑质量较差的问题。具体可以结合城市的改建、扩建规划,通过留、并、迁、转、补等措施进行调整与充实。

8.3.1.4 城市公共中心的组织与布置

城市公共中心包括市中心、区中心及专业中心等。城市公共中心是居民进行政治、经济、文化等社会活动比较集中的地方。为了发挥城市公共中心的职能和满足市民公共活动的需要,在城市公共中心往往还配置广场、绿地以及交通设施等,形成一个公共设施相对集中而组合有序的地区或地段。

(1)城市公共中心系列。在规模较大的城市,因公共设施的性质与服务地域和对象的不同，往往有全市性、地区性以及居住区、小区等分层级的集聚设置，形成城市公共中心的等级系列。

同时，由于城市功能的多样性，还有一些专业设施相互配套而形成的专业性公共中心，如体育中心、科技中心、展览中心、会议中心等。尤其在一些大城市，或是以某项专业职能为主的城市，会有此类专业中心，或位于城市公共中心地区，或是在单独地域设置。

(2) 全市性公共中心。全市性公共中心是显示城市历史与发展状态、城市文明水准以及城市建设成就的标志性地域。这里汇集了全市性的行政、商业、文化等设施，是信息、交通、物资汇流的枢纽，也是第三产业密集的区域。全市性公共中心的组织与布置应考虑以下方面：

① 按照城市的性质与规模，组合功能与空间环境。城市公共中心因城市的职能与规模不同，有相应的设施内容与布置方式。一些大城市有规模较大且配置齐全的城市商业中心，并且还伴有市级行政与经济管理等功能地域。它们可以相类而聚，也可分别设立。在一些都会城市，还有中央商务区的设置，这里集聚众多公司、商行、银行、保险、咨询、信息机构以及为之服务的设施，是商务、信息高度集中的地区，往往也是土地高度集约利用、房地产价格昂贵的地区。城市公共中心的功能地域要发挥组合效应，提高运营效能。同时在中心地区规模较大时，应结合区位条件安排部分居住用地，以免在夜晚出现中心"空城"现象。

在一些大城市或都会地区，建立城市副中心可以分解市级中心的部分职能，主、副中心相辅相成，共同完善市中心的整体功能。在规模不大的城市，城市公共中心也有多样的组合形态。

随着信息、网络技术与产业的快速发展，原本凭借地缘性关系而紧凑集结的一些城市中心设施与功能，将可突破地理空间的约束，分散到环境更为适宜的地点择址，而出现所谓"逆中心化"的倾向，这将会给城市公共中心的功能成分及其地域组构形态带来影响。

在以商业设施为主体的城市公共中心，为避免商业活动受汽车交通的干扰，以提供适意而安全的购物休闲环境，而辟建商业步行街或步行街区，已为许多城市所采用，形成各具特色的商业中心环境，如北京的王府井、上海的南京路等商业步行街等。

② 组织中心地区的交通。城市中心区人、车汇集，交通集散量大，须有良好的交通组织，以增强中心区的效能。公共设施应按交通集散量的大小及其与道路的组合关系进行合理分布。如在中心区外围设置疏解环路及停车设施，以拦阻车辆超量进入中心地区。

③ 城市公共中心的内容与建设标准要与城市的发展目标相适应，同时在选址与用地规模上，要顺应城市发展方向和布局形态，并为进一步发展留有余地。

④ 慎重对待城市传统商业中心。旧城的传统商业中心一般都有较完善的建设基础和历史文化价值，而且在长期形成过程和作用过程中，已造成市民向往的心理定式，一般不应轻率地废弃与改造，要取慎重态度。尤其在一些历史文化名城，或是有保护价值的历史文化地段，更要制定保护策略，通过保存、充实与更新等措施，以适应时代的需要，重新焕发历史文化的光彩。我国北京的大栅栏、琉璃厂，南京的夫子庙，上海的城隍庙和哈尔滨的中央大街等传统商业中心的保护与改造，都取得良好的成效。

8.3.2 案例解析——《鹤壁市国土空间总体规划(2021—2035年)》

1. 分级配置城市公共服务设施

打造服务鹤壁市、辐射豫北、面向全国的高等级公共服务设施。依托鹤壁市儿童医院建设区域儿童医学中心豫北分中心,辐射豫北片区。以河南理工大学鹤壁工程技术学院为基础,打造独立设置的应用型本科大学;力争将鹤壁职业技术学院建成应用型本科高校,促进高等教育资源共建共享。

按照市级-区级-社区级三级公共服务设施体系,形成多层次、全覆盖、人性化的基本公共服务网络,保障各层级设施供给的充足。重点完善文化娱乐、体育、医疗卫生等公益性公共设施。

依托城市功能板块,提升公共服务职能,补充生产性服务职能。科创新城东区组团打造为高品质创新服务中心,提供研发创新、科研教育、医疗卫生、商务金融、康养健身、文化创意和旅游休闲等公共服务产品;淇滨组团打造为高品质公共服务中心,进一步完善生活服务、品质商业、医疗卫生和康养休闲等功能;开发区提升生产性服务水平,重点加强研发创新,注重孵化、商务办公和会议会展等功能的培育。老城区在现有基础上,提升公共服务水平,加快城市更新,积极培育文化创意、医疗卫生和科研教育等功能。(见图8-7)

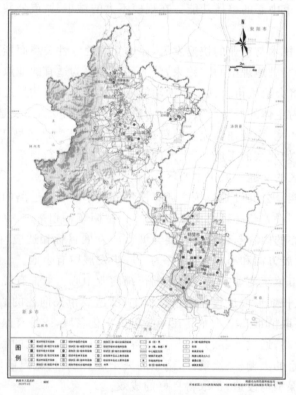

图 8-7 鹤壁市中心城区公共服务设施体系规划图

(资料来源:《鹤壁市国土空间总体规划(2021—2035年)》)

2. 机关团体设施

市属机关团体用地主要集中于主城区中部嵩山路-黎阳路-华山路-黄河路区域,以现状保留为主,在科创新城东区组团适度增加用地规模。依托现状设置淇滨区(华夏南路和黄河路)、山城区(长风路-朝阳街)和鹤山区(中山路)区级机关团体用地,完善其区级公共服务中心职能。宝山和经开区部分工业片区机关团体用地以为社区管理服务的设施为主,采取散点布局和灵活组织的方式。

3. 文化设施

规划形成"一心、两轴、一带"的文化设施结构。由鹤壁市博物馆、科技馆和青少年活动中心形成鹤壁市的文化中心;以沿华夏南路和朝歌路为轴线,综合鹤壁市新世纪文化广场、鹤壁市图书馆、会展中心和高铁广场等文化元素,形成纵横贯通的两条地域文脉;以沿淇河为导向,融合沿淇河绿地内的文化景观标识,凸显历史文化元素,形成沿淇河文化景观带。加快建立普惠共享的科普体系,规划建设一批文化场馆,提升现有市图书馆、市博物馆服务能力和水平。

主城区新增1处市级妇女儿童活动中心、5处文化中心、4处图书馆(3处小型和1处中型),老城区新增2处妇女儿童活动中心、3处老年人活动中心、2处图书馆(1处小型和1处中型)和2处文化馆。每个街道应设置文化活动中心,服务人口5万～10万人;每个社区应设置文化活动站,服务人口0.5万～1.2万人。

4. 教育科研用地配置

支持高等教育特色发展行动计划,大力发展应用型本科教育和职业教育,以河南理工大学鹤壁工程技术学院为基础,整合相关资源,创建鹤壁工程技术学院,以鹤壁汽车工程职业学院为基础创建鹤壁汽车工程职业大学,支持河南中医药大学在鹤壁市建设附属医院作为教学实践基地。规划至2035年,主城区新增2处高中,预留4～5所高等教育用地(含党校1处),拟打造1处河南理工大学本科院校;老城区新增1处高中,预留3～4所中等职业教育用地。中小学结合居住用地按人口规模及服务范围设置,小学服务半径不宜大于500 m,宜设置24、30、36班,原则上不低于24班规模,在不足1万人的独立地区可设置18班。中学服务半径不宜大于1000 m,宜设置30、36班,原则上不低于30班规模,在不足2万人的独立地区可设置24班。

5. 体育用地配置

统筹建设全民健身公共设施,加强健身步道、全民健身中心、体育公园、社区多功能运动场等场地设施建设。以"两场三馆"和城市社区"15分钟健身圈"为重点,推进体育设施便民惠民工程。保留鹤壁市体育中心和游泳馆1处,保留区级体育设施5处,主城区新增6处区级体育中心(体育场2处、体育中心2处、体育馆1处和游泳馆1处)。

6. 医疗卫生用地配置

推动优质医疗资源扩容下沉,支持河南省儿童医学中心豫北分中心和河南省肿瘤医学中心豫北分中心等项目建设。主城区规划新增 2 处综合医院和 4 处专科医院(含儿童医院和精神病医院),老城区规划 2 处综合医院和 1 处公共卫生机构(妇幼保健院)。加强二级以上综合医院、中医医院老年医学科和康复医学科建设,鼓励将部分公立医疗机构改建、转型为老年医院、康复医院、护理院和安宁疗护机构。

7. 社会福利用地配置

重点完善儿童福利院、未成年人救助保护中心、残疾人康复中心与残疾人托养服务机构、救助站等机构的设置。以全国居家和社区养老服务改革试点为推手,形成每个街道有综合养老服务中心、每个社区有老年人日间照料中心的格局,全面建成 15 分钟社区居家养老服务圈。主城区规划新增 1 处市级城北养老中心,3 处区级养老中心;老城区新增 1 处区级养老公寓。

8. 打造宜居生活圈

社区生活圈内以居住为主导功能,构建"15 分钟、5~10 分钟"两个社区生活圈层级。15 分钟生活圈突出功能复合,提供高效便捷的"一站式"生活服务。划分为整治提升型、设施完善型、新建生活型、产城融合型等四大类型。整治提升型现状设施类型相对齐全,重点对设施空间布局进行优化,着力提升已有教育、医疗、56 养老、体育、文化设施的服务效率和水平。设施完善型设施缺项较多,重点补充设施缺口,加快教育、医疗卫生、体育等生活配套型设施建设。新建生活型优化预留生活相关配套用地,保障基础服务设施的配置,根据实际需求配建品质提升型服务设施。产城融合型以产业为主,重点完善基本的生活配套设施和产业服务配套。构建以家为中心的 5~10 分钟步行距离为服务半径的公共设施服务圈;提供满足居民基本物质与生活文化需求的各项公共服务设施。重点配置老年人日间照料中心、幼儿园、文化活动站、小型多功能运动场地、室外综合健身场地和社区商业点等设施。

8.4 中心城区绿地与景观系统规划

8.4.1 城市绿地系统规划

8.4.1.1 城市绿化的发展历程与趋势

城市绿化自古有之:在古希腊、古罗马城市中,集市、公园等是公众户外游憩的城市开敞空间,中国唐代长安城的"曲江池"在节庆日供百姓游赏。19 世纪工业化城市的卫生和健康环境恶化,英国颁发法案推动城市公园建造。1844 年,英国利物浦市建造了伯肯海德公园(Birkenhead Park),标志着第一个城市公园的正式诞生。19 世纪下半叶,欧洲、北美掀起了城市公园建设的第一次高潮,并影响到中国和日本,它被称为"公园运动"。在当时,世界各国普遍认同城市绿化具有五个方面的价值:保障公众健康、滋养道德精神、体现浪漫主义、提高劳动者工作效率、促进城市地价增值。

1880 年,美国波士顿突破城市方格网格的限制,利用 200~1500 英尺(1 英尺=0.3048

m)宽的带状绿化,将数个公园连成一体。1935年,莫斯科第一个市政建设总体规划在城市用地外围建立10 km宽的"森林公园带"。1944年大伦敦规划环绕伦敦形成一道宽5 km的绿带。"二战"以后,欧亚各国重建城市家园,城市绿化建设迈入了继"公园运动"之后的第二次高潮。19世纪70年代以后,城市绿化建设受生态思想的影响呈现新的动态,如"自然中的城市""生态园林""城市生物多样性保护"等理论的探讨和实践探索。

总结历史和展望未来,城市绿地系统的发展呈现两大趋势:

①城市绿地系统规划、建设与管理的对象正从土地和植物两大要素向水温、大气、动物、植物、微生物、能源、城市废弃物等要素延伸。

②绿地在城市的布局由集中到分散,由分散到联系,由联系到融合,呈现出逐步走向网络连接、城郊融合的发展趋势,在人与绿化之间关系不断改善的同时,城市中生物与环境的自然联系趋于逐步恢复状态。

8.4.1.2 城市绿地系统的组成

城市绿地系统是指城市中具有一定数量和质量的各类绿化及其用地,相互联系并具有生态效益、社会效益和经济效益的有机整体。

目前正式通行的城市绿地的分类方法有两种:一种是1992年国务院颁发的《城市绿化条例》,将城市绿地分为公共绿地(公园绿地)、居住区绿地、单位附属绿地、防护绿地、生产绿地及风景区绿地、干道绿化(交通绿地)等;另一种是《城市用地分类与规划建设用地标准》(GB 50137—2011),将城市绿地分为公共绿地(G1)、防护绿地(G2)、居住用地中的绿地(R14、R24、R34、R44)。

在计算城市建设用地时,公共绿地、生产绿地、防护绿地,计入城市建设用地"G"的统计口径,直接用于城市总体规划层次的建设用地平衡;居住区绿地、单位附属绿地、交通绿地,分别包含在其他城市建设用地之中,在详细规划层次上使用,也用于计算城市绿地率;风景林地处于城市规划区之外,不计入城市用地平衡及城市绿地指标。

8.4.1.3 城市绿地系统的功能

城市绿地系统至少具有以下七大功能:

①改善气候的功能,包括调节气温和湿度,增强城市的竖向通风分散并减弱城市热岛效应,降低风速,防止风沙。

②改善城市卫生环境的功能,包括维持氧气的正常比例,吸收CO_2,降低SO_2、氟化物、氯化物、氮氧化物的含量;降低空气飘尘的浓度;缓解城市噪声;使空气含菌量明显降低。

③减少地表径流,减缓暴雨积水,涵养水源,蓄水防洪。

④防灾功能,包括防止火灾蔓延,成为防空防震的避难通道,减轻雪崩、滑坡、泥石流等灾害。

⑤显著改善城市景观,包括完善城市天际线,协调建筑物之间的关系,满足现代人回归自然的强烈需求,创造怡人的城市生活情调等。

⑥对游憩活动的承载功能,它能吸引定居、容纳户外游憩,也为野生动物提供栖息场所。

⑦城市节能,通过攀缘绿化、屋顶绿化和庭荫树栽植等,能起到冬季挡风、夏季遮阴的作用,城市绿化可以减少城市热辐射,降低采暖和制冷的能耗。

上述功能有的可以通过专门的绿地类型来实现,有的需要各类城市绿地的互相结合才能实现。

8.4.1.4 城市园林绿地指标的作用与计算

1. 城市园林绿地指标的作用

①可以反映城市绿地的质量与绿化效果,是评价城市环境的质量和居民生活水平的一个重要指标;

②可以作为城市总体规划各阶段调整用地的依据,是评价规划方案经济性、合理性的数据;

③可以指导城市各类绿地规模的制定工作,以及估算城建投资计划;

④可以统一全国的计算口径,为科学研究积累经验数据,既可以为城市规划学科的研究分析提供可比的数据,也可以为国家有关技术标准或规范的制定与修改提供基础数据。

2. 城市园林绿地指标的计算

反映城市园林绿地水平的指标,可以有多种表示方法,目的是反映绿化的质量与数量,并便于统计,指标名称要求与城市规划的其他指标名称相一致。主要指标如下。

①城市园林绿地总面积(hm^2)=公共绿地+居住区绿地+单位附属绿地+交通绿地+风景区绿地+防护绿地。

②每人公共绿地占有量(米^2/人)=市区公共绿地面积(hm^2)/市区人口(万人)。

③市区公共绿地面积率(%)=[市区公共绿地面积(m^2)/市区面积(m^2)]×100%。

④城市绿化覆盖率(%)=[市区各类绿地覆盖面积总和(hm)/市区面积(hm^2)]×100%。

3. 相关指标的定义

①绿地率,是指绿地在一定用地范围内所占面积的比例,如城市绿地率和居住用地绿地率等。屋顶绿化不计入绿地面积。

②绿化覆盖率,是指各种植物垂直投影面积在一定用地范围内所占面积的比例。绿化覆盖率不是用地指标,但它是研究绿量和衡量绿化环境效能的重要指标。

③城市人均公共绿地,是指城市常住人口平均享有的公共绿地面积,我国规定的人均公共绿地指标定额为每人约 6 m^2。

8.4.1.5 城市绿地系统规划的形式

城市绿地系统规划是指通过规划手段,对城市绿地及其物种在类型、规模、空间、时间等方面所进行的系统化配置及相关安排。城市绿地系统规划具有以下两种形式。

第一种属城市总体规划的组成部分。该规划主要涉及总体规划层次,其任务是调查与评价城市发展的自然条件,参与研究城市的发展规模和布局结构,研究、协调城市绿地与其他各项建设用地的关系,确定和部署城市绿地,处理远期发展与近期建设的关系,指导城市绿化的合理发展。(见图 8-8)

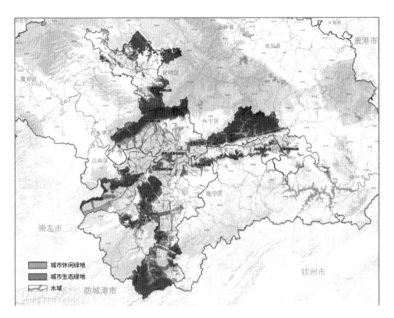

图 8-8 南宁市中心城区绿地系统和开敞空间规划图

(资料来源:《南宁市国土空间总体规划(2021—2035 年)》(草案公示版))

第二种属单独编制的专业规划,或称专项规划,它是为城市总体规划的具体实施、绿化建设的规划管理而另行独立编制的规划。《城市规划编制办法实施细则》第十六条特别提出城市绿化规划"必要时可分别编制"。该专项规划的特征是涉及区域、总体、详规多个规划层次,其主要任务是以区域规划、城市总体规划为依据,深入调查和确定城市绿化的各项发展指标,详细部署各类城市绿地的发展,确定城市绿化树种、容量、特色、功能、设施等城市绿化发展的具体内容,部署大环境绿化。在近期重点规划基础上进行规划深化或直接安排,保障城市绿化与大环境绿化的协调发展。

8.4.1.6 城市绿地系统规划的内容

城市总体规划阶段的城市绿地系统规划(专业规划)的具体内容如下:

①依据城市经济社会发展规划和城市总体规划的战略要求,确定城市绿地系统规划的指导思想和规划原则。

②调查与分析评价城市绿化现状、发展条件及存在问题。

③研究确定城市绿地系统的发展目标与主要指标。

④参与综合研究城市的布局结构,确定城市绿地系统的用地布局。

⑤确定公园绿地、生产绿地、防护绿地的位置、范围、性质及主要功能。

⑥划定需要保护、保留和建设的城郊绿地(指"生态景观控制区")。

⑦确定分期建设步骤和近期实施项目,提出实施管理建议。

⑧编制城市绿地系统规划的图纸和文件。

8.4.1.7 城市绿地系统规划的原则

(1)网络原则。各种绿地相互连成网络,城市被绿地楔入或外围以绿带环绕,可充分发挥绿地的生态环境功能。

（2）匀布原则。各级公园按各自的有效服务半径均匀分布，不同等级、类型的公园一般不互相代替。

（3）自然原则。规划尽量结合山脉、河湖、坡地、荒滩、林地及优美景观地带。

（4）因地制宜和生命周期原则。重视土地利用现状和地形、林地、历史古迹等条件，充分考虑植物生命周期、群落演替过程。

（5）地方性原则。乡土树种和古树名木代表了自然选择或社会历史选择的结果，通常能使生产者(绿色植物)、消费者(动物)、分解者(细菌、真菌)之间，生物与无机环境之间迅速建立食物链、食物网关系，并能有效缓解病虫害，因此，在城市绿地系统中应充分利用乡土树种。

8.4.1.8 城市绿地系统规划的成果

城市绿地系统规划成果包括规划文件和规划图纸。规划文件包括规划文本和规划附件。规划文本是对规划的各项目标和内容提出规定性和指导性要求的文件。

1. 城市绿地系统规划文本

①根据城市发展速度和规模，制定相应的绿地建设发展水平、目标与绿地指标。

②布局各类绿地，形成纵横交错的网络系统。

③明确公园、生产绿地、防护绿地的位置、范围、规模、基本内容，并纳入城市建设用地平衡。

④规定居住区绿地、单位附属绿地的用地指标。

⑤在城市外围大环境绿化地带，建立生态景观绿地，完善城市生态、景观保护、居住游憩职能。

⑥规划城市的主要绿化树种。

⑦提出分期实施的绿地建设项目。

⑧明确技术经济指标，包括城市绿化规划建设指标一览表、城市建设用地绿地统计表、城市总体规划用地绿地统计表。

2. 城市绿地系统规划附件

城市绿地系统规划附件包括规划说明书和基础资料汇编。

1）规划说明书

①现状概况：包括城市基本自然条件、社会条件、环境质量。

②绿地现状与分析：应包括各类绿地现状统计分析、城市绿地发展的优势与动力、存在问题与制约因素。

③绿地系统总体布局：应包括规划依据、指导思想与原则、规划目标与绿地指标、布局结构。

④公园规划：包括制定公园规划原则和人均公园面积指标，合理布局综合公园、专类公园、带状公园和街旁游园，确定综合公园的性质、规模、位置、出入口方位、容量和基本内容。

⑤防护绿地规划：应包括选定苗圃、花圃、草圃、药圃、果园等生产绿地的用地规模、苗木

供应水平,营造卫生隔离带、道路防护绿地、城市高压走廊绿带、防风林、城市组团隔离带等不同类型的防护绿带,确定绿带宽度和种植方式。

⑥居住区绿地规划:居住区绿地系统布局原则与布局结构、居住区绿地系统与城市绿地系统的有机衔接与协调。

⑦单位附属绿地规划:包括公共设施用地、工业用地、仓储用地、对外交通用地、市政设施用地、特殊用地中的绿地。

⑧道路绿化规划:确定城市各级干道绿带宽度、绿化形式、主要树种。

⑨其他绿化规划:包括古树名木、现有大树保护,历史文化地段绿化,避灾绿地设置等。

⑩生态景观绿地规划:包括建立城市建设用地之外大环境绿化圈,定向发展城市生态、景观保护、居民游憩等环境职能。

⑪绿化树种规划:包括树种选择原则,确定基调树种、骨干树种。

⑫分期建设规划:包括绿化分期实施步骤和分项目标。

2)基础资料汇编

基础资料包括现有园林植物普查名录、历年绿地规划工作的图纸和文字资料。

3. 城市绿地系统规划图纸

城市绿地系统规划图纸包括城市-区域位置关系图、综合现状图、规划总图、生态景观绿地规划图、公园规划图、防护绿地规划图、居住区绿地规划图、单位附属绿地规划图、近期绿化规划图等。

图纸比例与城市总体规划图一致,一般采用1∶5000~1∶25 000。

8.4.1.9 绿地指标的确定和各类绿地的有关规定及要求

根据《城市绿化条例》(1992年发布,2017年第二次修订)第九条的授权,在参照各地城市绿化指标现状及发展情况的基础上,1993年建设部颁布了《城市绿化规划建设指标的规定》。该文件规定了城市绿化的规划指标定额:2000年的人均公共绿地面积5~7 m^2(视城市人均建设用地指标而定),城市绿化覆盖率应不少于30%;2010年的人均公共绿地面积6~8 m^2,城市绿化覆盖率不少于35%。该文件还明确说明,上述指标是根据我国目前的实际情况,经过努力可以达到的低水平标准,离满足生态环境需要的标准还相差甚远,它只是规定了指标的低限,特殊城市(如省会城市、沿海开放城市、风景旅游城市、历史文化名城、新开发城市和流动人口较多的城市等)应有较高的指标。

1. 公共绿地

公共绿地向公众开放,具有游憩功能,常兼具景观、环境、教育、防灾等功能。

综合性公园包括市级、区级、居住区级公园。市级公园面积一般应在10 hm^2以上,为全市服务,兼顾邻近地区;区级公园面积5~10 hm^2,服务半径1000~1500 m,可进行半天以上的活动;居住区级公园2~5 hm^2,服务半径500~1000 m。

专类公园是具有特定内容与形式,有一定游憩设施的城市公园绿地。专类公园包括:①儿童公园;②动物园、植物园;③历史名园(古典园林或史迹公园);④风景名胜公园;⑤游乐公园(绿地率不低于65%)。

敞开绿地包括带状绿地和块状绿地。带状绿地是指宽度不小于 8 m,可供市民游憩的狭长形绿地,常沿城市道路、城墙、滨水设置。块状绿地是位于道路红线以外的,相对独立的成片的绿地。其中街头绿地面积要求不小于 400 m²,绿化占地比例不小于 65%。广场绿地位于城市广场,它是降低城市建筑密度,美化城市景观,改善局部气候,提供交流、活动、紧急疏散场所的绿化场地,近年来发展较快。广场绿地的绿地率不应小于 50%,不足者计入城市道路广场用地。

2. 生产绿地

生产绿地是指位于城市建设用地范围内的,为城市绿化提供苗木、花草、种子的苗圃、花圃、草圃等用地。生产绿地也可成为城市农林业生产、科研基地,可布局在组团分隔带、绿楔之中。

3. 防护绿地

防护绿地是指为改善城市的自然条件、卫生条件和安全条件,在城市建设用地范围内所设的绿地,其主要特征是对自然灾害或城市公害具一定的防护功能,不宜兼作公园使用。防护绿地包括自然灾害防护绿地、公害防护绿地、其他防护绿地三种。自然灾害防护绿地主要用于保护城市免受风沙侵袭,或者免受 6 m/s 以上的经常性强风、台风的袭击,一般与主导风向垂直布局,也可用于山体滑坡防护、雪崩与泥石流防护。公害防护绿地用于阻隔有害气体、气味、噪声等不良因素对其他城市用地的干扰,通常介于工厂、污水处理厂、垃圾处理站、殡葬场地等与居住区之间。其他防护绿地一般沿高压走廊、铁路、防火隔离带、防震疏散通道布局。

4. 单位附属绿地

单位附属绿地不参与城市总体规划的用地平衡,但在城市中占地多,分布广泛,是城市普遍绿化的基础。单位附属绿地的细分,以现行城市用地的分类规范为框架,与城市用地一一对应,细分为公共设施绿地、工业用地绿地、仓储用地绿地、对外交通绿地、市政设施绿地、特殊用地绿地共六项。

5. 居住区绿地

居住区绿地属于居住用地的一个部分,具体包括居住小区游园、组团绿地、宅旁绿地、居住区内公建庭园、居住区道路绿化用地等。居住小区游园面积不宜小于 0.4 hm²,组团绿地面积不宜小于 0.04 hm²。新建居住区的绿地率不应低于 30%,旧区改造不宜低于 25%。

6. 道路绿地

道路绿地是指城市道路广场用地范围内的绿化用地,包括道路绿带(行道树绿带、分车绿带、路侧绿带)、交通岛绿地(中心岛绿地、导向岛绿地、立体交叉绿岛)、停车场绿地等,不包括居住区级道路以下的道路绿地。园林景观路的绿地率不得小于 40%;红线宽度大于 50 m 的道路绿地率不得小于 30%;红线宽度在 40～50 m 的道路绿地率不得小于 25%;红线宽度小于 40 m 的道路绿地率不得小于 20%。道路绿地在城市中将各类绿地连成一张绿网,能提高交通效率与安全性,明显改善城市景观,缓解热辐射、交通噪声与尾气污染。

7. 生态景观控制区(风景林地)

生态景观控制区位于城市建设用地以外、城市总体规划用地范围以内,对城市生态环境质量、居民休闲游憩、城市景观和生物多样性保护有直接影响的区域。它包括生态控制区和景观游憩区两部分。

生态控制区是为改善城市生态和景观质量而需加以控制的区域,如水源保护区、城市组团分割带、基础设施绿化防护区、自然保护区、湿地、山体、林地、重要的农业生产基地等。其中,以物种、生态体系、自然或文化遗产、视觉环境保护为目的的控制地带,对恢复、研究和维持本地区自然生态系统的协调与平衡具有不可替代的作用。在以水土保护为目的的控制区,通常以根系深广的乔木林为骨干,设置在河岸、水库、山地和开发区周围山坡、谷地。生态控制区经由土地利用规划和城市规划安排后,应保护现状或进行定向生态保育,未经规划许可不得改变性质。生态控制区不宜向公众开放。

景观游憩区是具有较好的景观质量、具有一定设施的城郊游憩区域,如芦苇、江心洲、成片林地、历史遗迹区、森林公园、观光农业区、野生动植物园等,宜开发建设后向公众开放。

8.4.2 城市景观系统规划

8.4.2.1 城市景观的含义与要素

城市景观包含自然、人文、社会诸要素,它的通常含义是指人通过视觉所感知的城市物质形态和文化生活形态,是人对城市景物、景象或空间环境感知、思维后所获得的知觉空间。城市"景物"(客体)通过人的"感观"(主体)而成为景观,客观事物附着了人的主观意识。因此,城市景观是主体(人)与客体(景物)的互动所产生的结果,并受到诸多社会、政治、文化等因素的制约。基于此,可总结出城市景观三要素:景物、景感和主客观条件。

(1)景物。景物即城市景观形式的本身,是基本的素材。不同的景物通过不同的设计、利用与组合,可以形成不同的城市景观。它包括城市不同的自然景观、人文景观与社会景观。

(2)景感。景感是人对城市景物的感觉,由直接景感与理性景感两方面组成。

①直接景感:通过人的眼、耳、鼻、舌等感觉器官而获得的对景物的感受。

②理性景感:在直接景感的基础上,通过知觉、想象、思维等综合过程而产生的对景物的认识与情感。

(3)主客观条件。城市中的自然景观、人文景观与社会景观都是城市景观构成中的客观条件。而人对景观鉴赏过程中的时间、地点以及鉴赏人的年龄、兴趣、职业、知识等的差异,和社会的文化、科技、经济等情况,则是城市景观的主观条件。它们既是城市景观的制约因素,又可以促进与强化城市景观。

8.4.2.2 城市景观的组成

城市景观应包括自然景观、人文景观与社会景观三个方面。

(1) 自然景观。自然景观由山、水、动植物和云、雨、风、雪、光、气等气象景观组成。

(2) 人文景观。人文景观包括各种建筑、街道、构筑物、小品、雕塑等人工设施,历史文物古迹,各种与景物相联系的艺术作品。

(3) 社会景观。社会景观是以社会和人为内容为主的景观。如社会的习俗、风土人情、街市面貌、民族气氛等,都是形成城市特色的因素。

8.4.2.3 城市景观系统规划的任务和主要内容

在城市总体规划阶段,城市景观系统规划是指对影响城市总体形象的关键因素及城市开放空间的结构所进行的统筹与总体安排。该阶段的任务是调查与评价城市的自然景观、人文景观和户外游憩条件,研究、协调城市景观建设与相关城市建设用地的关系,评价、确定和部署城市景观骨架及重点景观地带,处理远期发展与近期建设的关系,指导城市景观的有序发展。

城市景观系统规划的主要内容如下。

① 依据城市自然、历史文化特点和经济社会发展规划的战略要求,确定城市景观系统规划的指导思想和规划原则。

② 调查发现与分析评价城市景观资源、利用现状、发展条件及存在问题。

③ 研究确定城市景观的特色与目标。

④ 研究城市用地的结构布局和城市景观的结构布局,确定符合社会理想的城市景观结构(可参考各种理论主张,如易识别性、城市文脉、城市生活原型等)。

⑤ 划定有关城市景观控制区,如城市背景、制高点、门户、重点视廊视域、特征地带等,并提出相关安排。

⑥ 确定需要保留、保护、利用和开发建设的城市户外活动空间,整体安排客流集散中心、闹市、广场、步行街、名胜古迹、亲水地带和开敞绿地的结构布局。

⑦ 确定分期建设步骤和近期实施项目。

⑧ 提出实施管理建议,例如制定景观分区、景观轴、景观节点的规划建设的基本方针与准则,提供具体的景观意向;为市民和开发商提供更多易于理解景观的信息和更多观察景观的机会,并为开发建设行为提供设计上的指导;通过公共事业的建设,为形成美的城市景观奠定一定的基础;运用相关制度、条例来促进景观系统的形成;充实有关机构,以利于景观规划的实施和推行。

⑨ 编制城市景观系统规划的图纸和文件。

8.4.2.4 城市景观系统规划的基本原则

(1) 舒适性原则。充分考虑人类在城市环境中的行为心理规律,研究创造便利、舒适、安逸的城市生活环境。

(2) 城市审美原则。充分考虑感官与文化心理对城市纷杂信息的承受能力及评价标准,研究创造有特色、有内涵、可识别、和谐、悦目的城市审美品质。

(3) 生态环境原则。城市景观系统规划必须在改善生态环境方面尽其所能,充分利用阳光、气候、动植物、土壤、水体等自然资源,与人工手段一起,创造健康的生存环境。

(4) 因借原则。城市景观建设须借助山脉、河湖、林地等自然景观大背景,同时结合城市内部的自然地形地物和人文资源条件,因地制宜地保护与利用城市景观资源。

(5)历史文化保护原则。重视城市历史文化的继承与保护,重视城市景观的历史延续性及其本土文化特性。

(6)整体性原则。主体意义上的城市景观是人们对城市客体的感知综合与记忆,它要求城市景观要素之间具有较好的连续性、一致性和协同性。

8.4.2.5 城市景观总体规划的设计要点

1. 城市轮廓控制

城市轮廓线又称天际线,对城市特征的表现起重要作用。它不仅能反映出城市的总体形象,给人以完美的形象概念,也能显示出城市建筑的个性。其次,除城市的主轮廓线外,城市各水、陆、空主要入城口岸的轮廓线,对城市景观的影响也很大,常给人以第一印象,为人们提供最多的信息与最强的感受。设计时应控制它做到有起有伏、有层次、有节奏,能反映出城市丰富多彩的整体面貌。(见图8-9)

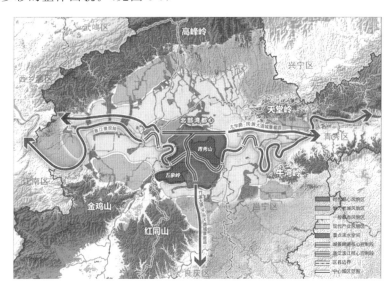

图8-9 南宁市中心城区景观风貌控制图

(资料来源:《南宁市国土空间总体规划(2021—2035年)》(草案公示版))

在考虑城市轮廓线时应:

①首先要重视城市主视面的轮廓线,要结合每个城市主要入口的方向、城市的主轴线考虑;再考虑城市次要入口方向、易展面的轮廓线和其他场景的轮廓线。

②注意高层建筑布置对城市轮廓线的影响。

③重视地形对轮廓线的影响。平原城市的轮廓线主要靠建筑物构成,但山、坡地城市的轮廓线在很大程度上受地形的影响。

④在夜晚灯光照射下和黎明、黄昏时在朦胧阳光照射下观赏城市轮廓线,会提高其艺术感染力,为此应提供适合的观赏空间和距离,以达到更好的视觉效果。

2. 建筑高度分区

为使城市具有合理完整的空间结构,为城市优美的轮廓线的建立奠定基调,并为城市主要的景观视线走廊的保护创造条件,在城市景观总体设计时,常根据城市的性质、规模以及周围自然环境等条件,对城区建筑进行高度分区。其具体的原则如下:

①根据建筑所在的位置、性质和地形条件考虑其高度。
②能更好地反映出城市空间的深度和层次。
③应使城市空间结构和城市轮廓线丰富多变。
④保护历史文物古迹和城市主要景观视线走廊的通透。
⑤考虑今后随着城市人口的增多和经济技术的发展,建筑有高层化的趋势。此外,建筑高度控制除考虑城市空间结构等要求外,尚应考虑飞机飞行的要求。

3. 景观视线走廊保护

景观视线走廊就是规定一个"空间范围"以保证视线的通过,目的是保障人与自然和人工各景点之间在视觉上的延伸关系。在城区,这种视域的保护主要依靠限制建筑物的高度、宽度和其布置的位置来实现,以防止城市中某些景物被建筑物遮挡。

4. 文物古迹和风景名胜点保护

文物古迹和风景名胜点的保护设计是城市总体景观设计的重要内容之一,将历史文物古迹和风景名胜保护与城市建设结合起来,组成自然景观、人文景观、社会景观三位一体的城市景观体系。

城市景观总体规划与绿地系统相结合,突出绿地、水体的景观效益与功能。

8.4.2.6 城市景观局部规划的设计要点

1. 一般要求

①适合使用要求;②突出个性;③避免局促;④巧于因借,重视绿化;⑤增加景深和层次;⑥注意动态构景;⑦强调对比;⑧注意细部刻画;⑨创造人际交往的适宜环境。

2. 注意运用视觉感应规律与视觉环境条件

在城市局部设计中,除考虑一般的视觉特性外,还应特别重视下述视觉感应规律与视觉环境条件的应用:①透视感;②错觉与联想;③创造最佳的视觉环境。

3. 造景句法

造景句法就是探讨如何把造景的各种有形或无形的景象元素组成景观,它包括功能句法和系统句法。

1) 功能句法

功能句法即传统的造景法,是根据各种有形景象元素在景观中的地位或作用来设计景观的方法。如构成主景、配景、前景、中景、背景、对景、隔景、障景、框景等方法,它们的共同特点在于通过对有形造景元素的地位和作用的突出或抑制来达到景观的优化。

突出主景的设计方法主要有：

(1)景观主体升高。主景的主体升高，可产生仰视观赏的效果，并可以蓝天、远山为背景，使主体的造型轮廓突出鲜明，不受或少受其他环境因素的影响。

(2)将主景布置在轴线和风景视线的焦点上。一条轴线的端点或几条轴线的交点常有较强的表现力。轴线的交点则因轴线的相交而加强了该点的重要性，故常把主景布置在轴线的端点或几条轴线的交点上。景观视线的焦点，是视线集中的地方，也有较强的表现力。

(3)将主景布置在景物动势的焦点上。一般四周环抱的空间，如水面、广场、庭院等，其周围景物往往具有向心的动势。这些动势线可集中到水面、广场、庭院中的焦点上，主景如布置在动势集中的焦点上就能得到突出。

(4)将主景布置在景观空间构图的重心上。在规则式园林绿地中将主景布置在几何中心上，而在自然式园林绿地中则将主景布置在构图的重心上，可以突出主景的作用。

功能句法中涉及一些概念，下面详细说明。

(1)前景、中景、背景。景观就距离远近、空间层次而言，有前景、中景、背景之分(也可称为近景、中景、远景)。一般前景、背景都是为突出中景而设计的。在绿地的种植中也有近景、中景、背景的空间组织问题，如以常绿的龙柏丛为背景，衬托以五角枫、栀子花、海棠花等形成的中景，再以月季引导作为前景，即可组成一个完整统一的景观环境。有时因不同的造景要求，前景、中景、背景不一定全都具备。如在纪念性的园林中，主景气势宏伟，空间广阔，前景不需过多渲染，能有简洁的背景适当烘托即可。

(2)对景。在景观设计时，将有利的空间景物巧妙地组织到构图的视线终结处或轴线的端点，以形成视线的高潮和归宿，这种处理方法叫作景物的对构。在视线的终点或轴线的一个端点设景称为正对，这种情况的人流与视线的关系比较单一；在视点和视线的一端，或者在轴线的两端设景称为互对，此时，互对景物的视点与人流关系强调相互联系，互为对景。

(3)障景。障景又称抑景。障景多设于景区入口或空间序列的转折引导处，障景不但能隐藏主要景色，本身又能成景。障景处理宜有动势，高于人的视线，形象生动、构图自由，景前应有足够的场地空间接纳汇聚人流，并应有指示和引导人流方向的诱导景观，形成"山重水复疑无路，柳暗花明又一村"的境界。

(4)隔景。隔景即根据一定的构图意图，借助分隔空间的多种物质技术手段，将景观区分隔为不同功能和特点的观赏区和观赏点。隔景能丰富园景，使各景区、景点各具特色并避免游人的相互干扰。隔断部分视线和游览路线，使园景深远莫测，增加构图变化。

(5)框景。框景可利用门窗洞、柱间、廊下挂落、乔木枝干等组成边框，将园内景色框入其中。可以借天然或人工而构，向人展示经过选择的景色画面。

2)系统句法

系统句法即在全面地调查、认识、研究各景观元素的信息本质基础上，系统地、多层次地、多角度地对景观进行艺术加工创造的方法，可以分为静态句法和动态句法。

(1)静态句法即从生活中提取传统典故、地方特色与有代表性的自然景观元素，结合一定的场景造景，通常有模糊法、简洁法、对比法、限定法等造景手法。

①模糊法，即利用自然的气候条件或时间的更替，通过对景象的模糊来减少识别信息量，提高审美境界。如雾淞、烟雨、云彩、晨曦、晚霞、灯火等，均是使景象模糊化的良好条件。

②简洁法。如果说模糊法是利用自然来减少识别信息,那么简洁法则主要依靠人工来减少景象的识别信息,从而相对地增加意境的信息量。简洁法即造景中排除与主题无关的因素,要求形象的识别信息量少而精,突出主题,淡化配景与衬景。

③对比法也是一种使景观相对优化的有效手段,其原理是将组成景观的部分景象经过对比使其更加突出和强调,而其余部分景象,则成为它的背景和补充。这种方法由于拥有了部分识别信息的作用,同样也使得意境信息量相对增加。

④限定法,即把整个景观空间的审美观念集中倾注在作为限定因素的景象中,使人们在欣赏时能透过限定因素领略到整个景观空间的美。

(2)动态句法,即考虑时间因素的景观空间的构景方法,比静态句法具有更多的意境信息。动态句法通常有强化法、弯曲法、逆转法、模进法等造景手法。

①强化法,即为了比较突出地表达某种设计理念,借助于一定的手段去提高和放大某景象在整个景观中的控制力,强化景观空间。其常用的方法是利用人们的错视觉及反向光线形成影像的办法来强化景观空间,如利用水中的合影、灯影、光影等。

②弯曲法。平直则一览无余,弯曲则奥思不尽。弯曲法就是利用地形、道路等创造水平或竖向的弯曲变化,使景观空间之间既互相流通,又互相掩蔽,增强人们对景观的期待感。

③逆转法。在可能条件下,尽可能使正负景观空间互相转化,以加强人们的期待感,激发求新欲望。负景观空间,如地下景观空间、水下景观空间、夜间景观空间等。一般城市中的地下街、水底隧道、地下公园等,有时往往会比地面景观空间更富有魅力。

④模进法。它是借用乐曲旋律发展而来的方法,即使景观空间按某种模式进行一定的有秩序的排列组合,从而使人们在连续的景观空间系列中不断提高,最后达到高潮,实现景观空间的优化。或采用有张有弛、有险有夷、有旷有奥等模式演进变换,以致妙趣横生,从而产生美的意境信息,使景观得到优化。

8.4.3 案例解析——《鹤壁市国土空间总体规划(2021—2035年)》

8.4.3.1 明确城市性质与规模

1. 城市性质

城市性质确定为中原城市群核心区北部中心城市,以生态旅游、新兴制造为主导的花园城市。

2. 城市规模

2018年中心城区城市常住人口55万人,建设用地面积68.74 km²。

规划2025年中心城区城市常住人口83万人,建设用地面积101.21 km²。规划2035年中心城区城市常住人口达到95万人以上,建设用地面积达到110 km²以上。

8.4.3.2 塑造城市特色风貌

优先提升各类开敞空间的网络连通度,打造"生态、人文、舒适、可达"的高品质开敞空间。中心城区绿地系统布局为"一带、一心、三区、五廊、六脉、多节点"。"一带"指依托淇河形成滨河景观带;"一心"指依托主城区的绿地景观核心;"三区"指生态山林风景区、城市绿地景观区、生态农业绿野区;"五廊"是依托京港澳高速、鹤濮高速、鹤辉高速、南山大道、金山大道等交通廊道形成沟通三个片区和节点的五条绿化廊道;"六脉"指依托羑河、汤河、泗河、淇河、思德河和南水北调干渠等水系形成六条蓝脉;"多节点"指由公园绿地和郊野公园构成多个景观节点。

8.4.3.3 构建城市蓝绿格局

1. 优化城市水系布局

以海绵城市理念引导城市水系布局,保留并恢复河湖、湿地、坑塘和沟渠等"海绵体",构建由水体、滨水绿化廊道和滨水空间共同组成的蓝网系统。主城区形成"六纵"(南水北调、淇河、天赉渠、护城河、阳明河和刘洼河)、"四横"(棉丰渠、二支渠、三支渠和四支渠)、"多湖"(多个人工湖)的水网格局;老城区构建"三河"(羑河、汤河和泗河)、"两渠"(孙圣沟和西窑头沟)的水系格局。逐步改善流域生态环境,恢复历史水系,提高滨水空间品质,将蓝网建设成为服务市民生活、展现城市历史与现代魅力的亮丽风景线。(见图 8-10)

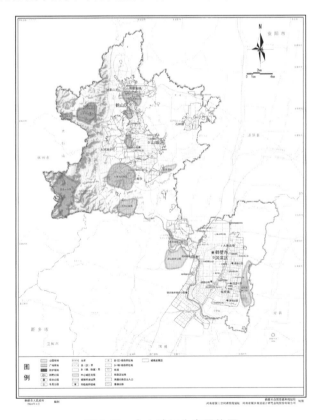

图 8-10 中心城区生态网络图

(资料来源:《鹤壁市国土空间总体规划(2021—2035 年)》)

2. 完善城市公园绿地系统

规划至 2035 年，鹤壁市建设由综合公园、专类公园、社区公园、游园组成的结构完整、级配合理、均衡分布的公园绿地体系。中心城区规划枫岭公园和琇莹公园等综合公园 8 处，泉源老年公园和汤河福寿文化公园等专类公园 26 处。社区公园规模宜大于 1 hm^2，游园充分利用零散地块、闲置地和边角地等。社区公园和游园具体位置、规模和边界需在专项规划、单元控制性详细规划等下层级规划中予以明确。

3. 防护绿地布局

严控现状京港澳高速两侧，西侧宽 150 m、东侧宽 50 m 的防护林带；台辉高速两侧 50 m 防护绿带。京广铁路、晋豫鲁铁路和矿区等铁路两侧防护距离按相关规定执行，具有安全或环境影响的工业用地、物流仓储用地与居住用地之间防护距离应满足环境影响评价、安全评价等相关控制要求，设置防护绿地的宽度不宜小于 20 m。新建污水处理厂和垃圾处理厂周边防护绿地宽度不宜小于 50 m，水厂周围防护绿地宽度不宜小于 10 m，同时满足环境影响评价要求。

4. 广场布局

广场主要包括行政中心的市政广场、会展中心的会展广场、高速铁路客运站前广场、鹤壁市火车站站前广场，以及布局在商业区、文化娱乐中心区的市民游憩集会，文化娱乐性质的广场等广场。

5. 建立城市通风廊道系统

依据城市结构和肌理，打造 3 条宽度 500 m 以上的一级通风廊道（主要依托汤河、淇河和思德河滨水生态廊道），多条宽度 100 m 以上的二级通风廊道（主要依托二级水系、南水北调、交通廊道等），逐步形成城市通风廊道网络系统。划入通风廊道的区域应严格控制建设规模和开发强度，打通阻碍廊道连通的关键节点，打造"会呼吸的城市"。

8.4.3.4　中心城区道路网布局

在既有"方格加放射"路网的基础上，构建由快速路、主干路、次干路、支路构成的方格网状、开放式城市道路网络布局。在主城区外围建设城市快速路，强化主城区与副中心、组团间联系，构建紧密的"网络-枢纽"格局。建设功能有别的生活性、交通性主干路系统，组团内的交通联系，以承担客运交通为主。（见图 8-11）

1. 快速路

中心城区外围建设城市快速路，强化中心城区与其他组团联系，从而使单一的"走廊-节点"向心格局转向紧密的"网络-枢纽"格局。主要包括南山大道、时快线、耿索线、改建 G342（G107－规划 S305）、鹤浚大道、新建浚县南快速通道。

第8章 中心城区规划

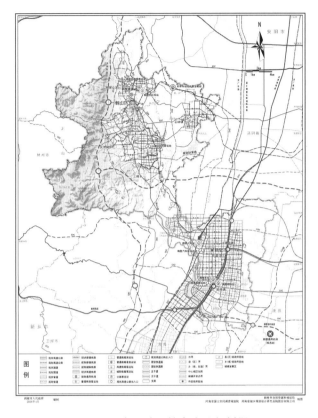

图 8-11 中心城区综合交通规划图

(资料来源:《鹤壁市国土空间总体规划(2021—2035 年)》)

2. 主干路

城区主干路系统分为生活性主干路和交通性主干路。除快速连接路、货物运输、工程管线、地下空间、景观风貌等特别需求外,新建城市主干道道路红线宽度不得超过 50 m。原 G107 城区段改为城市交通性主干路。重点对兴鹤大街、华山路等南北向主干道进行道路断面优化、提升 70 城区南北向交通通行能力。

3. 公共交通

构建以公共汽电车为主体的公共交通服务网络。建设鹤壁市至新乡市、安阳市,鹤壁市至濮阳市的城际轨道线,连接并入中原城市群城际轨道交通线网。规划公共交通线网及公交专用车道,倡导以公共交通为导向的城市开发模式;在城市快速路及辅道设置公交专用车道,形成多等级的公共交通走廊。规划中心城区常规公交站点 500 m 覆盖率不小于 95%。结合城市对外枢纽和公交场站布局,构建分层级的公交枢纽体系。

4. 绿道网

建立网络化的城市绿道体系,形成"四横—五纵—两片区"的绿道空间网络。四横:分别以羑河、汤河、淇河为主的滨河休闲型绿道,以贯穿思德河、淇河与东区水系为主的现代都市型绿道。五纵：以太行山脉主要公路为主的山林野趣型绿道，以贯穿新老城区为主的田园郊野型绿道，以贯穿安阳市至淇县、连通主城区南北部的现代都市型绿道。两片区：老城区和主城区。

8.4.3.5 案例点评

本案例明确了中心城区各类建设用地总量和结构，制定中心城区城镇建设用地结构规划，结合不同尺度的城乡生活圈，优化居住和公共服务设施用地布局，塑造城市风貌，完善开敞空间和交通网络，提高人居环境品质。

课后习题

1. 塑造城市特色风貌有哪几个方面？
2. 城市道路网布局主要模式有哪几种？
3. 城市蓝绿格局有哪些？
4. 城市功能的要素配置是什么？
5. 城市景观系统规划的主要内容是什么？

第9章 中心城区基础设施专项规划

9.1 中心城区对外交通系统规划

9.1.1 城市对外交通规划思想

城市对外交通指的是以城市为基本点,连接城市对外的各种交通运输的统称,其主要包括铁路、公路、水运及航空等。以铁路、公路、水运及航空等作为国家或地区的运输,均具有与国家或地区经济社会发展相适应的产业规划。而城市对外交通规划则一方面应充分利用国家或地区交通设施的规划建设条件,以增强市域内部各城镇之间的运输联系,从而发展市域城镇体系;另一方面应根据城市或地区经济社会发展对城市对外交通规划的要求,对其做出补充及部分调整。

9.1.2 铁路规划

1. 铁路的分类等级

铁路作为城市对外交通的主要设施,它具有运量大、速度快、安全舒适等特点,在现代社会中发挥着越来越重要的作用。因此,研究和探讨铁路运输对城市规划的影响以及如何加强铁路规划建设工作具有十分重大的现实意义。城市中的铁路设施基本划分为两种类型:一种是和城市生产生活密切相关的客、货运设施,例如客运站、综合性货运站和货场;另外一种则是和城市生产生活不直接相关的铁路专用设施(例如编组站、客车整备场和迁回线)。

2. 各类铁路站场之间相互衔接

铁路设施应当根据其为城市提供服务的属性和作用来安排,并与城市布局建立良好的联系。为了使铁路运输发挥更大作用,必须根据不同情况选择合理的线路走向和站场规模。如铁路干线可采用直线方案,而支线可以是圆曲线或缓和曲线。铁路客运站要紧贴城市中心区设置,若设置于城市周边,易导致城市结构过松,给居民出行带来诸多不便;服务于工业区、仓库区的工业站、地区站要设置于有关路段周边,通常位于城市周边;其他铁路专用设施要在符合铁路技术要求、与铁路枢纽整体布局相配套的基础上尽量设置于城市周边,不得影响正常运营、发展等。随着中国铁路事业的蓬勃发展,全国高速铁路客运干线及城市之间快速铁路客运干线相继建成,铁路系统客、货分流已初见端倪,城市总体规划中铁路规划应对此进行布局,从城市铁路布局来看,站场位置起着承上启下的作用。路线方向由车站和车站、车站和服务地区之间衔接需求决定。(见图9-1)

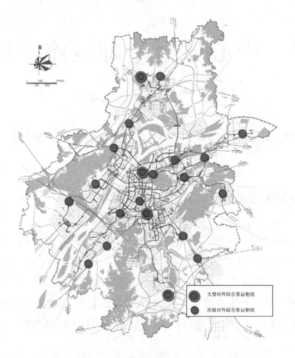

图 9-1　南京综合客运枢纽布局规划
(资料来源:网络)

车站在城市中的位置与车站的性质密切相关。应根据车站的性质、城市的性质及规模、铁路运输的性质及规模、客货流量及流向、自然条件、铁路与城市的关系等因素综合确定车站在城市中的位置。总体来说,对于与城市的生产和生活联系不密切而又对周边环境产生不良影响的车站,应该在满足铁路技术要求以及铁路枢纽总体布局的前提下,尽量布置在城市外围地区;对于与城市的生产和生活有密切联系的车站,应该在避免对周边地区产生干扰的前提下,尽量布置在靠近城市中心的地区或者与城市中心区有便捷交通联系的地区。

(1)中间站。中间站一般为普通车站,规模较小,并且兼具客运和货运功能。在城市中,中间站的选址既要考虑客流集散的方便,也要兼顾货流集散的需要。中间站多采用横列式布置形式。在理想条件下,为了避免中间站对城市的干扰,通常是将中间站布置在城市边缘,并将客运区(客站)与货运区(货场)分别布置在城市两侧。其中,客运区靠近城市生活居住区,货运区靠近工业区和仓库区。

(2)客运站。客运站在城市中的布置既要方便客流集散,又要尽量避免对城市环境造成不良影响。客运站一般应靠近城市中心地区布置。对于大城市,应考虑设置多个客运站,并分别布置在城市的不同方向,以避免客流过于集中。此外,客运站的设置还应考虑与城市内部客运交通系统的关系,宜尽量使客运站与城市轨道交通、公交枢纽等实现顺畅衔接,以提高客流集散效率和避免对城市内部客运交通系统产生不利影响。

客运站的位置既要方便旅客又要提高铁路运输效能,并应与城市的布局有机结合。客运站的服务对象是旅客,为方便旅客,位置要适当。中、小城市客运站可以布置在城市边缘,大城市可能有多个客运站,应深入城市中心区边缘布置。由于城市的发展,原有铁路客运站和铁路线路被包围在城市中心区内,与城市交通矛盾加大,也影响了城市的现代化发展,因此规划时要结合铁路枢纽的发展与改造,研究客运站设施和线路逐渐进行调整的必要性和调整的方案。

客运站的布置方式有通过式、尽端式和混合式三种。中、小城市客运站常采用通过式的布局方式,可以提高客运站的通过能力;大城市、特大城市的客运站常采用尽端式或混合式的布置方式,这样可减少干线铁路对城市的分割。大城市、特大城市客运站地区的城市交通条件较好,城市功能比较综合配套,常形成综合性的交通、服务中心。为方便旅客、避免交通性干路与站前广场的相互干扰,可将地铁直接引进客运站,或将客运站伸入城市中心地下。

客运站是对外交通与市内交通的衔接点,要考虑到旅客的中转换乘的方便,客运站必须与城市的主要干路相衔接,以方便联系城市各部分及其他联运对外交通设施;要协调好铁路与市区公交、长途汽车和商业服务的关系,做到功能互补和利益共享,实现地区发展目标。

(3)货运站。货运站的服务对象主要是货流。小城市一般设置一个货运站即可满足货物运输的需要。大城市一般需要根据城市的性质、规模、布局,以及货运量规模等因素,分设多个综合性货运站或专业性货运站。

货运站在城市中的布置一方面要方便货流集散,另一方面也要尽量减少对城市的干扰。以到发为主的综合性货运站应尽量接近货源和货物消费地区;专业货运站应尽量接近工业区、矿区、仓库区;以中转为主的货运站应布置在郊区或靠近列车编组站和水陆联运码头;带有危险品的货运站应设置在郊区,并采取安全隔离措施。此外,货运站还应与城市内的货运通道、货车停车场相结合,以尽量避免对城市交通的干扰。

(4)编组站。编组站的主要功能是进行列车的解编组、检修等作业。编组站的作业和线路较为复杂,一般占地较大,而且作业时会产生较大的噪声,对城市的干扰较大。编组站一般位于各类铁路线路汇集的地点,以方便各种车辆的集散。规划时应避免扩建原有的城市建成区内的编组站;新建的大型编组站应避开城市空间发展的主要方向,一般布置在城市外围地区;区域性编组站主要为干线铁路运输服务,与城市的直接联系不大,因而应尽量布置在城市外围郊区;地方性编组站不仅服务于干线铁路,而且也服务于地方性铁路,因而应考虑靠近铁路列车流产生的地方,如工业区、仓库区等。此外,还应考虑编组站内部职工和家属的生活、居住、公共设施、交通等的便利性。

9.1.3 城市综合客运枢纽布局规划

下面以南京市为例来讲解城市综合客运枢纽布局规划。

(1)交通体系总体目标:构建陆港、空港、水港、信息港"四港"合一的枢纽都市,支撑城市地位提升、城市规模扩大。

(2)枢纽体系规划目标:构筑服务于国际交往、地区交流、都市圈沟通和城市内部联系的多层次客运枢纽体系,支撑枢纽都市构建;建设高效的枢纽集疏运和换乘体系,实现枢纽内客流的快速集散和便捷换乘;鼓励枢纽与周边土地综合开发,以综合客运枢纽带动地区土地价值提升和集约开发利用。

(3)对外综合客运枢纽布局:按照枢纽规模、功能和服务范围分为两级。地域对外客运枢纽4个：南京南站、南京站、禄口国际机场、六合机场。地区对外客运枢纽21个：林场站、江浦站、紫金山站、中华门站、长途东站、中胜站、仙林站、栖霞站、汤山站、上坊站、湖熟站、溧水站、禄口站、板桥站、江宁南站、葛塘站、六合站、汤泉站、高淳站、龙潭站、东山站。城市市内综合客运枢纽布局如图9-2所示。多点换乘，服务于主要城市中心：新街口中心枢纽群、河西CBD枢纽群、江北中心区枢纽群、东山中心区枢纽群、仙林中心枢纽群。地区中心枢纽双线换乘，服务于城市地区中心及片区中心，其中，轨道交通换乘枢纽30个、轨道与公交间换乘枢纽37个、地面公交换乘枢纽36个。

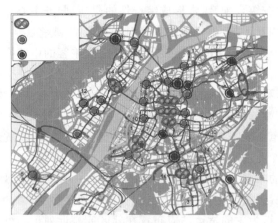

图9-2　南京市市内综合客运枢纽布局

（资料来源：网络）

都市区内铁路综合客运站基本形成"以人为本、便捷舒适、高效一体"的现代化综合客运交通枢纽。交通集散换乘以公交优先、轨道主导。公交集散换乘比例大于75%。构建独具特色的枢纽型城市发展核心功能区。以南站为中心的一小时快速通勤圈覆盖南京都市圈。现与城市轨道交通相连，大型铁路综合客运枢纽多线交会。

9.1.4　公路规划

1. 公路分类、分级

(1) 公路分类。公路按其性质与作用以及在国家公路网中所处地位划分为国道（国家干线公路）、省道（省级干线公路）、县道（县级干线公路，与乡镇相连）、乡道（乡镇干线公路）。市域内一般设一级或二级公路；县级以下设有三级公路；乡级以上设立四级公路。国省道与乡村道路交叉时，应按交通量大小划分等级并适当加宽。设市城市可以设市道作为城区与市属各县连接的通道。

(2) 公路分级。我国现行公路标准采用四级公路体系：国道1～3级，省道4～6级，县道8～10级，乡道11～12级。等级越高的道路通行能力越大。公路根据其用途任务及与之相适应的运输情况来划分等级，可以划分为高速公路、一级公路、二级公路、三级公路和四级公路。高速公路又称汽车专用道路或国家级、省级等干线公路，是指在国家规定的路线上修建的高速公路，它与干线公路、三级公路、集散公路、四级公路共同构成我国各级地方公路。

高速公路的设计时速大多在 100~120 km 之间(山区可降至 60 km)。大城市和特大城市宜采用高速公路环线形式,并将高速公路作为城市快速路网的骨架;高速公路在连接区域经济和对外交流方面具有重要作用。对于中小型城市而言,在考虑到未来城市发展时,高速公路应该远离城市中心而且使用互通式立体交叉,以便通过专用入城道路(或者普通等级公路)来连接城市。

2. 公路汽车场站的布置

公路汽车场站要根据城市总体规划功能布局及城市道路交通系统规划合理布局。长途汽车站选址,在方便用户使用的前提下,不对城市生产生活造成影响,同时与铁路车站及水运码头衔接良好,易于组织联运。

公路汽车站也称长途汽车站,从性质上可以划分为客运站、货运站、技术站及混合站等,从站点位置上可以划分为起点站、终点站、中间站及区段站等。

(1)客运站。目前我国很多座大中型城市建立了长途客运站,其中以北京、上海等为中心的特大型综合交通枢纽站数量最多。

(2)货运中转点,主要是公路运输和铁路运输。大城市、特大城市以及区域内公路交通枢纽,客货流量大,交通量大,长途客运往往设若干客运站,且独立于货运站、技术站之外,便于乘客出行。客运站往往位于城市中心区外围,以城市交通性干路连接道路,长途客运站要列入城市客运交通枢纽规划中,成为城市公共交通换乘枢纽中的合站。

长途客运站一般由客运站、货运站或技术站组成。随着铁路客运量的增加及长途汽车客运量比重的提高,应逐步增设一些大型的长途汽车站和铁路车站,作为城市公共交通首末站和重要的对外客运交通枢纽之一。

(3)货运站与技术站相结合。货运站应能为货主服务。货运站一般位于城市中心区,主要服务于工业产品或中转货物的装卸、储存等作业,因此,货运站应靠近工业区、仓库区及铁路货运站、货运码头,以实现水陆联运。货运站应与城市物流中心及城市交通干路相联系。技术站需要承担清洗、大修车辆等任务,使用土地面积大,对住户具有一定干扰。此外,还要考虑到城市用地的限制条件以及城市规划等因素,使货运站具有一定的规模。

(4)增设公路过境车辆服务站,主要包括汽车客运站和汽车修理厂、修配厂。其中,汽车客运站是最基本的服务场所,但由于其距离城区较远,一般不设服务区。为了减少入城过境交通量,可以在对外公路交会点或城市入口处建立公路过境车辆服务设施(如维修保养站、加油站、停车场(库)以及酒店、饭店、邮局、店铺等),这样不仅便于临时滞留过境车辆大修、停车,给驾驶员和乘客创造休息、转乘条件,而且可以避免无谓车辆及人流流入城市。这些设施还可以和城市边缘小城镇联合起来布置,同时利于小城镇发展。

市域路网布局的典型形态有三角形、棋盘形、放射形、并列形、树权形、条形、扇形等。

9.2　城市道路系统规划

城市道路系统作为城市各功能用地组织的"骨架",也是城市生产活动与生活活动开展的"动脉"。城市道路系统布局是否合理直接关系到整个城市的建设与发展。道路系统的确定,从本质上讲就决定着城市的发展轮廓和形式,这一影响意义深远并长期起作用。因此,研究城市道路系统布局对实现城市交通可持续发展具有重要意义。我国目前道路网系现状:路网密度低,等级规模小。影响城市道路系统分布的主要因素有四个方面:一是城市在地区内的地位(城市外部交通联系及自然地理条件等),二是城市用地分布结构及形式(城市骨架关系等),三是城市交通运输系统,四是市内交通联系。

9.2.1 城市道路系统规划的基本要求

1. 城市用地的"骨架"要求

(1)城市各级道路应成为划分城市各组团、各片区地段、各类城市用地的分界线。如城市一般道路(支路)和次干路可能成为划分小街坊或小区的分界线,城市次干路和主干路可能成为划分城市片区或组团的分界线(见表9-1)。

(2)城市各级道路应成为联系城市各组团、各片区地段、各类城市用地的通道。如城市支路可能成为联系小街坊或小区之间的通道,城市次干路可能成为联系组团内各片区、各大街坊或居住区的通道,城市主干路可能成为联系城市各组团、各片区的通道,公路或快速路又可把郊区城镇与中心城区联系起来。

表 9-1 城市道路等级划分一览表

道路等级	交通特征	机动车设计速度/(km/h)	道路交通密度/(km/km²)	机动车车道数/条	道路宽度/m	设计要点
快速路	大中城市的骨干或过境道路,承担城市中的大量、长距离、快速交通	60~80	0.3~0.5	4~8	40~70	立体交叉,对向车行道之间设置中间分车带,可封闭或半封闭,两侧不应设置吸引大量车流、人流的公共建筑物的出入口
主干路	全市性干路,连接城市各主要分区,以交通功能为主	40~60	0.8~1.2	4~8	30~60	自行车交通量大时,宜采用机动车与非机动车分隔形式,如三幅路或四幅路。两侧不应设置吸引大量车流、人流的公共建筑物的进出口
次干路	地区性干路,起集散交通的作用,兼有服务功能	30~40	1.2~1.4	2~6	20~40	
支路	次干路与街坊路的连接线,解决局部地区交通,以服务功能为主	30	3.0~4.0	2~4	15~30	

(3)城市道路选线要利于城市景观组织,配合城市绿地系统、主体建筑,构成城市"景观骨架"。

从交通与施工角度来看,公路宜笔直平坦,甚至有时会自觉地将天然弯曲的公路裁弯取直,其结果常常会让风景变得单调乏味,甚至出现以优秀景点或者建筑为对景的死对景,视角一成不变,形体由远到近渐被放大。要想改变这种局面,就要在规划设计时进行必要的调整,做到既满足交通安全又改善环境条件,提高人们的精神生活质量。例如,合理确定城市道路横断面形式。对于交通功能的道路,应尽量利用现有条件,在满足交通性要求的前提下,尽可能降低对驾驶人员视觉疲劳的影响;对于生活性道路,则要充分结合地形,并与城市绿地、水面、城市主体建筑、城市特征景点等构成一体,让道路选线随着地形的自然消长,选取恰当的变化角度,以高峰、宝塔、主体建筑、古树名木、城市雕塑等对景进行曲径通幽的变化,营造出鲜活、生动、自然、和谐、多变的城市风貌,给人一种浓郁的生活气息及优美的享受,让道路在平面布局功能上由"骨架"变成城市居民心中的"骨架"。

9.2.2 道路网的布局形式

城市道路网布局形式是指由道路网构成的空间几何拓扑。它反映了城市道路交通系统中道路之间的相互关系和组合方式,以及各部分间功能作用的协调程度。合理地进行道路网规划和设计对于提高城市综合交通效率具有重要意义。选择合理的城市道路网布局形式不仅要考虑到当地的社会条件、经济条件、自然条件等建设条件,而且还要考虑到它对城市用地及城市交通的影响。

城市道路网在布局形式选择上不应该生搬硬套某一种,而应该根据城市本身的特点及发展情况,做出具体的分析。在我国目前大多数城市都面临着快速发展与土地资源有限之间的矛盾,因此必须以可持续发展为指导思想,合理规划道路网络。道路交通需求是一个动态过程,它受多种因素影响,变化大;随机性强,波动较大;时间长,周期长。用地布局与交通分布是相辅相成的关系,合理的交通分布对整个城市道路系统起着至关重要的作用。

目前我国城市道路网布局主要采用方格网式、环形、放射式、自由式和混合式等形式。随着社会经济的发展和人民生活水平的提高,各种道路设施对改善人们出行条件和满足其多样化需求所起的作用越来越大,已成为衡量一个地区交通发达程度的重要标志之一;同时也带来了许多问题,例如道路系统不完整,无序化现象严重,不合理分布,重复建设,浪费巨大。许多城市道路网并不止一种形态,它可以是各种形态的综合。(见图9-3)

(1)方格网式与棋盘式相结合,这是一种新型的道路网。这种形式的道路网在我国分布广泛,但目前多用于大城市和特大城市中。其特点是平面上呈正方形或圆形,纵断面为直线形,横断面为梯字形或方箱形。一般不做交叉口设置,结构简单,灵活方便,适应性强,适用范围广,成本低。这种形式的优点:能充分利用现有的道路和空间,不受原有道路的限制,可根据不同情况灵活地改变道路的走向、宽度、长度等参数,从而使整个城市的建筑布局和交通组织具有更大的灵活性。主要存在的弊端:一是对角线走向上的交通联系不方便,二是存在很多交叉口,既影响出行速度,又不易于交通管理和控制。北京、西安、太原、郑州、石家庄、开封等城市都采用了这种布局形式。

(2)环形加放射道路系统。欧洲一些国家和地区的大型广场的布局形式及几何构图特

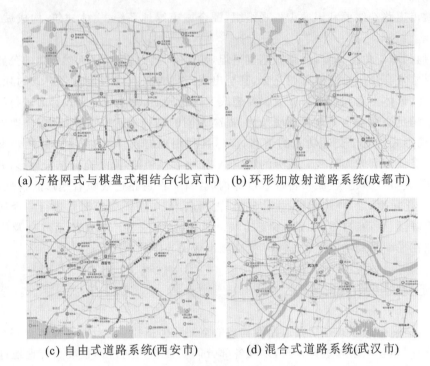

(a) 方格网式与棋盘式相结合(北京市)　(b) 环形加放射道路系统(成都市)

(c) 自由式道路系统(西安市)　(d) 混合式道路系统(武汉市)

图 9-3　城市道路网布局形式

(资料来源：百度地图)

点，对我国大城市有一定借鉴作用。环形加放射的布局形式在英国早期发展起来后，就被运用到了许多国家和地区。其特点是把中心城作为一个整体进行建设。这种布局形式能有效地利用空间资源并促进城市形态向更高层次演化，有较强的生命力，适用范围广，见效快，成本低，便于实施，易于推广，效益高。它能有效地把中心区与郊区联系起来，使之成为一个有机的整体，从而促进了城市向外围城市发展。主要弊端：一是易使外围交通快速进入市中心区，二是易形成不规则街坊。

(3) 自由式道路系统由于受自然地形限制较多，在设计时往往会出现不规则现象。

(4) 混合式道路系统是在城市发展过程中经过不同阶段并受地形、规划思想和社会经济条件影响所产生的各种道路系统混合形式。

9.2.3　道路网密度

道路网密度作为衡量某一城市的道路设施建设的重要标志，受到了人们的广泛关注。2016 年 2 月，中共中央、国务院印发了《关于进一步加强城市规划建设管理工作的若干意见》指出：到 2020 年，城市建成区平均路网密度提高到 8 km/km²。目前我国已有超过 20 座大中城市实施了公交优先战略，并取得一定成效。但同时还存在一些问题需要解决。一是道路网不均匀。二是交通量大，拥堵严重。2018 年颁布的《城市综合交通体系规划标准》(GB/T 51328—2018)也明确提出，中心城区内部道路系统密度不低于 8 km/km²。

根据住房和城乡建设部对全国主要城市的调查数据显示：我国主要城市的道路网密度在 2018 年至 2020 年连续三年均低于国家规定的路网密度指标 8 km/km² 和 10 km/km²，

其中深圳、成都、厦门等地达到 8 km/km² 以上。

2018 年度的监测报告显示：全国行政区的路网密度与《关于进一步加强城市规划建设管理工作的若干意见》提出的目标标准相比差距较大；从区域层面看，在 5~6 km/km² 的范围内，各行政区之间差异不明显，但不同行政区间的路网密度存在显著差异，平均为 6.24 km/km²；在行政区层面上，中国城市路网密度与 8 km/km² 的目标仍有很大的差距。在中国有 2/3 以上的省级政府发布了 2017 年及今后一段时间内推进"智慧交通"建设的指导意见，但实际开展情况并不乐观。总体上看还存在很多问题：一是发展水平低，二是规划滞后，三是管理不足，四是执行不力。从区域层面看，我国有 214 个行政区的路网密度低于 34 个，占比 15.8%；其中，西南、华南和华东等地区的路网密度均在 10 km/km² 以上，而其他 7 个省份仅有 3% 左右的城市达到了路网密度要求，如上海市黄浦区为 14.06 km/km²。

2020 年，全国 36 个主要城市平均道路网密度为 6.1 km/km²，相较 2019 年度的 6.0 km/km² 指标值总体增长约 1.7%，高于 2018—2019 年度 1.2% 的增长率。达到 7.0 km/km² 以上的城市为 8 个，较上年度增加 3 个城市，占比达 22%。其中，路网总体密度达到国家提出的 8 km/km² 的目标要求的为 3 个城市，占比约 8%；路网总体密度 5.5~6 km/km² 区间和 7~7.5 km/km² 区间比例较 2019 年度显著上升；路网总体密度水平低于 4.5 km/km² 的城市为 3 个，比 2019 年度减少了 1 个，占全部研究城市的 8%；道路网密度为 5.5~7.0 km/km² 之间的城市仍为 17 个，占全部研究城市的 47%。

《北京城市总体规划（2016 年—2035 年）》提出，提高建成区道路网密度，到 2020 年新建地区道路网密度达到 8 km/km²，城市快速路网规划实施率达到 100%；到 2035 年集中建设区道路网密度力争达到 8 km/km²，道路网规划实施率力争达到 92%。

《上海市城市总体规划（2017—2035 年）》提出，至 2035 年，主城区全路网密度达到 8 km/km²，其中中央活动区全路网密度达到 10 km/km²，新城全路网密度达到 8 km/km²。

道路网密度的定义为：城市范围内由不同功能、等级、区位的道路，以一定的密度和适当的形式组成的网络体系结构。依道路网内的道路中心线计算其长度，依道路网所服务的用地范围计算其面积。城市道路网内的道路指主干路、次干路和支路，不包括居住区内的道路。

道路网密度计算方法：建成区内道路长度与建成区面积的比值（道路指有铺装的宽度 3.5 m 以上的路，不包括人行道板，计算公式为 L/S，单位为 km/km²）。路网密度公式＝道路长度/区域面积。

9.2.4 道路红线

1. 道路线形规划

城市规模、规划区域规模均会对道路线形的规划深度产生影响，特大城市多研究快速路及其他级别道路线形并将其近似趋势用单线表示，大城市多研究主干路及以上级别道路线形并对其近似趋势用单线条表示，中小城市多研究次干路及以上道路线形并在条件允许时用道路双线的确切位置表示。

市域、县(市)级与中心城区级公路线形规划深度存在差异,市域与县(区)级公路研究至主干路或更高等级公路,表述为公路单线,县城城区可以研究至次干路或更高级公路,中心城区在研究次干路及更高级公路时,通常应表述为公路红线双线。

2. 道路红线宽度划定原则

市、县国土空间总体规划中,对于次干路及以上等级道路的红线宽度,规定了原则性的管控要求。

3. 道路横断面

道路横断面指与道路中心线垂直的断面,即在道路红线以内对于车行道、步行道、绿化带以及其他设施所采取的布局方式。城市道路横断面作为城市道路交通系统的重要组成部分,其合理与否直接影响着整个城市交通网络运行效率和服务水平。当前我国很多省市都开展了道路网规划设计工作,并取得一定成果。但仍存在一些问题,如缺乏系统性、不合理、不科学、欠规范、缺失细节。市、县国土空间总体规划中道路断面深度达不到的,通常在控制性详细规划中进行设计。

4. 对道路交叉口控制研究较少

在市、县国土空间总体规划层面上,道路交叉口管控关注内容相对较少,主要集中于部分高等级道路和其他道路交叉形式的识别,特别是将需进行立交的交叉口进行了界定,对立交用地进行了管控。

9.2.5 静态和慢行交通规划

1. 停车规划

提出规划目标,采取恰当方法预测公共停车设施发展规模,结合城市空间结构、用地特征等多因素确定停车交通发展策略。

2. 慢行交通规划

市县国土空间总体规划层面对于慢行交通规划较难提出具体的方案,主要是确定慢行分区;提出步行、自行车交通系统网络规划指标,提出慢行交通设施布局原则和基本要求。

(1)慢行分区。考虑自然环境、用地布局、交通特征等因素的影响,根据不同地区差异化的慢行需求,结合自然屏障和道路分割,划分不同的慢行单元;针对单元内部慢行交通特征,提出差别化的规划要求。

(2)慢行交通规划指标。通常提出构建与城市土地利用相协调的,连续、安全、便捷、宜人的慢行交通系统,倡导绿色低碳的出行方式,塑造健康有活力的城市形象,并提出慢行交通发展指标。

(3)慢行交通设施布局引导原则。市县国土空间总体规划阶段重点提出步行和自行车交通的规划思路和原则。

城市步行交通系统规划应以步行交通参与者的流量和流向为基本依据,与城市交通系统和城市公共空间体系相衔接,并应因地制宜地采用各种有效措施,满足行人活动的要求,保障行人的交通安全和交通连续性,避免无故中断和任意缩减人行道。

城市自行车交通系统规划应以自行车车流的流量和流向为基本依据,并应因地制宜地采用各种有效措施,满足自行车出行的要求,保障自行车的交通安全和交通连续性。

3. 绿道规划

绿道规划是目前慢行交通中新增的较被关注的一个主题,在市县国土空间总体规划中,需要明确绿道规划的目标、原则,市(县)级绿道布局结构和不同类型规划引导要求,在专项规划中定线网方案。

从空间结构和功能的角度出发,绿道可分为市(县)级绿道、区(片区)级绿道和社区绿道三个层级。市级绿道是全市绿道体系的骨架,区(片区)级绿道主要起到承接市级绿道的作用,社区绿道是在社区或绿地内部形成的绿道微循环系统,各级绿道相互连通,形成有机整体。

9.3 道路交通设施规划

城市公共交通以其集约高效、节能环保的优势得到了充分发展。优先发展公共交通不仅是缓解交通拥堵、转变城市交通发展方式、改善人民生活品质和改善城市基本公共服务的需要,也是建设资源节约型和环境友好型社会发展的战略性选择。

近年来,我国政府高度重视城镇化和城市交通发展问题,先后出台了多项公交优先发展战略及相关指导意见,大力推进公交发展理念创新,大力发展公共交通,加快推进公共交通规划建设进程。2011年交通运输部下发文件《关于开展国家公交都市建设示范工程有关事项的通知》(交运发〔2011〕635号文件),正式拉开公交都市创建工程的序幕。2012年全国各地积极响应创建公交都市的行动,北京、天津、大连、苏州、杭州、宁波、郑州、武汉、长沙、广州、深圳、银川、上海和南京都获得创建示范城市的称号。伴随着公交优先发展战略的实施和公交都市的建立,以公共交通为导向的城市发展(TOD)的理念逐渐被大城市所提倡,公共交通同城市形态及土地开发之间的联系日益紧密,城市规划中公交优先发展战略的体现与实施显得格外重要。

因为每个城市都已经进行或者将要进行公共交通专项规划,国土空间总体规划中应把实施专项成果作为主要依据,建议市县两级建设公交系统并明确系统各组成部分的职能,具备条件进行轨道交通规划的市县两级实施轨道交通线网,无条件进行轨道交通规划的市县两级明确主要公交客流走廊,中心城区范围内建议公交出行与机动化出行之比例目标,地面公交站点用地覆盖率为300 m。建议对重要公交站点进行管控要求,并根据实际情况对中运量公交站点或专用道进行规划。

9.3.1 公共交通系统构建和发展战略

1. 公共交通分类

公共交通是指由获得许可的营运单位或个人为城区内公众或特定人群提供的具有确定费率的客运交通方式的总称。按照运输能力与效率,公共交通可划分为集约型公共交通与辅助型公共交通。集约型公共交通是为城区中的所有人提供的大众化公共交通服务,且运输能力与运输效率较高的城市公共交通方式,简称公交,可分为大运量、中运量和普通运量公交。大运量公交是指单向客运能力大于 3 万人次/时的公共交通方式;中运量公交是指单向客运能力为 1 万人次/时～3 万人次/时的公共交通方式;普通运量公交是指单向客运能力小于 1 万人次/时的公共交通方式。辅助型公共交通是指满足特定人群个性化出行需求的城市公共交通方式,如出租车、班车、校车、定制公交、分时租赁自行车,以及特定地区的轮渡、索道、缆车等。

2. 制定合理的公共交通发展战略及规划

要实现以公共交通为导向的城市用地开发模式,打造高人口居住及就业向公交走廊两旁聚集的紧凑型城市,推动公共交通同城市、经济、居住的协调共生;构建一体化和多元并存的公交体系——以"轨道交通为骨架,常规公交为网络,出租车为补充,慢行交通为延伸"为原则,形成一体化和多元并举的都市公交体系;构建以公共交通为主的一体化衔接体系——统筹衔接大容量与中低运量、机动化与非机动化;做到空间集成,品质提升——整合轨道、公交、慢行系统和交通环境,营造安全、通畅、环保的交通空间以提高居民出行质量。

3. 完善公共交通系统

兼顾城市规模、形态、功能布局、交通需求和客运方式结构,建设符合城市分类的公共交通系统。

(1)人口超过 500 万人的特大城市——"轨道主体型"城市;
(2)大城市、100 万人、500 万人——"轨道骨干型"城市;
(3)中等城市、人口 50 万～100 万人——"快速公交型"城市;
(4)小城市、人口 50 万人以下——"常规公交型"城市。

都市圈及城市带内,在现有区域轨道交通条件下,可采用地铁、轻轨、快速公交、新型有轨电车和常规公交等多种公共交通方式共同构成城市公共交通系统。

都市圈及城市带二、三、四、五区(县),建议优先发展以地铁、轻轨为主干,以快速公交和新型有轨电车为辅干,以常规公交和出租汽车等其他城市公共交通系统相结合的模式。我国大、中、小城市应根据不同发展阶段特点合理规划城市轨道交通线网结构及线网规模;大城市宜优先采用大容量、大速度、高安全保障程度的地铁或轻轨交通方式,将其作为主要交通工具;中等城市可以适当提高票价水平;小城市应多搞慢行交通系统,大力发展绿色出行,加快低碳经济发展,加强环境保护。特大城市和大城市内的轨道交通线路应采用中运量公交与地面常规公交相结合的系统。

在县(市)域要大力发展城市公交,重点发展城乡客运班线和镇村公交;城乡客运班线和镇村公交主要分布在县(市)域及区域轨道交通站点附近。目前市辖区内部分公交线路存在线路重复建设等问题;而县城或县级市区之间的公交系统发展相对滞后。因此,要根据城市空间形态合理规划城郊型干线公交网络,优化线网结构,提高服务能力,增强吸引力,方便群众出行,提升服务水平,完善设施配套,方便市民生活。城乡客运班线、镇村公交和城市公交之间要借助换乘枢纽连接,形成层次清晰、功能分明、换乘方便的综合公交体系。

9.3.2 城市道路交通规划实例

这里以广东省佛山市顺德区容桂为例来讲解城市道路交通规划。

1. 现状分析

容桂街道(即容桂镇)现状主干路格局为三横四纵格局。三横为:容奇大道(容桂大道至碧桂路段)、桂洲大道(容桂大道至兴华工业区)、红旗路(桂洲中学至大福路)。三横路网之间的距离接近2000 m,红旗路只修建了西半部分,东半部分与G105国道尚未接通,也就是说,现状东西向交通干道主要依靠容奇大道和桂洲大道。四纵为:容桂大道、凤祥路—振华路—文华路、G105国道(顺德大道)、碧桂路。现有10个停车场(包括临时停车场)。

存在的主要问题:

(1)没有形成相对完整的道路系统。容桂现状南北交通干道有四条,东西向干道能与四条纵向道路相接的只有桂洲大道,因此东西交通不畅,桂洲大道压力大。由于容桂两镇长期分设,除主干道有所协调外,次干道、支路极不完整,没有相对完整的道路系统,道路错口多,新修建的次干道大部分为断头路,没有合理的路网间距,道路红线布置不合理。支路道路红线窄,路形弯曲,断头路多。

(2)道路功能混杂,主要体现在如下四点:

①G105国道功能混杂,交通压力大,对镇内交通干扰大,分割镇区。过境交通大部分集中在G105国道上,同时G105国道也是镇内南北向的重要交通干道,造成过境车辆与镇内交通相互混杂,现桂洲大道与G105国道为平交路口,南北、东西交通流量均较大,导致该路口交通不畅。

②碧桂路作为规划过境高速公路,现状与中山没有联系,成为尽端路,使桂洲大道东段需承担部分过境交通的功能。

③停车场地及其他配套设施严重不足。容桂现有停车场大部分为临时停车场,主要利用路边旧城改造拆迁后未建设的土地临时停车,每个停车场占地面积小,大多为1000 m² 左右。

④缺乏公共交通,导致交通混乱。容桂现状公交线路的主要服务对象是容桂镇镇区与顺德其他各镇区之间的长距离出行,无区内公交线路。居民目前出行的主要交通工具为摩

托车和自行车,自1996年以来,摩托车年均增长速度均在15%左右,目前拥有量达到6万多辆,常住人口户均拥有量达1.2辆。同时存在大量的非法营运摩托车辆,摩托车乱停、乱放现象严重,使镇区交通秩序混乱,交通环境恶化。

2. 规划原则及目标

1) 规划原则

(1) 对道路及交通系统进行综合规划,满足总体用地布局对道路、交通设施的不同要求,为道路交通建设和规划管理提供科学的依据。

(2) 适度超前,增加主次干道网密度,对中心城区以外区域亦进行路网控制。

(3) 处理好内部道路与城市快速路的衔接,控制交叉口用地,减少快速路对城市内部交通的影响。

2) 规划目标

(1) 建成与城市社会经济发展相适应、布局合理、快捷畅通的道路网络系统以及完备的现代化道路交通设施。各项指标应达到国家相关规范要求。

(2) 大力发展公共交通,适度发展私人小汽车,逐步控制摩托车数量,形成多种交通工具协调发展的安全、经济的城市客运公共交通体系。

(3) 货运交通以专业运输为主,水运与陆运相结合,建立高效的城市货运体系。

(4) 采用先进的技术装备和管理手段,逐步实现交通组织、交通管理现代化。

3. 道路系统规划

1) 路网规划

容桂镇镇域路网采用外环加方格网的布局形式,道路等级划分为3个层次5个等级,即高速公路、快速路、城镇内部道路3个层次和高速公路、快速路、主干道、次干道、支路5个等级。根据广东省交通网络规划,确定碧桂路为广州与珠海之间的高速公路。在容桂镇境内与红旗路立交规划有1个出入口,因此,对镇内交通分割极大,为此规划沿高速公路东西两侧各建1条城市主干道(或称辅道)与镇内主次干道连接,容奇大道、新发路、桂洲大道3条主干道下穿通过高速公路,以解决东西交通分割状况。

规划对穿越镇区的快速路采用主(快速)、辅(常速)路的形式修建,以减少对镇区交通的影响。G105国道由于受道路红线宽度的限制,已无法在东西侧修建辅路,规划在其两侧修建2条与之平行的南北向次干道,将G105国道从南北向镇内交通分离出来;伦桂路东侧规划辅路与城区主次干道相接,红旗路是连接3条纵向快速路的城镇快速路,规划与外环路相接,与容奇大道、伦桂路共同形成容桂镇外围环路。

中心镇区重点加强东西向主干道的规划,除容奇大道、桂洲大道、红旗路外,另外规划3条东西向主干道,南北向主干道以现有主干道为基础,另外规划3条南北向主干道,形成以快速路为支撑、主干道为骨架、主次干道等级明确、功能合理的路网系统,以满足各片区之间,以及片区内部的交通需求。规划快速路和主、次干道总长约为30.4 km。其中中心城区干道网密度为4.44 km/km², 人均道路广场用地面积为20.24 米²/人。(见表9-2)

表 9-2 道路网规划指标

道路等级	设车车速 /(km/h)	机动车道路 /条	红线宽度 /m	中心城区道路网	建筑区退红线距离/m
快速路	80	6~8	60~100	0.55	20~30
主干道	60	4~6	40~60	1.37	4~20
次干道	30~40	4	30~40	2.52	5~10
支路	20~30	2.3	16~25	3~4	3~8

2)道路规划管理要求

(1)经批准的城市道路红线宽度未经原审批机关批准不得调整修改。

(2)规划道路红线内不得修建任何建筑物、构筑物,包括临时性建筑物、构筑物。

(3)城市支路不能直接与快速路相接。快速路穿过人流集中的地区,应设置人行天桥或人行隧道。

(4)城市道路两侧的建筑物或构筑物,必须后退道路红线 3~30 m,道路红线与建筑红线之间的退让间距,只能作为道路拓宽、防灾救灾、人流疏散和沿街绿化用地。

4. 道路交通设施规划

城镇道路交通设施包括城镇道路设施和城镇交通设施。城镇道路设施主要包括立交、渠化路口、高架路、桥梁、隧道等;城镇交通设施包括社会公共停车场、公交站场、公共加油站、城镇广场等。

1)城镇道路设施规划

(1)道路交叉口规划。

道路交叉口形式包括立体交叉口和平面渠化交叉口两种形式。其中立体交叉口划分为互通式立交和非互通式立交两种形式。平面渠化交叉口包括展宽式信号灯管理平面交叉口、平面环形交叉口、信号灯管理平面交叉口和不设信号灯的平面交叉口等形式。根据容桂镇的具体情况,规划重点处理好穿越城区的高速公路、快速路与城镇主次干道相交的交叉口形式。

G105 国道(顺德大道)从容桂镇中部穿越,对镇区造成了较大的分割。规划 G105 国道与红旗路相交的交叉口采用互通式交叉口处理形式。G105 国道与其他主干道相交路口采用非互通式交叉口处理,即采取上跨或下穿的形式处理,并通过交叉口展宽设置右转匝道,左转交通需通过平行于 G105 国道的辅道和互通式立交转换。次干道与 G105 国道相交只能采取上跨或下穿形式处理,支路不与 G105 国道相交,可采用尽端式处理。

碧桂路在中心镇区边缘通过,顺德中心区规划已确定碧桂路在中心区与顺番公路立交设一出入口,根据高速公路出入距离限制要求及容桂镇实际,规划在碧桂路与红旗路设一互通式出入口立交,容奇大道、新发路和桂洲大道采用下穿形式通过碧桂路。根据城镇道路系统规划和道路交叉口设置的规划原则,容桂镇道路交叉口设施规划如表 9-3 所示。

表 9-3　道路交叉口的形式

相关道路	快速路	主干道	次干道	支路
快速路	A	A	A、F	—
主干道		A、B	B、C、D	B、D、F
次干道			B、C、D	C、D、E
支路				D、E

注：A 为立体交叉口；B 为展宽式信号灯管理平面交叉口；C 为平面环形交叉口；
D 为信号灯管理平面交叉口；E 为不设信号灯的平面交叉口；F 为右进右出平面交叉口。

(2)桥梁规划。

现状容桂镇对外交通的桥梁共有 5 座，即北部有德胜大桥、容奇大桥、马岗大桥，南部有细涪大桥和南头大桥。规划新增对外交通大桥 4 座，其中顺德支流上新增 1 座，容桂水道上新增 2 座，桂洲水道上新增 1 座，远景在容桂水道上预留 2 座大桥。

现状镇内主要水系眉蕉河上有机动车桥梁 2 座、人行桥 1 座、挡水坝桥 2 座，规划新增机动车桥梁 2 座。

规划桥梁的车道数量一般应与连接道路的车道数量相一致。

2)城市交通设施规划

(1)社会公共停车场规划。

容桂镇现状公共停车场极为缺乏，停车场的规划建设必须作为一项重要项目实施。规划社会公共停车场分为外来机动车公共停车场和区内机动车公共停车场。外来机动车公共停车场设置在城市对外交通出入口附近，规划共计 4 处。市内机动车公共停车场主要设置在商贸、大型公建、交通枢纽、居住区等附近。服务半径在中心地区不大于 200 m，一般地区不应大于 300 m。规划社会公共停车场总用地面积为 38.9 公顷。考虑机动车数量的快速增加，区内支路设置规划停车位(见表 9-4)。

表 9-4　配建停车位表

类　别	单　位	机　动　车
高中档旅馆(宾馆、招待所)	单位/客房	0.2～0.25
普通旅馆(招待所)	单位/客房	0.1～0.15
饭店、酒家、茶楼	车位/100 m² 营业面积	1.7～1.8
政府机关及其他行政办公楼	车位/100 m² 建筑面积	0.3～0.4
商业大楼、商业区	车位/100 m² 营业面积	0.25～0.3
肉菜、农贸市场	车位/100 m² 建筑面积	0.15～0.2
大型体育场馆 (场>1500 座，馆>4000 座)	车位/100 座	0.25～3
影剧院	车位/100 座	0.8～1.0
城市公园	车位/公顷占地面积	1.5～2.0

续表

类　　别	单　　位	机　动　车
医院	车位/100 m² 建筑面积	0.2～0.3
中学	车位/100 学生	0.3～0.35
小学	车位/100 学生	0.5～0.7
甲类居住小区(多高层)	车位/户	0.5～1.0
乙类居住小区(别墅式)	车位/户	1.0
工业厂房区	车位/100 m² 建筑面积	0.08～0.1

(2)公交站场。

公交站场包括公交首末站、枢纽站、中途站、公交停车场、保养场等设施。容桂镇公交线路规划应结合广东省佛山市顺德区综合考虑,逐步形成区域性快速公交走廊,在容桂镇内形成中小巴系统,利用中小巴特有的灵活性,将其作为容桂镇常规公共交通的一种辅助方式。在容桂镇内主要公交线路上设置港湾式公交停靠站。规划将现状容奇、桂洲两处汽车客运站改为公交首末站,结合规划新建的容桂长途汽车客运站,规划公交枢纽站,便于长途汽车与公交的接驳转换。

(3)公共加油站。

根据国家标准,公共加油站按服务半径0.9～1.2 km设置,中、小型站相结合,以小型站为主。根据昼夜加油的车次数,加油站用地面积为1200～3000 m²。选址应符合国家标准《汽车加油加气加氢站技术标准》(GB 50156—2021)的有关规定。加油站的进出口宜设在城市次干路上,并附设车辆等候加油的停车道。附设机械化洗车的加油站,应增加用地面积160～200 m²。

容桂道路交通规划图如图9-4所示。

图9-4　容桂道路交通规划图

(资料来源:网络)

9.4 给水工程规划

9.4.1 城市给水工程系统的构成与功能

城市给水工程系统由城市取水工程、净水工程、输配水工程组成。

1. 城市取水工程

城市取水工程包括城市水源(含地表水、地下水)、取水口、取水构筑物、提升原水的一级泵站以及输送原水到净水工程的输水管等设施,还应包括在特殊情况下为蓄、引城市水源所筑的水闸、堤坝等设施。城市取水工程的功能是将原水取、送到城市净水工程,为城市提供足够的水源。

2. 净水工程

净水工程包括自来水厂、清水库、输送净水的二级泵站等设施。净水工程的功能是将原水净化处理成达到城市用水水质标准的净水,并加压输入城市供水管网。

3. 输配水工程

输配水工程包括从净水工程输入城市供配水管网的输水管道,供配水管网,以及调节水量、水压的高压水池、水塔、清水增压泵站等设施。输配水工程的功能是将净水保质、保量、稳压地输送至用户。

9.4.2 城市给水工程规划的主要任务

城市给水工程规划的主要任务是:根据城市和区域水资源的状况,最大限度地保护和合理利用水资源,合理选择水源,确定供水标准,预测供水负荷,进行城市水源规划和水资源利用平衡工作;确定城市自来水厂等给水设施的规模、容量;科学布局给水设施和各级给水管网系统,满足用户对水质、水量、水压等的要求;制定水源和水资源的保护措施。

1. 给水规划的主要内容

给水规划的主要内容:确定给水规划目标与指标,预测城市用水量,进行城市水资源与城市用水量之间的供需平衡分析,选择给水水源和水源地;落实区域大型给水设施及输水通道;构建城乡一体化供水体系,确定重大给水设施的规模、位置及用地控制,明确应急水源和备用水源,提出水源保护、节约用水和安全保障等措施。

2. 城市用水量预测

(1)城市用水量预测方法:国土空间总体规划阶段城市最高日用水量可采用下列方法预测:

①城市综合用水量指标法,可按下式计算:

$$Q = q_1 P$$

式中：Q 为城市最高日用水量（万米³/天）；q_1 为城市综合用水量指标[万米³/(万人·天)]；P 为用水人口（万人）。

②综合生活用水比例相关法，可按下式计算：

$$Q = 10^{-7} q_2 P (1+s)(1+m)$$

式中：q_2 为综合生活用水量指标[升/(人·天)]；s 为工业用水量与综合生活用水量比值；m 为其他用水（市政用水及管网漏损）系数。

③城市不同类别用地用水量指标法，可按下式计算：

$$Q = 10^{-4} \sum q_i a_i$$

式中：q_i 为不同类别用地用水量指标[米³/(公顷·天)]；a_i 为不同类别用地规模（公顷）。

(2) 城市用水量指标：用水量指标的确定是预测城市用水量的基础条件。用水量指标选取应贯彻落实国家节水政策要求，在现状用水量调查分析基础上，结合城市地理位置、水资源状况、城市性质和规模、产业结构，适度提高工业用水重复利用率，参考相关规范标准及相似城市规划用水量标准等因素，综合分析合理确定。

城市给水工程规划的相关技术标准如表 9-5 至表 9-8 所示。

表 9-5 城市居民生活用水量标准

地域分区	日用水量/[升(人·天)]	适用范围
一	80～135	黑龙江、吉林、辽宁、内蒙古
二	85～140	北京、天津、河北、山东、河南、陕西、山西、宁夏、甘肃
三	120～180	上海、江苏、浙江、福建、江西、湖北、湖南、安徽
四	150～220	广西、广东、海南
五	100～140	重庆、四川、贵州、云南
六	75～125	新疆、西藏、青海

表 9-6 城市单位建设用地综合用水指标[万 m³/(km²·d)]

区 域	城 市 规 模			
	特大城市	大城市	中等城市	小城市
一区	1.0－1.7	0.7～1.3	0.6～1.0	0.4～0.9
二区	0.5～1.2	0.3～0.9	0.3～0.7	0.25～0.6
三区	0.5～0.8	0.3～0.7	0.25～0.5	0.2～0.4

注：1. 特大城市：是指市区和近郊区非农业人口 100 万及以上的城市；大城市是指区和近郊区非农业人口 50 万及以上不满 100 万的城市；中等城市是指市区和近郊区非农业人口 20 万及以上不满 50 万的城市；小城市是指市区和近郊区非农业人口不满 20 万的城市。

2. 一区包括贵州、四川、湖北、湖南、江西、浙江、福建、广东、广西、海南、上海、云南、江苏、安徽、重庆；

二区包括黑龙江、吉林、辽宁、北京、天津、河北、山西、河南、山东、宁夏、陕西、内蒙古河套以东和甘肃黄河以东的地区；

三区包括新疆、青海、西藏、内蒙古河套以西和甘肃黄河以西的地区。

3. 本表指标为规划期最高日用水量指标，并已包括管网漏水失水量。

表 9-7　居住用地用水量指标[m³/(ha·d)]

区域	城市规模			
	特大城市	大城市	中等城市	小城市
一区	180～280	160～250	130～230	125～220
二区	130～195	110～170	95～150	85～145
三区	130～185	110～160	95～140	85～133

注：1. 城市分类和分区见表 9-6；
2. 本表指标为规划期最高日用水量指标。

表 9-8　其他用水量指标[m³/(ha·d)]

序号	用地代号	用地名称	用水量指标
1	W	仓储用地	20～50
2	T	对外交通	35～60
3	S	道路广场	20～25
4	V	市政公园用地	25～50
5	G	绿地	10～30
6	D	特殊用地	50～90

注：1. 沿海开发区城市综合用水量指标可根据实际情况酌情增加；
2. 本表指标为规划期最高日用水量指标。

3. 城市水源的选择

城市常规水资源主要分为地下水和地表水两类（见图 9-5）。我国对常规水资源缺乏统一管理和有效保护，造成了严重浪费现象；同时又因过度开发利用而引起一系列环境问题，如水体污染、地面沉降等。非常规水资源是指再生水、雨水和海水，它们通常可以做工业用水、市政用水或者其他对于水质要求不高的用水。

(1) 城市水源：城市供水是国民经济的重要组成部分，它直接关系到城市居民生活水平的提高和社会经济的发展。因此，必须根据当地的具体情况，因地制宜地确定城市供水方案。城市给水水源的选择要综合考虑自然条件、水资源条件和城市发展规模，并根据优水优用原则进行技术经济分析和理性选择。地表水是城市水源的重要组成部分，在农业和水资源综合利用中具有重要地位，要根据不同类型水源地的特点，科学地进行水体功能区划，合理确定取水段长度，以保证给水水源水质良好，并对调整产业结构起到导向作用；地下水可作为重要的水源地或富水区域开发利用。

(2) 合理开发利用城市水资源：给水规划应以节约用水为目标，"以水定城、以水定地、以水定人、以水定产"是实现城市水资源供需平衡的基本途径；要进行城市水资源优化配置研究。城市供水是解决水资源供需矛盾和提高水资源利用效率的重要途径，也是实现可持续

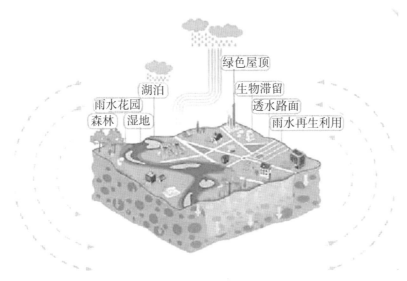

图 9-5 城市水资源
（资料来源：网络）

发展战略的重要保障条件之一。要加强对供水量预测技术的开发应用。城市水资源平衡包括水资源（地表水、地下水和再生水）总量平衡和海水综合利用量平衡。对几个典型的城市规划区（包括市域和流域）进行水资源供需特征分析研究，结果表明：在进行水资源需求预测时应以流域为单元进行水资源利用上限的确定；在水资源供需平衡基础上，根据不同城市规模和产业结构方案，有针对性地调整水资源平衡，合理开发利用水资源。如果常规水资源不充足，则要对高耗水产业进行限制，并建议采用非常规水资源。

4. 水厂规划

（1）水厂规模。水厂的服务范围，以满足城镇居民生活饮用水需求为主。可考虑城镇集中供水或分散供水模式。水厂的数量与服务范围是依据水资源情况、城市供水系统的现状、城市发展规模、空间结构与总体布局以及城市地形地貌而合理设置的，以满足城市居民生活用水为主，兼顾农业灌溉、工业供水、生态需水量和其他用途用水。水厂供水范围在确保城乡供水的前提下，根据区域协调和共建共享的原则，应当包括向周边城市提供区域供水的范围。城市水厂的规模要根据其供水范围内的最大日用水量而定，同时要适度预留本城市的长期发展用水等。新建水厂应采用常规处理和深度处理工艺相结合的方式，以提高应对突发污染事故的应急反应能力和处理能力，保障城市供水安全；新建水厂的用地规模要依据水资源条件和城市发展需要等因素因地制宜地按预处理、常规处理和深度处理进行需求调控，同时要针对可能存在的供水风险留出应急处理设施用地，同时要为城市长期发展留出水厂扩建用地。

（2）水厂选址要点。地表水水厂位置选择应与城市总体布局协调，宜选择在交通便捷及供电安全可靠的地方，主要考虑以下因素。①给水系统布局合理，水厂优先选择在水源附近，通常与取水设施合并设置。但当取水地点距离用水区较远时，水厂设在取水设施近旁或用水区附近,需要综合考虑水厂废水处置方便、输水管投资、管理等因素,通过技术经济比较确定。②有良好的工程地质条件,不受洪水威胁。③有良好的卫生环境,并便于设立防护带,水厂废水处置方便。④不占或少占农田,少拆迁。⑤水厂有深度处理用地及发展备用地。⑥取用地下水的水厂,可设在井群附近,尽量靠近最大用水区,位于地下水流向的上游。⑦非常规水源水厂的位置宜靠近非常规水资源或用户集中区域。

5. 输配水系统规划

输配水系统布局要点:按照城乡统筹、推进城乡基本公共服务均等化的要求,主要给水干管沿水厂至主要用水方向,在用水需求量大的区域布局,通过水力计算校核优化调整;山地丘陵城市地形起伏较大时,宜采用分区分压给水或局部加压的给水系统,给水干管布局时,注重竖向分析及水力计算,合理布局给水干管及增压设施。

当城市水源远离水厂时,需要对原水输水管进行规划和修建,输水管的布置及选线根据水源相对水厂的位置、远近、现状及规划道路的实际情况,通过技术经济比选决定。城市水厂距用水区较近时,可采用清水输水管供水,以减少用水量,提高水质,但要注意:首先,应选择合适的输水管;联网水厂在满足出水压力要求前提下,可根据用水区所处环境和地形等因素,因地制宜地设置不同的竖向条件的给水系统增压装置;再次,要兼顾管网布置方式、工程投资成本以及运行管理要求等多方面因素选择最优方案。在长距离输水中,加压泵站是最重要的设备之一。增压设施应布置在靠近水源处,并尽量远离输水管;当城市水厂要对周边县(市、区)进行供水的时候,需要综合考虑周边县(市、区)供水需求的分布情况、城市间道路交通布局情况以及地形地貌对区域输水管影响情况进行配置。

对于供水距离较长或者地形起伏大的市区,给水系统中适宜布置加压泵站。其数量以1~2个为宜;布置形式可采用单泵双管并联和多泵单管直联两种方式。加压水泵选用时,应使流量分配均匀合理,以保证正常运行要求。加压泵站应根据区域供水范围、水厂供水压力、直接供水建筑层数和服务水头等条件进行合理布置,并进行管网平差分析;通常布置于远离水厂或者地形地势高、配水管网水压力低且靠近用水集中区域的地方。(见图9-6和图9-7)

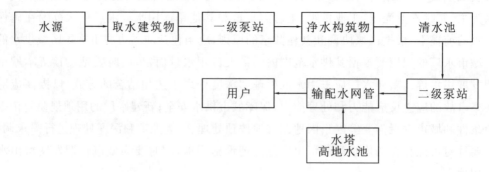

图9-6 城市输配水系统过程

(资料来源:作者自绘)

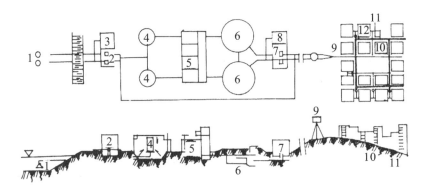

1.取水口;2.一级泵站;3.加氯间;4.沉淀池;5.过滤池;6.清水池;7.二级泵站;
8.加氯间;9.输水管;10.配水管;11.进户管;12.消防栓。

图 9-7 城市输配水系统示意图

(资料来源:网络)

9.4.3 城市给水工程规划实例

这里以广东省佛山市顺德区容桂街道(即容桂镇)为例来讲解城市给水工程规划。

1. 现状分析

容桂现有 3 座规模较大的水厂:容奇水厂、桂洲水厂、容里水厂。其中,属容桂自来水公司管辖的水厂有 2 座,是容奇水厂和桂洲水厂。目前中心城区及 70% 的乡村由容桂自来水公司供水。

容奇水厂位于西堤四路上澳坊,现有水处理能力为 20 万米^3/天。桂洲水厂位于西堤四路穗香管理区,现有水处理能力为 6 万米^3/天。以上两座水厂均位于城市上游,水源水质良好,受城市排污影响小,是良好的取水点。目前实际平均日供水量 16 万米^3/天。

容里水厂位于容桂镇小黄圃北嘴庙头岗边,厂区面积 60 亩,供水范围 23 km^2。该水厂设计规模 20 万米^3/天,目前供水能力 16 万米^3/天,现实际平均日供水量为 6 万米^3/天,源水水质符合《地表水环境质量标准》(GB 3838—2002)的Ⅱ类水质要求,供水水质符合《城市供水水质标准》(CJ/T 206—2005)要求。

镇内水厂水源均取自容桂水道,存在的主要问题:镇域范围内有多家分属不同部门的水厂同时供水,相互间缺乏有机的联系;给水管网布置缺乏系统性,未形成全镇统一的供水管网,供水安全可靠性差。现该镇供水管网布局不合理的情况较为突出,均存在水厂有水供不出,而部分城区及乡村存在供水水压偏低、水量不足的问题。容奇水厂、桂洲水厂部分水处理设施的工艺及控制设施有待改造、更新。容里水厂取水点位于容桂镇的下游,原水受城市排污影响较大,随着城市排污量的增加,原水水质亦有恶化的趋势。

2. 用水量预测

根据《城市给水工程规划规范》(GB 50282—2016)确定用水量标准,计算用水量。

1)水源规划

容桂位于顺德区南部,西北江下游。顺德支流、容桂水道、桂洲水道四周环绕,上接西江干流之东海水道,下接西北江汇流之洪奇沥,地属珠江三角洲洪潮区。容桂四周水道的特点是流量大、潮汐现象明显,水质状况随丰枯水季节而变化,枯水期以有机污染为主,水质较清洁,丰水期以无机污染为主。

根据容奇水文站多年统计观测资料,多年平均降雨量1591 mm,年最大降雨量2538 mm,年最小降雨量1050 mm。容桂镇地处水网密布地区,水资源丰富,可提供充足的水量满足容桂镇的用水需求。随着顺德区新城区的建设发展与容桂中心城区的建设发展,在城市污水处理厂未投入使用前,作为供水水源的容桂水道受污染程度将日渐加深,为了保证原水水质,应加强对容桂水道的污染控制。枯水期以有机污染控制为主,丰水期以无机污染控制为主。抓污染源头,加强对水道的清污工作,同时提高人们保护供水水源的意识,以确保其符合国家饮用水的水质标准。为提高容桂供水的安全保证率,可将容桂水道上游作为后备取水点。

2) 水厂及管网规划

根据规划用水量预测,2020年容桂最高日用水量为39.5万米^3。容桂现有3座规模较大的水厂(见图9-8),即容奇水厂、桂洲水厂、容里水厂,供水能力分别为20万米^3/天、6万米^3/天、16万米^3/天,3座水厂的供水能力之和已达42万米^3/天,可满足容桂2020年的用水需求。3座水厂的供水方式应为统一调度管理,互为补充,联网供水,以确保城市供水的安全可靠。根据远期三大水厂统一管网、联合供水的情况,在现有给水管网的基础上,改造和逐步完善全镇域的供水管网,解决现有管网布局不合理的问题。严格按照国家有关供水管道建设规范,高质量、高标准建设安全的供水管网系统,同时不断完善供水管网系统的安全运行管理,确保不间断地向用户供水。

针对饮用水水质要求的不断提高,水厂应增加直饮水设备的建设,对有条件的小区实行分质供水,并实现各小区直饮水管道联网。

图9-8 容桂总体规划给水工程规划图

(资料来源:网络)

9.5 排水工程规划

9.5.1 城市排水工程

城市排水工程包括城市雨水排放工程、城市污水处理及排放工程等。

1. 建设内容和要求

城市雨水排放工程主要由雨水管渠、雨水收集口、雨水检查井、雨水提升泵站、排洪泵站和雨水排放口组成，应包括保障城市雨水排放而建造的水闸和堤坝。我国许多城市已将建设"海绵城市"作为改善城市生态环境、实现可持续发展的重要措施来抓。目前国内已有多个城市开始了这方面的实践工作。上海在这方面走在全国前列。城市雨水排放工程的作用在于将城区雨水和降水及时汇集并排出，抵御洪水、潮汛水的入侵，避免并快速消除城区渍水。

2. 城市污水处理及排放工程建设

城市污水处理及排放工程主要由污水处理厂、污水管道、污水检查井、污水提升泵站、污水排放口及其他设施组成。我国实行城镇污水处理费制度，对新建或改建的城镇污水处理厂（站），由县级以上人民政府财政主管部门会同有关部门制定经济技术政策进行扶持，并加强监督管理。城市污水处理及排放工程的作用在于对城市中各类生活污水和生产废水进行收集处理，并对处理过的废水进行综合利用和适当排放，从而达到控制和治理城市水污染以及保护城市及地区水环境的目的。

9.5.2 城市排水工程规划的主要任务和相关技术标准

城市排水工程规划的主要任务是：根据城市自然环境和用水状况，合理确定规划期内的污水处理量、污水处理设施的规模与容量、降水排放设施的规模与容量；科学布局污水处理厂等各种污水处理与收集设施、排涝泵站等雨水排放设施，以及各级污水管网；制定水环境保护、污水治理与利用等对策和措施。（见表9-9至表9-11）

表 9-9 城市污水排水率

污水性质		排 水 率
城市污水		0.75～0.90
城市生活污水		0.85～0.95
工业废水	一类工业	0.80～0.90
	二类工业	0.80～0.95
	三类工业	0.75～0.95

注：1. 城市生活污水量是指居民生活污水与公共设施污水两部分之和；

2. 排水系统完善的地区取大值,一般地区取小值;
3. 工业分类按《城市用地分类与规划建设用地标准》(GB 50137—2011)中对工业用地的分类;
4. 城市工业供水量是工业所取用新鲜水量,即工业取水量。

表 9-10　生活污水量总变化系数

污水平均日流量/(L/s)	5	15	40	70	100	200	500	>1000
总变化系数 K	2.3	2.0	1.8	1.7	1.6	1.5	1.4	1.3

表 9-11　污水管道的最小管径和最小设计坡度

管道位置	最小管径/mm	最小设计坡度
在街坊和厂区内	200	0.004
在街道下	300	0.003

1. 污水规划

市县国土空间总体规划的污水排水规划要按照系统工程思路,优化完善城市污水管网布局,从源头控制污水不下河,有条件时污水处理系统宜互联互通,有效规避污水排水系统事故排放引起的环境污染事件。污水处理从达标排放与水污染控制,转向污水再生利用、水生态恢复到水生态文明,污泥处置从无害化、减量化转向资源化利用目标。

1)污水量预测

城市污水量包括城市综合生活污水和工业废水量。地下水位较高的地区,污水量还应计入地下水渗入量。城市污水量可根据城市用水量和城市污水排放系数确定。各类污水排放系数应根据城市历年供水量和污水量资料确定。当资料缺乏时,城市分类污水排放系数根据城市居住和公共设施水平及工业类型等,可按现行《城市排水工程规划规范》规定取值。

2)污水系统布局

城市污水系统布局应按照城乡统筹、区域协调、环境保护要求,并与城市总体布局相协调,主要考虑以下因素:①现状污水处理厂位置、规模及用地情况,是否有富余处理能力或原址扩建可能性;②污水系统宜尽量顺应自然地形地势收集排放;③考虑自然山水格局及对外交通廊道等分割,污水处理系统宜相对分散布局;④相对独立的城市功能分区,周边无污水系统统筹处理条件,宜相对独立布局污水处理系统;⑤应充分分析污水再生水用户需求与分布,污水系统布局有利于水资源循环利用,避免城市污水过分集中处理;⑥污水收集处理是一个系统工程,污水处理系统布局应从近期需求出发,满足远期发展要求;⑦污水处理系统布局考虑受纳水体分布与环境容量限制,满足环境保护要求;⑧结合地形、经济等因素,靠近城镇的农村污水宜纳入城市污水系统处理。

3)污水处理厂规模

(1)污水处理厂规模。根据污水系统布局,划定每个污水系统的服务范围,估算污水量,确定污水处理系统中每个污水处理厂的规模。

(2)污水处理厂用地规模。污水处理厂宜采用新技术、新工艺,尽量节约用地。污水处理厂用地指标应根据建设规模、污水水质、环境保护及处理深度等因素确定。污水处理厂用地根据常规二级处理、污水深度处理需求控制用地,设有污泥处理、初期雨水处理设施的污水处理厂,应预留相应的用地面积,并为城市长远发展预留污水处理厂扩建用地。

4)污水处理厂选址要点

城市污水处理厂厂址选择对城市总体布局、环境保护、污水合理利用、污水收集系统布局等有重要影响,应多方案比选确定。厂址宜符合下列要求:①位于城市夏季最小频率风向的上风侧。与城市居住及公共服务设施用地保持必要的卫生防护距离;②必须位于给水水源的下游,符合供水水源防护要求;③应便于污水再生利用;④厂址应交通方便,靠近电源。位于工程地质及防洪排涝条件良好的地段;⑤有城市长远发展扩建用地;⑥考虑城市地形影响,宜设在地势较低地段;⑦满足当地环境保护要求时,宜设在排水受纳水体附近便于尾水排放。

5)污泥处理与处置

城市污水处理厂的污泥应进行减量化、稳定化、无害化、资源化的处理处置。污泥处理处置设施宜采用集中和分散结合的方式布局,应规划相对集中的污泥处理处置中心,宜与城市垃圾处理厂、焚烧厂等统筹规划布局。

6)污水收集系统布局

污水收集系统总体布局原则如下。①坚持区域与城乡统筹,污水主干管布局考虑收集周边区域污水、农村污水。②保证污水处理厂服务范围最大区域污水自流入污水处理厂,不因局部低洼地块排水降低整个污水收集系统高程,增加管道埋深或污水泵站,增加投资或能耗。局部低洼地区污水宜设置局部污水泵站排放。③污水收集系统布局必须近远期有机衔接,避免近期建设地块甚至建成地块污水无出路而污水处理厂却"吃不饱"现象,同时保证污水不下河。④有条件的污水系统宜互联互通,有效规避污水排水系统事故排放引起环境污染事件,常规状态时有利于灵活应对城市分期建设污水处理需求。⑤污水干管与污水中途泵站应统筹布局,尽量节约投资和能耗。⑥截流干管宜沿河流岸线走向布局。

2. 污水再生利用

根据节约用水原则,要求污水处理由达标排放向污水再生利用转变,由水生态恢复提升为水生态文明,新污水处理厂应包括污水再生系统。

(1)确定再生水使用范围。①水资源管理应以节约与保护为前提,合理利用再生水,在满足当地居民生活用水需求的基础上,适当发展一些用于工业生产、道路清扫及景观环境补水等方面的再生水。②再生水利用量估算。根据不同用途及用水量特点,分别计算各行业再生水需求量;针对目前国内再生水应用中存在的问题提出对策建议。③再生水供需平衡。再生水需水量计算方法可采用定额法或经验公式法计算。

(2)合理规划再生水设施建设规模。将污水处理厂出水口作为再生水厂来源时,再生水可用量不应大于污水处理规模之和。考虑到城市水资源条件、再生水使用者分布情况、管网或管廊建设情况、用地资源情况和投资情况,给出了再生水利用系统总体布置方案,并对再生水厂的规模和用地控制进行了确定。

9.5.3 城市排水工程规划实例

这里以广东省佛山市顺德区容桂街道(容桂镇)为例来讲解城市排水工程规划。

1. 雨水工程规划

1) 现状分析

容桂绝大部分建成区为雨、污合流管,雨水经合流管,就近排入附近水道和河涌。由于容桂地势低洼,坡度平缓,部分现有排水管排水不畅,局部地区在汛期出现水淹。

2) 排水体制选择

根据顺德区总体规划及国家有关排水体制的规定,容桂排水体制采用雨、污分流制。

3) 雨水管渠规划

充分利用地形、水系进行合理分区,根据分散和直接的原则,保证雨水管渠以最短路线、较小管径把雨水就近排入附近水体。雨水管渠沿规划道路铺设,雨水尽可能采用自流方式排放,避免设置雨水泵站。(见图9-9)

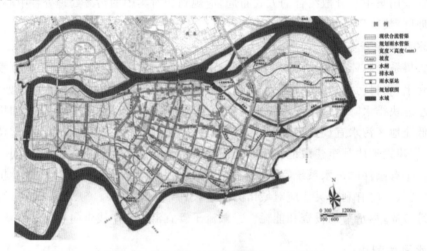

图 9-9 容桂总体规划雨水防洪工程规划图

(资料来源:网络)

雨水就近排入围堤内河涌,然后排入围堤外水道,在围堤外水道水位低时,围堤内河涌水自流排入外水道,在围堤外水道水位高时,围堤内水经排涝泵站抽升排入外水道。

2. 污水工程规划

1) 现状分析

容桂除容奇地区建有部分污水管外,其他绝大部分建成区为雨、污合流管。而未建成区,如农田、鱼塘之类,则不存在排水管道。现状排水系统比较凌乱,设施简陋,污水未经处理就近直接排入河涌。目前容桂尚无一座城镇污水处理厂。

存在的主要问题:

容桂建成的部分污水管因堵塞而无法使用。所有生活污水和工业污水基本上未经任何处理直接排入水体,对水体造成污染。随着城镇的发展,排污增加,使周边水体水质逐年恶化,并威胁到城市供水水源。

2)污水量预测

污水量计算取给水量的85%,2020年容桂总污水量为34万米^3/天。

3)污水管道及污水处理规划

容桂规划设立一座集中的城镇污水处理厂。污水处理厂位于容桂南部合胜围,为给水厂的下游,污水处理厂占地面积20公顷。全镇的污水经污水管道收集,全部汇入规划污水处理厂。污水经二级处理达标后,排入桂洲水道。

污水管道系统参照顺德区中心城区总体规划,并结合污水量及路网变化的情况,沿规划路设置。设置时以排水线路短、埋深浅、管网密度均匀合理为原则。污水管道的埋深(标高)应在下一步专项工程规划中详细计算确定。污水管应根据埋深情况酌情设置污水中途提升泵站,泵站需保证有足够的用地。大型工业企业需自设污水处理设施,经处理满足国家规定的市政管道排放标准才可排入全镇市政污水系统。

4)管网改造利用规划

对容桂的现状雨、污合流管,近期将其保留,在其排出口处建截流管,汇入规划的污水管道系统。晴天时,污水通过截流管汇入规划污水管道系统,最后汇入规划污水处理厂处理;雨天时,当混合污水量超过截流管的输水能力时,混合污水由沿截流管设置的溢流井溢流,直排入河涌中。

远期雨、污分流形成后,保留部分现状合流管,将其改造为雨水管使用,雨水经雨水管直排入河涌。规划污水管只排污水。对容奇地区已建成的污水管进行清污,恢复排水后接入规划污水管。容桂新建区严格执行雨、污分流制。

9.6 电力工程规划

9.6.1 城市供电工程系统的构成与功能

1. 城市电源工程

城市电源工程主要包括城市电厂、区域变电所等电源设施。城市电厂是专为本城市的火力发电站、水力发电厂、核能发电厂、风力发电厂、地热发电厂等服务的。区域变电所是区域电网上供给城市电源所接入的变电所。区域变电所通常是大于110 kV电压的高压变电所或超高压变电所。城市电源工程具有自身发电或从区域电网上获取电源,为城市提供所需电源的功能。

2. 城市输配电网络工程

城市输配电网络工程由城市输送电网与配电网组成。城市输送电网含有城市变电所和从城市电厂、区域变电所接入的输送电线路等设施。城市变电所通常为大于10 kV电压的变电所。城市输送电线路以架空电缆为主,重点地段采用直埋电缆、管道电缆等敷设形式。输送电网具有将城市电源输入城区,并将电源变压输入城市配电网的功能。

城市配电网由高压、低压配电网等组成。高压配电网电压等级为 1~10 kV,含有变电所、开关站、1~10 kV 高压配电线路。高压配电网可作为低压配电网变、配电源,以及直接为高压电用户送电等。高压配电线路通常采用直埋电缆、管道电缆等敷设形式。低压配电网电压等级为 220 V~1 kV,含低压配电所、开关站、低压电力线路等设施,具有直接为用户供电的功能。

9.6.2 城市供电规划主要内容

城市供电规划主要内容:确定规划目标与指标,预测城市电力负荷,选择城市电源;落实国家或区域高压输电干线通道和大型电力设施;确定城市电网布局框架、城市重大电力设施和高压线走廊的位置和用地。

1. 负荷预测

(1)负荷预测方法。市县国土空间总体规划阶段电力负荷预测基于城乡规划人口、用地规模及城市经济发展目标等规划条件,可选用人均用电指标法、GDP 单耗法、单位建设用地负荷密度法等方法预测,并相互补充、校核,提高城市电力负荷预测的科学性。其中,人均用电指标法、GDP 单耗法,从城市用电量入手,由年供电量的预测值除以年综合最大负荷利用小时数,从城市用电量转化为城市电力负荷预测。单位建设用地负荷密度法,从确定城市负荷密度标准入手进行电力负荷预测。

(2)负荷预测指标。负荷预测指标选取应综合考虑国家节能降耗等相关政策要求、城市社会经济发展、城市的性质与规模、地理位置、产业结构、地区能源资源等因素,以城市现状用电水平为基础,参考现行城市电力规划规范负荷预测指标,借鉴同类城市负荷预测指标,综合研究分析后确定。GDP 单耗法依据城市历年 GDP 产值单耗水平进行线性拟合,参照其他同类城市经验,分析确定城市未来 GDP 产值单耗水平。

(3)其他负荷。近年来,随着大数据行业发展、地下空间开发利用及电动车的推广使用等,出现了大数据中心用电负荷、地下空间用电负荷及充电站用电负荷等新的负荷类型,电力负荷预测时需予以考虑,以适应城市发展新的用电需求。

2. 供电电源

(1)电源选择。供电电源分为城市发电厂和接受市域外电力系统电能的电源变电站。供电电源的选择,应综合所在地区的能源资源状况、环境条件和可开发利用条件,主要依据以下原则。①积极发展分布式能源,在有足够可再生资源的城市,规划建设可再生能源电厂,构建多能互补格局。②以系统受电或以水电供电为主的大城市,应规划建设适当容量的本地发电厂,保障城市用电安全及调峰需要。③有足够稳定的冷、热负荷的城市,电源规划宜与供热(冷)规划相结合,建设适当容量的冷、热、电联产电厂。

(2)电力平衡。电力平衡是根据预测城市总电力负荷与城网内各类发电厂总容量进行平衡。电力平衡应结合地区电力系统中长期规划,在负荷预测的基础上,考虑合理地备用容量,提出地区电力系统需要提供的电力总容量。电力平衡应分电压等级进行。

(3)电源布局。电源应根据城市用地总体布局、电力负荷分布等合理布局,并与城市港口、机场、国防设施和其他工程设施充分协调。

城市发电厂布局选址应符合下列规定:燃气电厂应有稳定的燃气资源,宜靠近天然气高压管附近;供冷(热)电厂宜靠近冷(热)负荷中心;可再生能源电厂应依据资源条件布局,并应与城市规划建设时序相协调;燃煤电厂布局应统筹考虑煤炭、环境影响、用地布局、电力系统需求等因素,选址宜在城市最小风频上风向,选用城市非耕地,利用荒地、滩地或山谷规划灰场等。

电源变电站布局要落实国家或区域特高压等大型电力设施布局。城市电源变电站位置应根据城市空间结构、用地布局、负荷分布及与外部电网的连接方式、交通运输条件等因素综合分析确定,应在城区外围建设高电压等级的变电站,以构成城市供电的主网架;对用电量大、高负荷密度区且供电可靠性要求高的,宜采用 220 kV 及以上电源变电站深入负荷中心布置;规划新建电源变电站,应避开生态保护红线等区域。

3. 城市电网

(1)电压等级。高压输电线宜采用特高压线路;低压输电线宜采用中性点不接地或经消弧线圈接地系统。城市电网变压层级要简化,电压等级序列要依据城市的实际状况及远景发展而定,一级电压的上限,要考虑到城市电网目前的发展状况,要依据城市电网长远规划负荷量以及城市电网对外接入方式而定。

(2)城市变电站站址选择的重点。在满足城市规划和电网发展的基础上,综合考虑各种影响因素,进行科学规划,合理布局。要根据地形地貌、地质条件以及电力负荷分布情况合理选择站址。变电站的位置要和国土空间总体布局相协调。在主轴线和次轴线的交点处应设置交通标志;主路与次路之间要保持一定距离,以避免相互干扰;要接近负荷中心;宜设在主次干道,进出线容易,交通运输便利;应选择交通便利、环境安静、远离污染的地区,如军事设施、通信设施、飞机场、领(导)航台以上以及国家重点风景名胜区内等;要加强对地质条件和易燃、易爆危险源的监测工作,特别是要加强对大气严重污秽区的监测工作。

(3)加强城市电力线路规划建设管理。特高压输电干线通道建设规模大、投资高;根据不同地形地貌和环境条件确定架空线路走向;选择适宜的杆塔高度,降低工程造价;合理利用土地资源;进行输变电工程环境影响评价中存在的问题及其对策研究。架空线路上应根据城市总体布局和现有高速公路、铁路、公路等建设要求,合理设置归并走廊、集约用地、生态保护红线和加油站。并且要满足以下规定:适宜沿公路、河渠和绿化带搭设,路线要短而顺直,避免越过建筑物;35 kV 以上高压架空电力线路要规划专用通道;规划建设的 35 kV 以上高压架空线不适宜通过市中心地区、重要风景名胜区或者中心景观区;适宜避开空气重度污秽区或者存在爆炸危险品路段;中小学和幼儿园周围 50 m 内不适宜建设架空高压输电线和高压电缆;远离天然气长输管和高压电缆的线路要严格执行国家和行业现行标准要求。

9.7 通信工程规划

9.7.1 通信工程规划的发展

1. 通信工程规划的主要内容

通信工程规划的主要内容是结合新型智慧城市的建设,提出通信发展的目标和指标,对宽带、移动、固话和有线电视的经营需求进行预测,并确定通信枢纽机房、无线台站以及邮区中心局的主要设施和用地控制的布局。

2. 通信业务的分类

通信业务主要有固定宽带、移动电话、有线电视和固定电话。城市通信业务需求预测的主要内容是对现有接入网的规模及用户数量进行预测。目前,国内对城市通信网用户需求进行了大量调查研究工作,并取得了一定成果。但由于影响因素多、数据收集困难,因此还缺乏一套完整实用的预测方案。城市通信业务需求预测的主要依据是历史数据,预测方法包括趋势外推模型法和普及率法。

3. 对现有通信设施进行升级

通信技术的进步通常每隔大约十年就有下一代升级产品出现。我国是世界上最大的发展中国家,在经济快速发展的同时也面临着资源环境约束趋紧、城镇化水平不高、区域不平衡问题突出、居民收入差距拉大等一系列问题。这些都要求加快信息化步伐。目前,我国已经进入以云计算、大数据、物联网、移动通信网(5G)、互联网(IPv6)、广播电视网(NGB)等为代表的新一代信息技术快速发展的商业应用期;要有效推进信息基础设施建设并适度提前,打造社会迫切需要、惠及广泛、具有带动性的重大信息基础设施项目,重点向农村地区倾斜,推动信息基础网络优化布局,实现城乡一体化。

(1)机房布局选址。机房包括枢纽机房、核心机房、汇聚机房和接入机房。枢纽机房一般是城市通信业务的总出口、区域网重要节点,核心机房承担城市数据交换,并将城市出口流量转发到枢纽机房的功能。机房布局选址要点如下:机房应相距一定距离,且分布于城市的不同方向;宜选址于道路的交叉路口,便于通信管道的双向出局;应位于安全、安静的环境中,远离高压走廊、强电磁干扰等区域。

(2)无线广播设施布局选址。广播电视发射台选址要求地势相对开阔平坦,以天线外250 m 为计算起点,场地周围不得有超过地面仰角 3°。以上的建筑物。卫星地球站宜选择空旷地带,没有高楼遮挡,周围无大功率微波发射台站,能接入地下管网,实现信号传输,可与电台中波发射台同址建设,以节约建设费用和维护成本。

(3)邮件处理中心选址。邮件处理中心的位置应便于交通运输方式组织,靠近邮件的主要交通运输中心;有方便大吨位汽车进出的接收、发运邮件的邮运通道;满足相关的国家及地方邮件处理中心工程设计规范要求。

(4)数据中心布局选址。数据中心主要依据以下原则选址：电力供给充足可靠，交通便捷；采用水蒸发冷却方式制冷的数据中心，水源供应充足；自然环境清洁，远离产生粉尘、油烟、有害气体及生产或贮存具有腐蚀性、易燃、易爆物品的场所；应远离水灾、地震等自然灾害隐患区域；应远离强振源和强噪声源；应避开强电磁场干扰；A级数据中心不宜建在公共停车库的正上方，大中型数据中心不宜建在住宅小区和商业区内。

4. 构建新型智慧城市

党的十九大报告指出，要构建智慧社会。近年来，我国在探索构建新型城镇化道路过程中，把加快实施数字中国战略作为一项重要内容，并将其纳入国家"十三五"规划纲要中。智慧社会作为智慧城市理念的中国化与时代化，更强调以人为本，强调融合化、协同化与创新化，实现城乡统筹与融合发展，为进一步推动新型智慧城市建设提供了方向。

建设新型智慧城市要加强统筹规划和顶层设计，要坚持以人为本的原则，面向"为民、便民、利民"，根据城市的战略定位、历史文化、资源禀赋和经济社会发展水平，因城施策，确定新型智慧城市的目标、整体框架、主要任务、实施途径和保障措施，坚持区域内创建数字化高品质生活城市。区域一体化规划是构建新时期国家空间组织体系的重要内容之一，也是统筹城乡综合配套改革试验和推进新型城镇化进程中的一项基础性工作。城市国土空间总体规划要对新型智慧城市建设中的重大基础设施用地进行前瞻性的布局和安排，以支持新型智慧城市的建设与开发。

9.7.2 城市通信工程规划实例

这里以广东省佛山市顺德区容桂街道（容桂镇）为例来讲解城市通信工程规划。

1. 现状分析

全镇程控交换机容量已达113 100门，实装电话数74 900门，长话线路55 240路，市话普及率近30%（以2000年人口统计27.3万人计）。

容桂现有交换机房分别为振华、桂新、容奇、大福、容里、马岗、小黄圃、高黎、华口、南区、扁窖、海尾机房，其中振华、桂新、容奇为汇接局，机房间已建立光纤骨干传输网络。（见表9-12）

表9-12 容桂电信分局机房情况统计表

类别 机房名	装机容量	实装数量	长话数量	中继传输方式及路由
振华	26 500	20 800	2500	数字光纤传输 (1)中继直通市局机房再转至其他机房； (2)中继经其他交换机房转至市局机房
桂新	24 100	15 400	18 000	数字光纤传输 (1)中继直通市局机房再转至其他机房； (2)中继经其他交换机房转至市局机房

续表

类别 机房名	装机容量	实装数量	长话数量	中继传输方式及路由
容奇	19 000	9900	3600	数字光纤传输 (1)中继直通市局机房再转至其他机房； (2)中继经其他交换机房转至市局机房
容里	13 000	7900	1920	中继经桂新机房转至市局及其他交换机房
大福	10 900	7600	1440	中继经桂新机房转至市局及其他交换机房
小黄圃	3000	2000	480	中继经振华机房转至市局及其他机房
海尾	2700	1900	480	中继经振华机房转至市局及其他机房
南区	2500	1700	480	中继经振华机房转至市局及其他机房
扁窖	2600	1800	480	中继经振华机房转至市局及其他机房
华口	1400	700	480	中继经振华机房转至市局及其他机房
立新路	3000	1800	480	中继经振华机房转至市局及其他机房
科龙	1500	1100	480	中继直通市局机房再转至其他交换机房
马岗	1900	1700	960	中继经桂新机房转至市局及其他交换机房
高黎	1000	600	9600	中继经容里机房转桂新机房再转至其他交换机房

全镇主要道路主干线路路由已建电信管道基本上组成了数字光纤传输为主的骨干传输网络。

存在的主要问题：

目前容桂接入网机房分布尚不完善。近期将继续增建凤祥南、细滘、立新路、高新技术开发园等接入网机房。另外，由于已实施邮电分营，桂新、容奇机房将迁移，需选址迁改，进一步完善接入网机房的分布，达到镇域全覆盖是今后电信基础设施建设的重要内容。

容桂现状电信管道分布尚不完善，部分主干线路路由尚采用架空敷设，对线路安全构成影响，部分新建道路未同期建设电信管道，将对机房出线造成影响。建成区由于道路狭窄，增设机房时，出局管线亦成为瓶颈。振华汇接局将逐步取代桂新、容奇汇接局的功能，建成中心汇接局，其网络结构调整的管道配套问题有待解决。光纤网络传输的管道配套等问题也十分突出。各电信网络营运商的管道未经统一规划，各自为政，自成体系，相互间互不配合，造成现状管道资源的破坏及浪费，对本已十分有限的空间资源带来不良影响。另外，施工过程中因资料调查不清，盲目"开挖""顶管"等，对现状管道造成破坏的情况也时有发生。

2. 交换机房规划

根据本次规划中市话用户数量预测和用户分布情况，以及容桂电信局近期发展规划，同时考虑到现状接入网机房装机容量和位置分布情况，在本次规划中新增细滘、立新路、顺德高新技术产业开发园、凤祥南等4个光纤接入网机房。规划预留新发、昌明、新有、四基、大福等5个光纤接入网机房。光纤接入网机房需独立占地,占地面积300～500 m²。新增及规划预留光纤接入网机房分布情况详见电信工程规划图。(见表9-13)

表9-13　容桂各机房装机容量统计表　　　　　　　　　　　单位:台

机房名称	2001年装机	2010年装机	2020年装机
振华	26 500	30 000	100 000
桂新	24 100	15 000	30 000
容奇	19 000	1000	20 000
容里	13 000	15 000	30 000
大福	10 900		20 000
小黄圃	3000	5000	1 0000
海尾	2700	10 000	20 000
南区	2500	10 000	20 000
扁窖	2600	5000	10 000
华口	1400	5000	10 000

3. 电信管道规划

在现状电信管道的基础上建立并完善容桂电信管网,使各机房间管道相互连通,结合路网规划形成完整的电信网络传输体系,以满足容桂日益增长的各种电信业务(包括大量非话业务)的传输需求。(见图9-10)

图9-10　容桂电信工程规划
(资料来源:网络)

尽量保留现状电信管道,避免重复建设,节省电信管道建设投资。对原有电信管道进行统一规划整改,将大大改善原各电信网络营运商间各自为政、自成体系、互不配合等造成的管道资源破坏及浪费问题,从而提高电信部门的管理效率。

新建电信管道原则上布置在道路西侧、北侧人行道下。各管道应相互连通,形成网络,满足各种电信新业务、数据业务等大量非话业务及有线电视的需求。电信管道在规划设计过程中应留有一定数量的余量。

电信管道采用 PVC 管群,埋深应符合有关规范要求。道路交叉口应预留足够数量的过路管,并根据有关要求预留足够数量的横过管。

4. 新业务发展规划

(1)智能网建设。要大力推动智能网建设的进程。智能网(IN)是一种运行与提供新业务的结构。IN 发展将推动全球信息化的发展,为多媒体通信提供平台。IN 和电信网(TMN)的结合将成为未来的信息通信结构。智能网引入智能化业务,能提供如 800 业务、虚拟网络、广域集中交换、通用号码、呼叫号、移动电话、个人号码、900 大众呼叫、呼叫分配等多个业务。容桂电信局是重点端局,届时智能网的建设将为容桂早日走上信息化道路起到十分重要的作用。

(2)IP 城域网。IP 城域网是一高宽带(骨干点宽带为 30 G,骨干传输速率为 2.5 G,高接入速率为 10 M、100 M、1000 M)的数据交换网络,其交换技术采用的是 IP over SDH 传输技术。IP 城域网从核心到接入实现宽带化、架构无阻塞数据承载平台,可以提供虚拟专用网(VPN)以太网高速上网、信息化小区、大厦、宽带数据中心等业务以及 IP 电话、IP 传真、IP 会议电视等基于 IP 技术的新业务。在这一全城互动的具备完善架构的高速网络环境中,社会各行各业再不用费心费力组建自己的网络,完全可以通过该网的几十个 100 Mbps 的接口和上千个 10~100 Mbps 的接口开发出各具专业和行业特色的、经济高效的、自己可控的信息应用网络。根据顺德电信局近期发展计划,容桂分局被定为首批定点局。届时 IP 城域网的建成,将为容桂广大市民应用新业务、高速上网、高速网上交易提供保证。

(3)DDN、帧中继业务。DDN、帧中继等是金融、证券、外资机构等大型企业专线服务,为用户提供全数字、全透明、高质量的网络连接,传递各种数据业务。顺德高新技术开发园的建设对这一业务的需求将大量增加。近期容桂分局将继续抓好这一业务的发展和管理工作,使用户更满意和放心。

9.8 燃气工程规划

9.8.1 城市燃气工程系统的构成与作用

1. 城市燃气气源工程

城市燃气气源工程由煤气厂、天然气门站和石油液化气气化站组成。煤气厂可分为炼焦煤气厂、直立炉煤气厂、水煤气厂和油制气煤气厂共四种类型;煤气在生产过程中会产生大量的粉尘和二氧化硫气体。天然气门站用于输送天然气。石油液化气气化站集目前国内最先进的技术和设备于一身,可将天然气直接输送到用户家中,也可以与其他类型的煤气厂联合生产管道燃气。城市燃气气源工程的作用是向城市输送可靠的燃气气源。

2. 燃气储气工程

燃气储气工程由各类管道燃气储气站和石油液化气储气站组成。其中燃气储气站是城市气源供应系统中重要的组成部分,它为用户提供优质的液化石油气和其他气体产品。储气站存储煤气厂产生的天然气或者运输过来的天然气并进行调节,以适应城市每天及高峰期用气需求。石油液化气储气站的作用是满足液化气气化站用气要求,满足城市石油液化气供应站用气要求。

3. 燃气输配气管网工程

燃气输配气管网工程包括不同压力等级的燃气输送管网、配气管道和燃气调压站等。通常燃气输送管网都有中距离和远距离运输燃气的作用,并不是直接提供给用户。配气管道主要是为用户提供燃气。其作用是将从气源到各用气单位之间的气体进行分配和变换,以满足各种用途的需要。燃气调压站起着提升和降低管道燃气压力的作用,便于燃气长距离传输,也可从高压燃气降低到低压燃气,为用户提供燃气。

9.8.2 燃气工程规划的主要内容

燃气工程规划的主要内容:明确燃气工程规划的目标和指标,计算燃气负荷、选定气源并对燃气供需平衡进行分析;实施天然气分输站和长输管线的布置和保护要求;明确城市天然气门站和气源厂等主要燃气设施以及储配站(储气调峰和应急储备)和高压管网的布置、用地控制和安全防护的要求。

1. 燃气负荷的预测

燃气负荷预测的方法主要包括人均用气指标法、横向比较法、弹性系数法、回归分析法和增长率法。城镇建设用地的开发强度是影响燃气需求最重要的因素之一。在国土空间总体规划阶段,一般采用人均用气指标法和增长率法进行燃气负荷的预测。人均用气指标法即根据城乡规划中的人口规模等因素计算出相应的人均用气指标来预测燃气负荷;增长率法是指根据计划基准年的燃气负荷资料,合理地确定城市燃气年负荷的增长率,并对计划目标年的燃气负荷进行预测的方法。

2. 燃气气源

1)气源的选择

城市燃气的气源以天然气、液化石油气、人工煤气为主。目前我国以天然气为主,占全部管网气供气量的60%以上。但由于我国幅员辽阔,各地地质条件差异较大,因此在不同地区采用单一的天然气气源是不经济的。随着经济的发展和人民生活水平的不断提高,人们对燃气的需求也越来越大,而天然气气源是重要的气源之一。在城市气源的选择上,要发挥其资源区位优势,建立城乡多气源结构,突出多个"源"同时存在、区域燃气管相互连通,增强城市供气的安全性。

鉴于我国地域辽阔,能源资源分布不均衡,各地区能源结构、种类、数量不一,燃气气源的选择要遵循国家能源政策,坚持降低能耗、高效利用、低碳化原则,要适应城市能源、资源条件,符合资源节约、绿色环保、安全可靠等要求。燃气气源以天然气、液化石油气等清洁燃料为首选,依据能源发展政策、城市资源条件、环境承载能力、城市远景发展等因素,谨慎选择开发人工煤气。大城市以两个或两个以上气源点为宜,同时要兼顾不同类型气源之间的互换性。

2)天然气输配系统

(1)压力级制。在燃气工程中,管道是一个重要组成部分。采用合理的压力级制可以节约投资和运行费用,但同时也会影响到整个工程的经济性。因此,必须对其进行研究分析。在燃气管网系统中选择压力级制时,要简化压力级制和优化网络结构;优先选择压力级制较大的管网以增加供气压力;在门站前充分利用输气系统压能;在考虑城市用气压力和负荷的情况下,确定最高压力级制设计压力。

(2)天然气高压输配系统的布置方式。我国目前正在建设大量的城镇燃气工程。随着城市化进程不断加快,城镇化水平将进一步提高,城市人口迅速增加,能源消费需求也会相应增长。因此,必须建立一个高效、经济的城市管网体系。城市国土空间资源是有限的,天然气高压输配系统因本身工艺特性可能会给城市安全造成影响,且使用功能较固定,规划宜从远景方案的可行性出发,以传承和发扬现状高压输配系统为前提,建设符合城市规模和空间结构的市域高压管"一张网"。城市天然气高压输配管网建设应遵循以下原则:与现状输配系统有机联系,合理确定高压管走向和敷设方式,避免相互干扰;提高管道安全运行水平,降低风险隐患;做好应急预案建设,确保人民群众生命财产的安全;加强城市管网改造升级工作。高压管在城市中的位置应尽量靠近城市中心区域,将高压管布置于城市外围,形成高压管廊和归并廊道,减少对城乡土地的占用,降低其使用的危险性。

市域天然气管网建设规模应根据实际情况确定。在满足居民生活用气基础上,兼顾工业及商业用气,提高能源利用效率。采用"点—线—面"相结合的空间优化方法,研究长输管网建设方案与技术措施。根据城乡公共设施服务均等化的需求,在城市天然气高压输配系统配置中应充分考虑市域城镇与乡村对天然气的需求及分布情况,本着用最方便的方式向用户安全提供天然气的基本准则,尽量使天然气高压管接近城市功能区的负荷边缘配置。

(3)密切结合城乡空间布局结构。随着经济发展和城镇化进程加快,城镇用地扩展迅速,导致土地资源紧张。在此基础上我国提出了天然气管道建设应优先考虑远离城区及人口密集区域的结论,并结合工程实例进行验证。要优化城乡空间结构和完善高压输配系统。市域城市空间结构应以各类功能区为中心,通过合理规划交通廊道和河道绿化带以及建设高压管等措施将城市功能区与次高压管连接起来,从而实现对天然气的有效输送。

强调输配系统安全性。高压输配系统由于其自身工艺特性,对城市安全有潜在影响。规划采用"外高(压)内低(次高压或中压)"的高压输配系统,保障城市安全。输配系统建设分步实施,一旦建成,难以调整,需要强化规划应对灵活性。一般压力级制较高的城市主干网宜采用环状管网,集输气与储气为一体,便于多方向气源的接入,具有高度灵活性,符合安全、均匀输配气要求,事故工况互为应急备用,保障供气安全。

(4)注重规划可操作性。由于城乡地下空间资源有限,城乡建设是逐步展开的,且燃气经营企业可能有多家,因此需要研究天然气输配系统分期实施可行性,落实重大燃气设施用地,使燃气输配系统布局有利于分期实施。天然气输配系统需要与区域高压管网互联互通,衔接落实国家及省级层面天然气长输管线布局,加强跨行政区域相邻城市的高压管网的互联互通,形成城市跨行政区域多气源点保障的供应格局,提高城市应急保障能力。

(5) 加强天然气高压管建设管理。高压天然气管道走廊是城市对外交通廊道和河道绿化带的重要组成部分,其建设与发展必须遵循以下原则。①应与城市总体布局相协调,避免高压管道对城市用地的分割和限制。②高压管道不应通过军事设施、易燃易爆仓库、历史文物保护区。③高压管道应避开居民区和商业密集区。④高压管道进入城镇四级地区时,应严格按照现行国家行业相关标准规范的规定执行。⑤应尽量避免与高压电缆、电气化铁路、城市轨道等设施平行敷设,与高压电力线路等安全距离严格按现行国家与行业规范标准的规定执行。⑥大型集中负荷应采用较高压力燃气管道直接供给。

(6) 天然气长输管选线要点。天然气长输管选线主要应符合下列规定。①应与城市总体布局相协调,长输管道应布局在城市外围;必须在城市内布置时,应严格按现行国家和行业相关规范标准的规定执行。②长输管道和城镇高压燃气管道走廊应与高速公路、铁路、河流绿化带及其他相似管廊等布局相结合。③应减少对城市用地的分割和限制,同时方便管道的巡视、抢修和管理。④应尽量避免与高压电缆、电气化铁路、城市轨道等设施平行敷设,与高压电力线路等的安全距离应严格按现行国家与行业规范标准的规定执行。

(7) 加强天然气管道建设及运行维护管理,做好天然气管道沿线的规划、设计、施工、安装、调试以及日常监测工作,确保其安全可靠地运行,并做好相应的调峰和应急储备工作;天然气输配系统调度运行模式可采用季节调峰、日调峰或小时调峰;调峰方式应根据当地的地质条件及资源状况进行技术经济分析后确定。在保证安全运行前提下,可采用夜间启停调峰模式,以提高调峰能力。同时,还需考虑天然气价格波动对管网运行成本的影响以及调峰方案的实施费用。目前管道天然气在季节调峰中应用广泛,但由于供气方对调峰效果不满意和非高峰期的季节负荷差使其难以发挥效益。

在此基础上,提出了城市燃气应急储备的基本原则:根据不同的事故工况采取不同的储气措施,综合考虑城市气源条件、供气安全保障度及当地经济发展水平来确定应急储备量,分析燃气应急储备规模和建设标准。燃气应急储备设施的布置,应当综合考虑城市总体规划的布置、用气负荷的分配、输配管网的压力和布置情况,以适应紧急情况下应急气源与燃气管网的迅速连接。

9.9 供热工程规划

在城市公共能源供应系统中,与电力、燃气系统相比,供热系统更本地化。长期以来,集中供热系统更多地在我国北方地区的城市使用。目前,随着城市经济社会发展,南方城市出现大量供冷、采暖和工业生产等方面的需要,也逐步体现出发展集中供热系统的必要性。

市县国土空间总体规划阶段,要认真研究城市本身的条件和用户的需求,研究确定是否要建设集中供热系统,以及建设何种集中供热系统。

1. 供热工程规划主要内容

供热工程规划主要内容:确定城市供热工程规划目标与指标,预测城市热负荷,确定供热能源种类、供热方式,以及重大供热设施布局和用地控制等。

2. 热负荷预测

城市热负荷宜分为建筑采暖(制冷)热负荷、生活热水热负荷和工业热负荷三类。为了合理确定城市(集中)供热系统的类型、选择热源的形式与规模、估算热网主干线管径,必须采用合理的方法预测城市热负荷。国土空间总体规划阶段宜采用指标法、相关分析法等方法进行城市热负荷预测。

3. 供热方式选择

城市供热方式包括集中供热和分散供热。供热方式选择主要依据以下原则:

以煤炭为主要供热能源的城市,应采取集中供热方式,优先选择以燃煤热电厂系统为主的集中供热;大气环境质量要求严格并且天然气供应有保证时,宜采取分散供热方式;水电和风电资源丰富时,可发展以电为能源的供热方式;能源供应紧张和环境保护要求严格时,可发展固有安全的低温核供热系统;应充分利用资源,鼓励利用新技术、工业余热、新能源和可再生能源,发展新型供热方式。地热、热泵系统,太阳能采暖系统,分布式能源供热系统等供热方式是未来发展趋势。

4. 热源规划

城市热源有热电厂、锅炉房、低温核能供热堆、热泵、工业余热、地热和垃圾焚烧厂。其中,热电厂和锅炉房是使用最为广泛的集中供热热源。利用工业余热和地热作为集中供热热源是节约能源和保护环境的较好方式。结合供热方式、供热分区及热负荷分布,考虑能源供给、存储条件及供热系统安全性等因素,合理确定城市集中供热热源的规模、数量、布局及其供热范围,并提出供热设施用地的控制要求。清洁能源分散供热设施应结合城市用地布局、规划建设时序等因素合理布局,不宜设置在居住建筑的内部。

9.10 环卫设施规划

9.10.1 城市环境卫生工程系统的构成与功能

城市环境卫生工程系统主要包括城市垃圾处理厂、垃圾填埋场、垃圾收集站及转运站、车辆清洗场、环卫车辆场、公共厕所及城市环境卫生管理设施等。城市环境卫生工程系统的功能在于对城市中各类废弃物进行收集和处理、综合利用、变废为宝、清洁市容及净化城市环境。

9.10.2 城市环境卫生工程规划

城市环境卫生工程规划的主要内容包括:依据城市发展目标及城市规划布局,确定城市环境卫生设施设置标准及垃圾集运、处置方式,合理设置主要环境卫生设施数量、规模,对垃圾处理场及其他各类环境卫生设施进行科学布置，制定环境卫生设施隔离及保护措施，提出垃圾回收及利用的对策及措施。

1. 进行环境卫生规划

环境卫生规划的主要内容：明确规划目标和指标，并对固体废弃量进行预测；对城市生活垃圾处理进行分类分级；明确各区域的功能定位和发展方向；制定相应的政策法规标准并组织实施；加强监督管理工作；分析不同类型固体废弃物的产生原因及影响因素；确定城乡一体化的垃圾收运、处理和处置系统，合理选择固体废弃物的处理和处置模式，明确主要环境卫生设施的规模和用地控制。

2. 对城市生活垃圾量进行预测

对城市生活垃圾量的预测，可以采用物流平衡法（人均指标法）和增长率法。物流平衡法是以物流平衡为基础建立生活垃圾产量预测模型：首先确定生活垃圾产量的预测模型，然后利用增长率法对基准年数据进行处理，计算出每年的年增长率，再根据历年的生活垃圾量历史数据及城市发展规划对其进行修正，从而得到合理增长率。城市生活垃圾处理量主要受人口、经济和技术等因素的影响。城市生活垃圾的处理方式分为填埋处理、焚烧和堆肥三种类型。其中焚烧处理是目前我国最常用的处置手段。餐厨垃圾产生量计算采用人均产生量法；其他废弃物量的预测则是通过对现状的分析，用指标法来估计。

（1）分类收集。垃圾分类收集能够减少垃圾所需转运与处置的数量，是实现垃圾减量化、利于开展垃圾回收与循环利用的基本途径。2019年6月，习近平总书记指出，要大力推进垃圾分类，改善人民群众生活环境，推动绿色发展，促进经济社会全面、协调、可持续发展，实现经济又好又快发展。2015年9月，中共中央、国务院印发了《生态文明体制改革总体方案》，明确提出要建立健全政府主导、社会参与、公众监督的环境治理体系，将生活垃圾分类管理列为其中一项内容。住房城乡建设部在2017年12月下发了《关于加快推进部分重点城市生活垃圾分类工作的通知》，明确提出了生活垃圾分类的目标与任务。

（2）垃圾收运。垃圾收运模式从"小型化、分散化"向"规模化、集中化"转变。垃圾前端收集从人力收集向机械化收集转变，构建与大中型转运站相适应的机动车分类收集系统，逐步取消人力车收集方式。

（3）大中型转运设施的位置。大型生活垃圾焚烧处理厂是我国城市垃圾处理中重要的环节之一，其选址不仅关系到处理处置能力及运营成本，而且直接影响到整个焚烧系统的运行效率。因此对其必须进行合理的规划。垃圾转运设施的选址原则有以下几个：①要考虑服务区域、转运方式、运输距离及污染控制，位于交通方便且易于清运线路布置的地方；②宜设于市政条件相对较好且对住户影响相对较低的区域；③宜设于服务区域中心附近或者生活垃圾产生量较大的区域；④不宜设于公共设施集中区及人流、车流集中区附近；⑤转运站宜设于环卫停车场、休息场所及环卫基层机构附近；⑥转运站应设于综合性环卫站点附近。

（4）固体废弃物处理处置体系。固体废弃物处理的总体目标是减量化、无害化和资源化。从国外国内经验看，生活垃圾无害化处理经历了由简易填埋或卫生填埋、堆肥向焚烧发电的发展过程,由单纯的处理向综合治理方向转变,注重源头减量和综合利用。

我国已初步建立起较为完善的城市垃圾处理处置体系;建设生活垃圾终端处理利用设备和技术研发基地,重点发展一般生活垃圾、餐厨垃圾、大件垃圾及建筑垃圾资源无害化处理软件与装备,建立以回收利用为核心的垃圾循环产业园,打造未来具有一定规模的集垃圾处置于一体的大型垃圾循环产业园,形成完善的城市垃圾处理湍流输送系统。建设安全化、清洁化、集约化和高效化的产业园,实现基础设施共建共享;应将垃圾分类处理与资源利用及废物处置相结合。

根据我国国情以及可持续发展战略要求,城市垃圾无害化处置是未来一段时间内解决我国城市垃圾问题的主要途径之一。城市土地使用制度改革对固体废弃物的产生量及去向影响较大。随着城市规模不断扩大和人口不断增加,如何在有限的国土空间资源下实现城乡环境与生态安全协调发展,建立以市域为单元的"户分类、村收集、镇转运、市处理"的城乡一体化垃圾处理处置模式是关键;生活垃圾的处理应遵循因地制宜、安全可靠、先进环保、省地节能等原则,选择合适的处理技术;卫生填埋是最经济有效的方法之一,但由于受场地资源和自然条件等因素影响,不宜全部采用卫生填埋作为垃圾处理的基本方案。经济条件、垃圾热值条件及卫生填埋场地资源贫乏是制约焚烧处理技术推广应用的主要因素,而经济发达地区由于土地资源丰富、人口基数大等原因,更适合采用焚烧处理技术减少原生垃圾填埋量;生物处理技术是有前途的综合处理方式之一。

(5)垃圾处理处置设施布局选址。城市环境卫生处理及处置设施包括生活垃圾焚烧厂、生活垃圾卫生填埋场、生活垃圾堆肥处理设施、餐厨垃圾处理设施、建筑垃圾处理设施、其他固体废弃物处理厂(处置场)等。

①生活垃圾卫生填埋场的布置重点。新建生活垃圾处置场选址要与城市规划建成区的地质情况、防洪要求、运输条件、人口密度、地下水利用价值及周边水源保护区、地下蕴矿区等相协调,以确保城市安全和经济合理发展;对有可能产生二次污染和危及人体健康的场地,宜采取防渗措施;不能采用填埋法处理生活垃圾时,可考虑将其作为垃圾处理场使用。新建生活垃圾填埋场不得处于城市主导发展方向,其用地边界与20万人以上城市规划建成区距离不得低于5 km,与20万人以下城市规划建成区之间距离不得低于2 km,与农村居民点和人畜供水点之间距离不得低于0.5 km。

②生活垃圾焚烧厂的布局与选址重点。垃圾焚烧厂建设地点要远离城镇建成区和居民区;垃圾处理方式宜采用卫生填埋或堆肥化处理技术。焚烧工艺优先选用焚烧发电,其次是气化燃烧。垃圾焚烧厂布局时应考虑"邻避设施和环境""邻避效应影响"等因素对垃圾焚烧厂布局的影响;根据我国国土空间总体规划和相关法律规定以及各地的环境卫生规划,新建垃圾焚烧厂应尽量远离城市用地,避免建设多厂址的垃圾焚烧厂;新建生活垃圾焚烧厂不适宜临近城市生活区分布,用地界线与城乡居住用地以及学校、医院和其他公共设施用地之间的距离一般不得低于300 m。

③餐厨垃圾集中处理设施的合理选址。餐厨垃圾集中处理场应位于距城市集中居住区及居民点500 m范围的区域内,根据项目环境影响评估文件确定的卫生防护距离和要求,合理规划建设生活垃圾处理设施、污水处理设施、污泥处理设施、生活垃圾转运设施等,并在规划建设过程中充分考虑厨余垃圾的处理处置问题。

④建筑垃圾处理处置设施的选址。建筑垃圾填埋场适宜布置于城市规划建成区以外，应选有自然低洼地势山坳和采石场废坑，地质情况相对稳定，满足防洪要求，有运输条件，对土地和地下水利用价值较小的区域，不应位于水源保护区和地下蕴矿区以及影响城市安全范围内，与农村居民点和人畜供水点的距离不低于 0.5 km。

9.10.3 城市环卫工程规划实例

这里以广东省佛山市顺德区容桂街道（容桂镇）为例来讲解城市环卫工程规划。

1. 现状分析

某年容桂日均垃圾产生量为 380 t。容奇片的垃圾收集至垃圾中转站后，由环卫车辆运往水上垃圾运输码头，再送至北滘垃圾处理场填埋处理。桂洲片的垃圾收集至垃圾中转站后，运往镇内高黎村垃圾填埋场填埋处理。全镇共有垃圾中转站 17 个，分布在居民住宅、市场及商住区附近。现有临时垃圾填埋场 1 个，用地面积为 99 000 m²，位于高黎村委会、东堤四路附近。

容桂中心城区现有环卫队 3 个，环卫职工 408 人，周边居委会、村委会环卫队 18 个，环卫职工 448 人，全镇共有环卫机动车辆 81 台。

容桂现有公共厕所 30 座，主要分布在镇内主干道两旁及商住区内。粪便大部分采用无害化三级化粪处理。

存在的主要问题：

(1)现状高黎垃圾填埋场地不够，只可供填埋一年多时间；

(2)垃圾中转站数量少，分布不均匀，全镇有 17 个垃圾中转站，大部分位于原容奇片区，桂洲片只有 2 个；

(3)公共厕所分布不均，数量少；

(4)市民的环境卫生意识差，乱丢、乱吐、乱倒、乱放等情况较多，城管监控力度不够。

2. 垃圾量预测

相关规划预测顺德中心城区每人每日产生垃圾量为 1 kg。据统计，目前我国城市人均生活垃圾产量为 0.6～1.2 kg，其中南方城市比北方城市低，高收入城市比低收入城市低。根据城市生活垃圾减量化原则，规划确定容桂人均日垃圾产量为 1 kg。那么在规划期末，容桂生活垃圾总量将达到 450～500 t/d。[①]

3. 垃圾处理工程规划

1)垃圾收运方式

容桂城市垃圾要实现分类收集，可大致分为 4 类：有机垃圾（厨房垃圾）、无机垃圾（灰

---

① 杨雅丽.城乡规划相关知识[M].北京:中国计划出版社,2024.

土)、可回收垃圾(纸、玻璃、金属等)、有害垃圾(电管、电池等)。在公共场所和居民区设置不同标志的分类垃圾箱。

容桂城市垃圾主要通过密封垃圾车将各垃圾收集点的垃圾收运到垃圾转运站,然后通过垃圾压缩车运至垃圾处理场集中处理。

2)垃圾处理方式

根据垃圾分类收集方式,确定不同的垃圾处理方式。有机垃圾填埋或焚烧处理;无机垃圾填埋处理;医院垃圾必须焚烧处理;有害垃圾(电管、电池等)单独处理。容桂城市垃圾中的医院垃圾等有毒垃圾、有害垃圾及部分有机垃圾运至杏坛安富或北滘都宁垃圾处理厂填埋和焚烧处理,运输方式可以水运和陆运相结合。无机垃圾及部分有机垃圾可以在容桂垃圾处理场就近埋填处理。

3)垃圾填埋场

由于现状高黎垃圾填埋场已接近饱和,必须重新选址,建设新的垃圾填埋场。规划在容桂东部,眉蕉河以南、华口村附近建1处垃圾填埋场地。

4. 环境卫生公共设施规划

(1)废物箱。废物箱是设置在公共场合,供行人丢弃垃圾的容器,一般设置在城市街道两侧和路口、居住区或人流密集地区。废物箱应美观、卫生、耐用、防雨、阻燃。废物箱设置间隔的规定如下:商业大街25~50 m;交通干道50~80 m;一般道路80~100 m;居住区内主要道路可按100 m左右间隔设置。公共场所根据人流密度合理设置。

(2)垃圾转运站及垃圾压缩站。小型垃圾转运站按每0.7~1.0 km²设置1座,用地面积不小于100 m²,应靠近服务区域中心或垃圾产量最多的地方,周围交通比较便利。近期容桂规划新增垃圾转运站8座,使垃圾转运站达到较合理的服务半径。远期严格按上述标准设置。

(3)公共厕所。按照全面规划、合理布局、美化环境、方便使用、整治卫生、有利排运的原则统筹规划,主要设置在广场、主要交通干道两侧、公共建筑附近、公园、市场、大型停车场、体育场(馆)附近及其他公共场所,以及新建住宅区及老居民区内。主要繁华街道公共厕所之间的距离以为300~500 m为宜,一般街道公厕之间的距离以750~1000 m为宜。新建居民区为300~500 m(宜建在本区商业网点附近)。

9.11 防洪工程规划

城市防洪(潮、汛)系统有防洪(潮、汛)堤、截洪沟、泄洪沟、分洪闸、防洪闸、排洪泵站等设施。城市防洪(潮、汛)系统的功能是采用避、拦、堵、截、导等各种方法,抗御洪水和潮汛的侵袭,排出城区涝渍,保护城市安全。

9.11.1 城市防洪(潮、汛)系统规划

城市防洪(潮、汛)系统分两种:以蓄为主和以排为主。

以蓄为主的城市防洪（潮、汛）系统可从水土保持及水库蓄洪和滞洪等方面规划。以排为主的城市防洪（潮、汛）系统可以从修筑堤坝和整治河道两个方面进行规划。

一般情况下，处于河道上中游的城市多采用以蓄为主的防洪措施，而处于河道下游的城市，河道坡度较平缓，泥沙淤积，多采用以排为主的防洪措施。对于山区城市，要采取以蓄为主的防洪措施，同时考虑具体情况在城区外围修建山洪防治排洪沟；而平原城市，市区内应有可靠的雨水排除系统。

城市防洪（潮、汛）系统规划的相关技术标准主要包括防洪标准和校核标准。

防洪标准是防洪规划、设计、建设和运行管理的重要依据，是防洪对象应具备的防洪（潮、汛）能力，一般用可防御洪水相应的重现期或出现频率表示。（见表9-14）

表 9-14　城市的等级和防洪标准

等级	重要程度	城市人口/万人	防洪标准/（重现期·年）		
			河（江）洪、海潮	山洪	泥石流
1	特别重要城市	≥150	≥200	100～50	≥100
2	重要城市	150～50	200～100	50～20	100～50
3	中等城市	50～20	100～50	20～10	50～20
4	一般城镇	≤20	50～20	10～5	20

对重要工程的规划设计，除正常运用设计标准外，还应考虑校核标准，即在非常情况下，洪水不会淹没坝顶、堤顶或沟槽。防洪校核标准如表9-15所示。

表 9-15　防洪校核标准

设计标准频率	校核标准频率
1%（百年一遇）	0.2%～0.33%（500～300年一遇）
2%（50年一遇）	1%（百年一遇）
5%～10%（20～10年一遇）	2%～4%（50～25年一遇）

9.11.2　城市防洪工程规划实例

这里以广东省佛山市顺德区容桂街道（即容桂镇）为例来讲解城市防洪工程规划。

1. 现状分析

容桂属珠江三角洲洪潮区，地濒南海，四面环水，镇内河网密布，坡度平缓。因属亚热带季风气候，雨量充足，但分配不均匀，多集中于春夏季，形成秋冬干旱、春夏洪涝，春夏季又值台风季节，受海洋台风影响，珠江流域雨量大，西江、北江发洪下泻，加上潮汐顶托，往往出现特大洪水。洪峰多出现于每年六、七月。

容桂现有容桂联围和胜江围的部分堤段。容桂联围内有大小河涌80条,长度近140 km,其中眉蕉河、龙华大涌、容桂大涌、海尾大涌、细涪大涌、容奇新涌、塘坲涌、小黄圃新涌、高黎上涌、高黎下涌、上涌河、下涌河为12条主干河涌。现主、支河涌的水质污染问题十分严重。

容桂联围干堤堤线总长40.286 km,现有水(船)闸25座,排水站21座。总体来说,该镇堤围长,老闸旧闸多,排涝标准低。

容桂镇排水站资料略。

2. 防洪标准

容桂是四周被水道围合的区域。防洪主要为防河洪。根据防洪标准和桂洲镇水利2006—2015年水利工程建设规划,2020年容桂联围防洪标准为100年一遇,容桂围堤全线按100年一遇设防。胜江围防洪标准为50年一遇,胜江围容桂堤段按50年一遇设防。

围堤内部排涝标准为10年一遇,24小时暴雨量1天排干。

3. 河涌改造及整治

根据土地开发建设,远期将容桂联围内原主干河涌中的上涌河、下涌河取消,保留其他10条主干河涌,非主干河涌中保留进潮涌,其他全部取消。远期将胜江围内属容桂区域的河涌全部取消。对保留的河涌截弯取直,进行疏挖,清理淤泥,搞好两岸绿化,并对眉蕉河、小黄圃新涌渠化整治,两岸砌石挡土墙,以保留各河涌现断面;及时清理岸边和河涌中的垃圾、杂物,抓污染源头,控制污染排放,采取开闸引水冲污、开机人工换水等措施,同时提高企业、个人的环保意识,以治理河涌污染,改善环境。

4. 防洪、排涝工程设施规划

按照100年一遇和50年一遇的防洪标准,将容桂联围全线和胜江围容桂堤段加固加高。堤围路面全面硬底化,围堤两侧填塘固基。堤脚险段抛石护岸,以提高防洪能力,确保容桂的安全。对于远期保留的现状河涌,保留和新建与之对应的水闸和排水站,其他水闸和排水站逐步取消。对保留的水闸、排水站进行修建、改建,以达到规划排涝标准。

9.12 消 防 规 划

城市消防系统有消防站、消防给水管网、消火栓等设施。城市消防系统的功能是日常防范火灾,及时发现与迅速扑灭各种火灾,避免或减少火灾损失。

1. 消防车道的设置

在城市道路设计中,须考虑消防车道的设置:

(1)消防车道的宽度不得低于3.5 m,净空高度不得低于4 m。

(2)环形消防车道可分为南北两处;在中央分隔带两侧各设一处宽度不低于10 m、高度为30 m左右的停车平台。尽头式的消防车道和回车道应分别设置在回车场的两侧或中间位置,且距回车场的距离不小于15 m,而其他形式的消防车应设置在地面以上约18 m处。

(3)在有条件的情况下,可将消防车道与铁路正线平交;当采用双向四车道时,在保证行车安全和不影响道路正常通行的条件下,可将车辆驶入或驶出消防通道;如果是单向四车道,则需对消防出口进行拓宽改造以满足车辆驾驶要求。

(4)为消防车取水提供天然水源,消防水池应当设有消防车道。

2. 确定消防车道的位置

(1)街区内部道路要兼顾消防车行驶,道路中心线距离不超过160 m。若街道宽度小于100 m,宜设置消防通道;如超过200 m,则需增设消防泵站和消火栓等设施。当多层建筑物在临街部分的宽度不小于150 m,高度不小于220 m时,可将相邻两楼之间的距离适当减小,以使相邻两建筑物之间有足够的空间通过消防车道。对于多层建筑,在同一高度上,应根据不同类型的建筑物分别设置相应数量的消防车道和环形消防车道。

(2)当无封闭内院或者天井且其短边长度不小于24 m时,可在进入内院之前先将其与有封闭内院或者有天井的建筑物之间形成一个完整的消防车道。

(3)无封闭内院和天井的建筑物,当其长边与街道平行时,宜将内院与消防通道之间的距离控制在80 m以内。

(4)对于有3000个座位以上的体育馆、2000个座位以上的会堂及占地面积在3000 m^2 以下的展览馆等大型公共建筑,可考虑设环形消防车道。

(5)工厂或仓库及仓库区内的道路不宜设置消防车道。

(6)应保证消防车道的净宽度和净高度在4 m以上;消防车通道两侧应留有一定面积用于停放车辆或站立人员;消防车道与高层建筑外墙的距离应在5 m以上。

3. 建筑物防火间距

我国相关规范规定多层建筑之间防火间距不得小于6 m,高层建筑和多层建筑防火间距不得小于9 m,高层建筑之间防火间距不得大于13 m。

4. 建筑设计标准

高层建筑的底边不少于1条长边或者四周长边不少于1条长边,不得设置高度超过5 m、进深超过4米的裙房,其间须设直达室外楼梯或者直达楼梯间出口。

5. 制定合理的消防用水标准

城区及其他市政消防供应设计流量应当根据同一时刻火灾起数及一次火灾灭火设计流量计算后确定。一般情况下,同一时刻发生两次以上火灾时,其消防用水量应该是相等的;但是在某些特殊情况下,如某一天有一次或几次不同程度的火灾事故时,则应视具体情况予以区别。同一时刻火灾起数、一次火灾灭火设计流量不得低于规定范围(见表9-16),其他内容规定详见《消防给水及消火栓系统技术规范》(GB 50974—2014)。

表 9-16 城镇和居住区同一时间内的火灾起数和一起火灾灭火的设计流量

人数 N/万人	同一时间内的火灾起数/起	一起火灾灭火的设计流量/(L/s)
$N \leqslant 1.0$	1	15
$1.0 < N \leqslant 2.5$	1	30
$2.5 < N \leqslant 5.0$	2	30
$5.0 < N \leqslant 20.0$	2	45
$20.0 < N \leqslant 30.0$	2	60
$30.0 < N \leqslant 40.0$	2	75
$40.0 < N \leqslant 50.0$	2	75
$50.0 < N \leqslant 70.0$	3	90
$N > 70.0$	3	100

9.13 抗 震 规 划

城市抗震系统的主要功能在于提高建筑物、构筑物等的抗震强度,合理设置避灾疏散场地和道路。

1. 抗震设防强度

抗震设防强度应按国家颁发的文件确定,一般情况下可采用基本烈度。地震基本强度是指一个地区今后一段时间内,在一般场地条件下可能遭遇的最大地震强度,即《中国地震烈度区划图》规定的强度。

我国工程建设从地震基本强度 6 度开始设防。抗震设防强度有 6、7、8、9、10 等级。6 度及 6 度以下的城市一般为非重点抗震防灾城市,但并不是指这些城市不需要考虑抗震问题,6 度地震区内的重要城市与国家重点抗震城市和位于 7 度以上(含 7 度)地区的城市,都必须考虑城市抗震问题,编制城市抗震防灾规划。

2. 城市用地抗震适宜性评价

城市用地地震破坏及不利地形影响应包括场地液化、地表断错、地质滑坡、震陷及不利地形等。城市用地抗震适宜性评价要求如表 9-17 所示。

表 9-17 城市用地抗震适宜性评价要求

类别	适宜性地质、地形、地貌描述	城市用地选择抗震防灾要求
适宜	不存在或存在轻微影响的场地地震破坏因素一般无须采取整治措施; 场地确定; 无或轻微地震破坏效应; 用地抗震防灾类型Ⅰ类或Ⅱ类 无或轻微不利地形影响	应符合国家相关标准要求

续表

类　别	适宜性地质、地形、地貌描述	城市用地选择抗震防灾要求
较适宜	存在一定程度的场地地震破坏因素,可采取一些整治措施满足城市建设要求; 场地存在不稳定因素; 用地抗震防灾类型 DⅠ类或Ⅳ类; 软弱土或液化土发育,可能发生中等及以上液化或震陷,可采取抗震措施消除; 条状突出的山嘴,高耸孤立的山丘,非岩质的陡坡,河岸和边坡的边缘,场地平面分布有成因、岩性、状态明显不均匀的土层等地质环境条件复杂,存在一定程度的地质灾害危险性	工程建设应考虑不利因素影响,应按照国家相关标准采取必要的工程治理措施,对于重要建筑应采取适当的加强措施
有条件适宜	存在难以整治场地、地震破坏因素的潜在危险性区域或其他限制使用条件的用地,由于经济条件限制等各种原因尚未查明或难以查明; 存在尚未明确的潜在地震破坏威胁的危险地段; 地震次生灾害源可能有严重威胁; 存在其他方面对城市用地的限制使用条件	作为工程建设用地时,应查明用地危险程度,属于危险地段时,应按照不适宜用地相应规定执行;危险性较低时,可按照较适宜用地规定执行
不适宜	存在场地地震破坏因素,但通常难以整治; 可能发生滑坡、崩塌、地陷、地裂、泥石流等的用地地震断裂带上可能发生地表错位的部位; 其他难以整治和防御的灾害高危影响区	不应作为工程建设用地。基础设施管线工程无法避开时,应采取有效措施减轻场地破坏作用,满足工程建设要求

3. 建筑抗震设计标准

建筑根据其重要性确定不同的抗震设计标准。根据建筑的重要性将其分为甲、乙、丙、丁四类建筑。

甲类建筑:有特殊要求的建筑,如遇地震破坏会导致严重后果的建筑等,必须经过国家规定的批准权限批准。

乙类建筑:国家重点抗震城市的生命线工程的建筑。

丙类建筑:甲、乙、丁类以外的建筑。

丁类建筑:次要的建筑,如遇地震破坏不易造成人员伤亡和较大经济损失的建筑等。各类建筑的抗震设计标准,应符合下列要求:

(1)甲类建筑的抗震设计标准应高于本地区抗震设防强度的要求。当设防强度为6~8度时应提高一度的要求,当为9度时应符合比9度抗震设防更高的要求。

(2)乙类建筑的抗震设计标准应符合本地区抗震设防强度的要求。当设防强度为6~8度时应提高一度的要求,当为9度时应符合比9度抗震设防更高的要求。对较小的乙类建筑,当其结构改用抗震性能较好的结构类型时,应允许仍按本地区抗震设防强度的要求采取抗震措施。

(3)丙类建筑的抗震设计标准应符合本地区抗震设防强度的要求。

(4)丁类建筑一般情况下抗震设计标准应符合本地区抗震设防强度的要求,抗震措施应允许比本地区抗震设防强度的要求适当降低,但抗震设防强度为6度时不应降低。

4. 城市抗震减灾规划编制模式

(1)位于地震强度7度及以上地区的大城市在编制抗震减灾规划时应采用甲类建筑设计标准。

(2)中等城市和位于地震强度6度地区的大城市应不低于乙类建筑设计标准。

(3)其他城市编制城市抗震减灾规划应不低于丙类建筑设计标准。

5. 城市抗震减灾规划的工作区标准

(1)甲类建筑设计标准城市规划区内的建成区和近期建设用地应为一类规划工作区。

(2)乙类建筑设计标准城市规划区内的建成区和近期建设用地应不低于二类规划工作区。

(3)丙类建筑设计标准城市规划区内的建成区和近期建设用地应不低于三类规划工作区。

(4)城市的中远期建设用地应不低于四类规划工作区。

9.14 人防工程规划

城市人防系统,全称为城市人民防空袭系统,包括防空袭指挥中心、专业防空设施、人员掩蔽工程、地下建筑、地下通道以及战时所需的地下仓库、水厂、变电站、医院等设施。城市人防设施应在确保其满足安全要求的前提下,尽可能为城市日常活动所使用。城市人防系统的功能是提供战时市民防御空袭、核战争的安全空间和物资供应。

9.14.1 人防系统规划的相关技术标准

1. 城市人防系统的规划

(1)提高人防工程的数量与质量,使之符合防护人口和防护等级的要求。

(2)突出人防工程的防护重点,应当选择一批重点防护城市和重点防护目标,提高防护等级,保证重要目标城市与设施的安全。

(3)以就近分散掩蔽代替集中掩蔽,加强对常规武器直接命中的防护,以适应现代战争突发性打击强、精度高的特点。

(4)加强人防工事间的连通,使之更有利于对战时次生灾害的防御,并便于平战结合和防御其他灾害。

(5)综合利用城市地下设施,将城市地下空间纳入人防工程体系,研究平战功能转换的方法和措施。

2. 城市人防系统规划的相关技术标准

(1)城市人防工程总面积要求。城市人防规划需要确定人防工程的大致总量规模,才能确定人防设施的布局。预测城市人防工程总量首先需要确定城市战时留城人口数。一般来说,战时留城人口数占城市总人口数的30%～40%。按人均1～1.5 m的人防工程面积标准,则可推算出城市所需的人防工程面积。

在居住区规划中,按照有关标准,在成片居住区内应按总建筑面积的2%设置人防工程,或按建筑地面总投资的6%左右进行安排。居住区的防空地下室在战时的用途应以居民掩蔽为主,规模较大的居住区的防空地下室项目应尽量配套设施齐全。

(2)专业人防工程的规模标准如表9-18所示。

表9-18 专业人防工程规模标准

项目名称		使用面积/m²	参考标准
医疗救护工程	中心医院	3000～3500	200～300张病床
	急救医院	2000～2500	100～150张病床
	救护站	1000～1300	10～30张病床
连级专业队工程	救护	600～700	救护车8～10台
	消防	1000～1200	消防车8～10台、小车1～2台
	防化	1500～1600	大车15～18台、小车8～10台
	运输	1800～2000	大车25～30台、小车2～3台
	通信	800～1000	大车6～7台、小车2～3台
	治安	700～800	摩托车20～30台、小车6～7台
	抢险抢修	1300～1500	大车5～6台、小车8～10台

9.14.2 城市人防工程规划实例

这里以广东省佛山市顺德区容桂街道为例来讲解城市人防系统规划。

1. 人防规划原则

遵循"从实际出发,统一规划,突出重点,平战结合,同步实施"的原则,充分发挥人防工事在平战时期的社会效益和经济效益。

2. 人防规划内容

利用城镇总体防护规划,保证城镇具有总体防护能力。具体措施如下:
(1)控制镇区人口密度和建筑密度,使镇区人口密度合理分配。
(2)按平战结合的要求,完善城镇道路,保证城镇对外道路的通畅。
(3)旧镇改造、新区开发,应有一定的绿地和空地,加强防空、防火、抗灾能力。
(4)积极防护,严格伪装,加强防卫,适时疏散重要物资。

(5)完善人防通信、警报系统,增强人防通信、警报系统的抗毁能力。

(6)城镇给水、排水、供电、供气和通信管网,在满足作战时生产和生活需要的前提下,同时考虑防火、防灾等要求。

(7)新建工厂,储存易燃、易爆、有毒物品的仓库应远离城镇人口密集区,对原有的进行搬迁和控制其数量、规模,加强防护管理,提高抗毁能力。

3. 人防工程设施规划

根据人防工程条件要求,按规划期末总人口18万人中的40%留城、1.5米^2/人计算,规划人防工程总面积约11万米^2。

(1)人防指挥所工程:设人防指挥所1座,用地1000 m^2。

(2)防空专业队工程:根据需要设立防空专业队、通信专业队、抢险抢修专业队、运输专业队、消防专业队、治安专业队。

(3)医疗救护工程:设立中心医院、急救医院。

4. 人防工程的实施

人防工程原则上与城市建设相结合来实施。

(1)利用国家拨款、地方财政支持、人防自筹等方式筹集资金,修建一批大中型平战结合的人防骨干工程。

(2)结合居住和公共建筑的建设,修建平战结合的两用防空地下室。

(3)结合城镇大型公共设施的建设、汽车站、体育场馆等,修建平战两用的防空地下室。

9.15 城市综合防灾减灾规划

9.15.1 城市综合防灾减灾规划的编制依据

1. 城市规划建设和相关防灾减灾法规标准

城市综合防灾减灾规划以城市规划建设和防灾减灾有关的法律、法规、技术标准为依据进行编制。这些法律和法规主要包括《中华人民共和国城乡规划法》《城市规划编制办法》《城市规划编制办法实施细则》《省域城镇体系规划编制审批办法》等,以及与防灾有关的国家法律和部级法规,如《中华人民共和国防震减灾法》《中华人民共和国防洪法》《中华人民共和国消防法》《中华人民共和国人民防空法》以及各单灾种防治规划方面的技术规范和标准。

2. 国家和相关部门的方针政策和指导意见

城市综合防灾减灾规划编制工作政策性强,有些重要规划问题必将会建立在国家相关方针政策之上。《中华人民共和国防震减灾法》明确规定:国家加强对地震灾害防治和应急救援能力建设,提高应对突发性自然灾害和突发事件的水平。国务院也发布了一系列有关城市抗震设防及救灾等方面的法规文件。城市政府和有关部门要根据城市社会、经济发展规划的要求,并将其作为制定城市综合防灾减灾规划的基础。

3. 城市或地区的现状条件和自然地理、灾害特点

城市综合防灾减灾规划的制定要点就是要将城市规划区域内各类防灾空间与设施系统统筹安排,以维持科学、合理的防灾空间结构与分布。所以说,城市综合防灾减灾规划应以预防为主,把减轻自然灾害损失作为首要目标,不应离开城市及周边自然地理及灾害特点等,而要全面调查研究,综合分析。

9.15.2 城市综合防灾减灾规划的范畴与编制体系

1. 规划范畴

城市综合防灾减灾规划是关于城市安全和防灾的公共政策。其公共物品属性旨在以各种手段和措施科学地应对对于城市长远发展具有全局性意义的重大灾害种类,减少城市综合风险水平,提高城市综合防灾减灾能力,确保城市民众生命财产安全,推动城市社会经济持续发展。随着我国城市化进程的加快和自然灾害形势的日趋严峻,加强城市防洪减灾与管理已成为政府必须履行的一项重要职责。城市综合防灾减灾规划设计就是在这一背景下应运而生的一门新学科。城市综合防灾减灾规划是全社会、全过程、多灾种、多风险、多手段的。

2. 规划编制体系

在规划编制体系视角下,可将城市综合防灾减灾规划划分为全方位城市综合防灾减灾规划与城市规划城市综合防灾减灾规划。前者是以预防灾害为目的,后者则侧重于对灾后恢复重建工作进行指导;其目标都是实现"预防为主、防御与救助相结合"这一基本原则。二者规划内容与侧重点不同。城市规划与城市综合防灾减灾规划之间存在着密切的联系,因此有必要研究城市综合防灾减灾规划的编制方法。(见图 9-11)

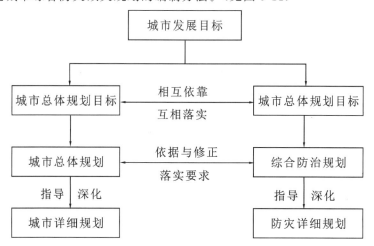

图 9-11 城市规划中城市综合防灾减灾规划与城市规划的关系框图

(资料来源:作者自绘)

城市综合防灾减灾规划的首要任务就是通过搜集大量的城市现状资料来科学地分析灾害风险形势。发现城市综合防灾减灾工作中存在的问题与不足,提出有针对性的解决对策,提高城市应对各种自然灾害的综合防灾减灾能力,保障人民群众生命财产安全,促进社会经济可持续发展。在空间与设施布局上,建立完善的城市防灾空间设施网络并制定工程性与非工程性灾害防治对策,增强城市整体防灾能力,从而减少灾害风险,降低潜在灾害给城市带来的破坏。

城市综合防灾减灾规划主要包括现状调查和问题研究,城市灾害综合风险分析,规划目标和原则,城市整体防灾空间结构、防灾分区等。城市综合防灾减灾规划是以实现社会经济可持续发展为目的而制定的城市规划编制体系中的一项重要内容,包括疏散避难空间体系规划、防救灾公共设施配置规划、市政基础设施体系防灾规划等内容,以及重大危险源及次生灾害的防治方案、实施意见等。城市防灾安全是指在一定区域内,为防止或减轻灾害对社会、经济及环境造成的危害而进行的以保护人民生命健康和财产安全为目的的各种活动,包括土地使用和防灾工程两个方面内容。

因此,城市综合防灾减灾规划应以规划范围为核心,以规划期限为主线,并与城市总体规划相协调。

在编制城市综合防灾减灾规划时,应以城市总体规划为依据,从经济、社会和技术三个方面进行综合分析研究,并结合区域内存在的灾害类型及其特点,确定其主要目标:通过对区域内多灾种风险性因素的识别和评估,进行城市总体规划用地调整,优化城市总体规划的总体空间结构布局、防灾分区、防灾空间结构以及防灾设施布局等。

城市综合防灾减灾规划通常在城市政府和城市规划主管部门领导下组织编制。

规划防灾与工程防灾相结合可降低整个城市的灾害风险;对某些有关键意义地区及空间位置的控制,可将灾害损破程度降至最低以实现安全。因此,城市规划应该考虑如何处理好各方面的关系。其中一个很重要的部分就是如何统筹各种不同类型的空间组织来提高其抗灾能力。这些都可以用相关的规划方法加以实现,例如危险区应采取适当措施限制土地利用活动,提高开发建设标准,防止过度开发,降低土地的易损性。将这些规划方法融入城市综合防灾减灾规划有利于将防灾工作重心由注重应急救援转向注重与土地利用规划相融合的灾前减灾。

9.15.3 城市综合防灾减灾规划的编制内容

市域范围综合防灾减灾规划强调空间范围较大,以市域为中心;内容涉及流域内防灾问题解决、防灾空间设施配置及建立市域防灾管理联动机制。根据不同城市发展阶段所面临的灾害风险等级和减灾需求,将其划分为5个一级安全保障层、11个二级安全保障系统、16个三级安全保障体系及相应的应急响应体系。这一层面的谋划,具有宏观性、战略性、政策性等特点。

1. 计划任务

综合考虑市域自然环境特点、行政区划、空间形态及结构、道路交通系统、重大基础设施分布等因素,对市域性防灾空间及设施据点进行科学配置,打造安全高效的城市综合防灾减灾网,并建立城市防灾快速联动支援机制以增强城市综合防灾能力。

2. 规划内容

规划内容包括城市疏散交通网络、城市避难设施系统、城市救灾物资储存网络等,以及城市供水、供电、通信等系统综合防灾对策。其编制过程通常由四个环节组成:现状调查及问题分析、风险评估、防灾空间及设施规划布局和区域联动救灾机制构建。

课 后 习 题

1. 公路分类、分级有哪些?
2. 城市给水工程系统由什么组成?
3. 城市用水量预测公式是什么?
4. 城市抗震规划是什么?
5. 城市综合防灾减灾规划的原则是什么?

第 10 章 历史文化遗产保护与城市特色塑造

10.1 历史文化遗产保护规划

10.1.1 历史文化名城遗产保护规划

1976年《内罗毕建议：关于历史地区的保护及其当代作用的建议》讲：从古至今历史地区对文化宗教和社会多样化以及财富都提供了准确的证明。保存历史地区并使之与现代社会生活相融合是城市规划与土地开发的根本要素，而保护与城市规划相融合恰恰是保护规划的理由和宗旨所在。

历史文化名城的整体保护包括历史文化名城、历史文化街区和文物保护单位三个层次的保护体系。历史文化名城在保持其原有的传统格局和历史风貌的前提下，可以适当调整其空间尺度，增加其自然景观。在对历史文化名城进行整体保护时，必须贯彻"以人为本"原则，尊重居民意愿，满足居民需要；同时要注意防止盲目建设、低水平重复建设等问题；制定科学合理的城市规模标准，严格控制人口增长。历史文化名城保护地的地方人民政府应根据本地经济社会发展水平，依据保护规划控制历史文化名城人口数量，完善历史文化名城的基础设施和公共服务设施。

1. 一般性规划的要求

历史文化名城的保护内容可划分为两类，一类是物质性要素，另一类是非物质性要素。物质性要素包括历史城区传统格局、历史风貌、城址环境以及与名城的历史发展及文化传统的形成有关的山川形胜等，其中城址环境保护对于保留古城演变的历史信息至关重要。物质性要素具体有体现城市肌理及传统风貌的历史文化街区及其他历史地段；各种有保护价值的建筑单体遗存，包括不同等级的文物保护单位、历史建筑、传统风貌建筑；体现地域建成环境特点的历史环境要素，包括古井、围墙、石阶、铺地、驳岸、古树名木。而非物质性要素则包括非物质文化遗产，即列入国家级非物质文化遗产名录的优秀传统文化、地方民俗、民间工艺、节庆活动及传统风俗等。

在历史文化名城的保护与规划中，需要对其历史、社会、经济背景及现状进行剖析，分析与研究其历史沿革、城址变迁、形态演变及社会经济发展等情况，认识其历史价值、科学价值、艺术价值及文化内涵等，并合理地确定与之相适应的保护重点与保护措施。

历史文化名城是指在一定区域内具有典型的传统格局和历史风貌，或者有重要价值的历史地段、文物保护单位或历史建筑。

在编制历史文化名城保护规划时,应当对历史城区(含历史文化街区)及历史地段内的文物保护单位进行综合评价,确定历史建筑和地下文物埋藏区的保护界线以及相应的规划控制和建设要求。

历史文化名城的保护要从城市整体出发,根据名城自身特点,合理确定历史城区范围内各类型历史城区的规模、数量及分布情况,并在此基础上,综合考虑人口容量、交通等因素,对其进行科学的布局与规划,完善各项基础设施;在此基础上,可通过建立合理的管理体制、完善相关法律法规体系、加强公众参与等途径来实现对古城的有效保护。具体而言,要根据不同时期的发展状况进行相应调整。在编制过程中,应严格按照相关法律、法规及管理规定进行,并根据规划目标制定相应的年度计划,同时要与保护规划相衔接,确保规划编制能有效实施。

历史文化名城的保护规划应当对地下文物埋藏区的保护边界内道路交通设施、市政管线、房屋、绿化建设和农业活动提出控制,并不得危害地下文物安全。

2. 保护界线

划定历史城区是历史文化名城保护中最重要的一个环节,历史城区集中承载着历史文化名城的文化空间。历史城区的城区范围在一定程度上反映了一个国家或地区在某一特定历史时期内形成的空间格局和保护格局,也是对其延续风貌进行有效保护控制的重要依据(见图10-1)。古代城市在选址时遵循科学性、天人合一的营建理念,形成了独特的自然山水格局,在这一理论指导下形成了各具特色的传统人居聚落体系。随着社会经济发展水平的提高,人们对生活质量也提出了更高要求。如何有效落实这一目标呢?关键是要做好规划编制。历史文化名城的城址环境具有重要的历史文化价值,如著名学者认为:如有破坏,则会影响到整个城市的风貌和特色;如有保留,则会使人对其印象深刻……如江西赣州古城、陕西韩城古城等。城市环境协调区是指在一定区域内,各类型古城的城址环境要与周围的山川形胜、河湖水系相协调。

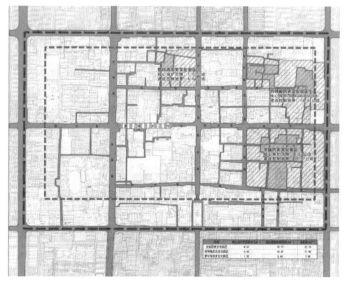

图 10-1 武威历史文化名城保护界线
(资料来源:网络)

历史文化名城是一个由众多历史城区组成的环境协调区;对列入历史文化名城保护规划的历史文化街区,其保护范围界线应在保护范围内进行界定,并将其划分为核心保护范围和建设控制地带;历史文化街区是指在一定区域内具有代表性的历史地段,因此,确定历史文化街区保护范围界线非常重要。历史文化名城内的文物保护单位和建设控制地带由各级人民政府负责划定;历史文化名城保护规划对历史建筑的保护提出了明确的要求;划定合理的保护范围界线;对于有明确行政管理部门或具有一定规模的城市综合开发项目的保护范围,在不违反法律、法规规定的前提下可以适当放宽其保护方式,但不得突破《中华人民共和国文物保护法》有关条款的限制。历史文化街区内的所有历史建筑均为历史建筑,在历史文化街区内对历史建筑进行保护时,其保护范围应为历史建筑的建设控制地带;在历史文化街区、文物保护单位、建设控制地带等保护范围发生交叉情况下,要坚持从严保护,并要按照更加严格管控的要求进行。

3. 道路交通

历史城区所形成的道路格局是其历史风貌和文化特色的重要组成部分,与城市格局密切相关。保护、延续历史道路格局是历史文化名城保护的关键措施之一。"窄路密网"是我国古代城市交通系统的普遍特征。历史城区内的街巷系统往往拥有高密度、窄路幅的特点,适于步行、自行车等慢行交通,有利于体验城市传统风貌和文化氛围,因此应重视保护有特色、有价值的街巷系统。需要对历史城区进行充分的历史调查和景观分析,对内涵丰富、特色明显、保存完整和对名城风貌特征起着重要作用的历史街道(巷),应当最大限度地保护其原有街道尺度、断面形式、两侧建筑界面等,有条件的地区可以公布永不拓宽的街巷名录。

历史城区的交通组织应从城市整体层面进行综合考虑,以疏解为主,应避免由于将穿越性交通引入历史城区而加剧交通拥挤程度。对起讫点均在历史城区以外的穿越性交通,要尽可能从历史城区调整出去,鼓励构建环绕历史城区的外围道路交通系统,减少历史城区的通过性交通压力。历史城区内不宜新建大规模交通设施,如体量较大的道路桥梁、客货运枢纽、社会停车场、机动车加油站等,以免吸引与历史城区无关的外部交通。

历史城区内应积极改善市政基础设施,与用地布局、道路交通组织等统筹协调,并应符合下列规定:历史城区的市政基础设施规划应充分借鉴和延续传统方法和经验,充分发挥历史遗留设施的作用;对现状已存在的大型市政设施,应进行统筹优化,提出调整措施;历史城区内不应保留污水处理厂、固体废弃物处理厂(场)、区域锅炉房、高压输气与输油管线和贮气与贮油设备等环境敏感型设施;不宜保留枢纽变电站、大中型垃圾转运站、高压配气调压站、通信枢纽局等设施;历史城区内不应新设置区域性大型市政基础设施站点,直接为历史城区服务的新增市政设施站点宜布置在历史城区周边地带;有条件的历史城区应以市政集中供热为主,不具备集中供热条件的历史城区宜采用燃气、电力等清洁能源供热;当市政设施及管线布置与保护要求发生矛盾时,应在满足保护和安全要求的前提下,采取适宜的技术措施进行处理。

历史城区市政设施建设应与历史城区整体风貌相协调。对会明显造成视觉干扰和影响的市政设施,如通信、广播、电视等无线电发射接收装置的高度和外观,应提出限制性要求。历史城区市政管线布置和市政管线建设应结合用地布局、道路条件、现状管网情况以及市政需求预测结果确定,并应符合下列规定:应根据居民基本生活需求,合理确定市政管线建设的优先次序;应因地制宜确定排水体制,在有条件的地区推广雨水低影响开发建设模式;管线宜采取地下敷设的方式,当受条件限制需要采用架空或沿墙敷设的方式时,应进行隐蔽和美化处理;当在狭窄地段所敷设管线无法满足国家现行相关标准的安全间距要求时,可采用新技术、新材料、新工艺,以满足管线安全运营管理的要求。

防灾和环境保护工程设施应考虑与历史环境的协调,尽量隐蔽处理;不能隐蔽处理的,应通过外观设计尽量减少对历史风貌的影响和破坏。历史城区必须健全防灾安全体系,实行预防为主、预防与应急相结合的防灾方针,健全防火、防灾安全体系。历史城区的消防组织,可采用消防站与社区消防组织相结合的二级结构方式,社区消防组织主要负责小型火灾及初期火灾的灭火任务。新建或改建的防火、防灾设施在符合相关技术规定的同时,应充分考虑历史城区内景观保护的要求。有条件时,可借鉴和采用一些传统的防火设施和措施。

历史城区内建筑密集,传统建筑多为砖木结构,因此其内不得设置生产、贮存易燃易爆、有毒有害危险物品的工厂和仓库。环境污染特别是有害气体、化学物质、粉尘等污染源,会对文物古迹造成侵蚀和损害的,应制定消除各类污染源的分期实施规划,提出监测、治理以及迁出等措施。历史城区内应重点发展与历史文化名城相匹配的相关产业,不得保留或设置二类、三类工业用地,不宜保留或设置一类工业用地。当历史城区外的污染源对历史城区造成大气、水体、噪声等污染时,应提出治理、调整、搬迁等要求。

历史城区防洪堤坝工程设施应与自然环境、历史环境相协调,保持滨水特色。对历史留存下来的防洪构筑物、码头等应提出保护与利用措施。历史城区城市的竖向规划、防洪规划应相协调。根据地形和排水条件,对汇水分区进行合理划分和调整,尽量避免或减少周边区域的雨水汇入历史城区。历史城区内的内涝防治原则上应以源头控制的方式为主,同步完善提高排水管渠、排涝除险设施的建设标准,并制定应急预案等管理措施,提高历史城区的内涝防治水平。

10.1.2 城市规划在历史文化名城保护中的作用

《中华人民共和国城市规划法》指出:编制城市规划应当"保护历史文化遗产、城市传统风貌、地方特色和自然景观"。这就要求我们在规划过程中必须把保护好名城作为一项十分紧迫而又十分艰巨的任务来抓。我国是世界上历史悠久、文化灿烂的文明古国之一。正是城市规划工作具有全面协调和调控城市空间布局的功能,才使其在历史文化名城保护中具有特别重要的地位。

历史文化名城城址环境及其周围自然山水格局、人文要素等是名城产生、发展和演变赖以存在的基本条件,也是传统城市营建的重要基础,更彰显着名城价值和特色。(见图10-2)

城址环境与其自然山水格局紧密相关,不但有独特的山水美学意境,而且在选址及施工过程中也包含着丰富的科学价值及人文内涵。中国古代都城在布局上遵循"以山为基"的理念;城市发展体现了人与自然和谐共生的思想;城墙是防御外敌入侵的有效手段;建筑形制注重实用美观。城址环境是一个复杂的整体系统,在古城选址时必须考虑到城址所处的外部环境。历史文化名城中的历史城区在城垣轮廓、空间布局、历史轴线、街巷肌理、空间节点等方面存在着一定程度的破坏现象,其原因在于缺乏合理的规划,没有形成良好的内在关联。

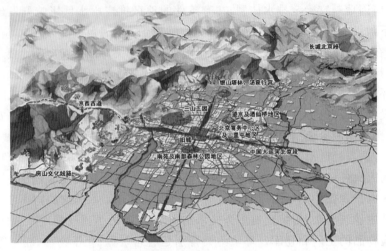

图 10-2　北京历史文化名城格局与风貌

(资料来源:网络)

历史文化名城的保护与发展需要科学的城市设计方法指导,需要对历史城区的历史风貌特征进行总体控制,加强历史城区的风貌管理,延续历史文脉和保持景观风貌。在编制过程中,要坚持"以人为本"原则、整体性原则、真实性原则和动态性原则;必须综合考虑社会经济发展水平、自然生态环境状况、人文资源条件等因素,做到因地制宜;必须遵循可操作性原则。在历史文化名城的保护规划中,应当对历史城区建筑的高度控制提出明确要求,具体包括历史城区中建筑高度的划分、重要视线通廊和视域中建筑高度的控制以及历史地段中保护区域中建筑高度的控制。

1. 对历史文化名城历史发展及现状特点进行分析

制定合理的城市社会经济策略,通过城市规划将其贯彻到城市空间中。应将历史文化名城作为一个整体进行保护,其中包括对博物馆的保护;名城保护规划不能一味地排斥发展。历史文化名城的保护应以经济发展战略为指导,以保存和利用好优秀历史文化遗产为目标。必须从历史文化名城本身出发,不能只看眼前,而是应该全面地认识古城及其所处环境。必须大力发展以传统产业为基础的旅游事业,积极开发历史古城的第三产业,并对工业项目进行科学的规划,选择最佳的选址位置。

2. 对城市布局、用地发展方向、道路系统等方面进行分析

结合古城格局及历史环境,确定合理的道路布局,并根据不同类型的文物古迹建筑的分布情况来选择合适的道路,以达到保护名城的目的。要以"点"为主线对城市进行整体设计,在具体规划设计中注意与周围景观相协调,同时注重交通组织与建设管理。对古城内的文物古迹及历史街区进行科学的规划布局,以达到既能保护古城又不破坏文物古迹的目的。

3. 将文物古迹与园林名胜、遗迹遗址等结合起来进行分析

文物古迹与园林名胜、遗迹遗址等结合起来形成以名城历史文化为主线,其他要素为辅线,各要素之间相互关联、相互补充的有机整体——点、线、面、体,构建起一个完整的、系统的、可识别的、有意义的点、线、面网络体系,是研究名城历史文化渊源的重要方法之一。很多文物古迹受到某种损害后就失去了它们之间本应存在的空间关系与关联,显得孤立无援。为了让人们从不同角度认识并了解古城,我们应该对它们进行整体保护,将其作为一个系统来加以考虑,这样才能更好地发挥它们的功能作用,体现出古都城市独特的魅力。因此,我们可以将这些文物古迹作为园林名胜中的提示性标志物来加以保护利用,如保留古树名木及碑刻等,并以文字、图表、标牌等形式将其串联起来,形成一个完整的空间线路或逻辑线索,让人们从不同角度去了解城市。

4. 合理的规划设计能让新建筑与古建筑和谐共存

体现名城特色,对于历史文化名城而言,保护和开发并重是十分必要的,要充分尊重其文化内涵,不能简单地将两者对立起来,只有这样才能达到"文以载道"的目的。在对文物建筑进行保护的同时,也要考虑新建筑的进入,这就需要我们对名城的保护规划做出相应的调整,例如在建筑高度分区控制方面,对古建筑实行严格的视廊控制,对文物古迹采取必要的保护措施等。例如苏州北寺塔就是宋代保留至今的一座古塔,计划将城市主干道正对塔体,让塔体成为古城中非常引人注目的一道重要风景和一大视觉中心,同时对几大视线通廊进行控制。

5. 合理划定规划保护范围,防止或减少建设性破坏

在城市规划确定的控制区范围内,按照相关的控制指标进行规划管理,对历史文化名城、文物古迹保护单位和历史文化保护区实行重点保护。

保护、继承、利用城市历史文化遗产,是全面建设社会主义现代化国家在新发展阶段的一项重要战略任务。习近平总书记2014年提出:历史文化是一个城市的灵魂,我们应该像珍惜生命一样去保护城市历史文化遗产;我们应该以对历史和人民负责任的态度,继承历史文脉,正确处理城市改造开发与历史文化遗产的保护与利用之间的关系,真正做到边保护边开发,边开发边保护。

自然资源部办公厅于2020年9月发布的《市级国土空间总体规划编制指南(试行)》明确指出:总体规划编制工作阶段可以加强对历史文化的保护和传承专题研究,同时对于总体规划编制工作内容中涉及历史文化保护的部分,也有具体的编制工作要求。

10.1.3 名城保护规划与总体规划的关系

城市总体规划的首要任务就是要全面研究并确定城市的性质、规模以及空间发展形态等,对城市中各类建设用地进行统筹安排,对城市中各种基础设施进行合理配置,正确处理远期开发和近期建设之间的关系,引导城市进行合理开发。我国目前正处于经济体制转轨时期,如何正确地认识和运用城市规划,使其发挥应有的作用,这就需要我们认真探讨和研究城市总体规划的基本理论问题。历史文化名城由于其自身的特定性质和指导思想,决定了对名城的城市形态、土地利用及环境规划设计所应遵循的原则。

名城的保护工作是一项长期而艰巨的任务,"防御性"特征明显,是具有深远意义和广泛影响的社会经济文化建设内容之一。它既是城市规划工作中一个不可缺少的环节,又是当前迫切需要解决的重大课题。历史文化名城的内涵十分丰富,涉及方方面面。从消极被动向积极主动转变的过程中,人们逐渐认识到对文物进行有效的保护不仅可以促进城市的现代化发展,而且还能体现城市特色,因此,世界各国都在制定一系列的总体规划或保护规划。

历史文化名城的保护规划应以保护城市地区的文物古迹和风景名胜为主要目标,并与城市总体规划相协调,体现出既要继承优秀传统又要进行合理布局的原则。它具有综合性与控制性、历史性与社会性相结合的特点。我国许多地方已将这一工作纳入城市规划编制体系中去,并取得了可喜的成果。名城保护规划内容应包括总体规划层次上的防护措施,如对保护区域内人口规模进行控制,对占用文物古迹风景名胜单位进行迁建,对用地布局进行调整以完善古城功能、古城规划格局和空间形态,以及对视觉通廊进行防护。

名城保护规划与城市总体规划之间存在着密切的联系:

(1)城市总体规划是从城市发展整体出发,在宏观层次上为名城保护打下坚实基础,而这些宏观决策问题常常是名城保护规划不能涉及的。我国目前已有相当数量的城市规划涉及这一重大课题。然而,由于缺乏必要的理论指导,有些城市总体规划还存在着许多不尽如人意之处:一是认识不足,二是方法不当,三是重视不够。主要体现在:定为历史文化名城(尤其是国家历史文化名城),须在城市性质与城市发展战略以及城市建设方针等方面清楚表达这一重要特点;对于某些具有较大范围遗址的城市,要在总体规划中合理界定城市发展方向与城市总体布局以避免建设性破坏;对于某些具有特殊要求与全城保护要求的城市,则要在总体规划中充分考虑到它们的特殊布局与交通要求。

(2)名城保护规划是城市总体规划的重要组成部分之一,它不等同于一般的专项规划,它具有综合性质。

(3)在编制城市总体规划时,应将名城保护规划纳入城市总体规划之中,并赋予其相应的法律效力,以保证城市总体规划和名城保护规划的有效实施。从整体上看,对名城保护规划进行修改和补充是必要的,也有利于实现"保"与"放"相结合。因此,可以将名城保护规划纳入城市规划体系中去编制。同时,名城保护规划还可以对城市总体规划中的一些重要部分进行反馈调整,例如城市发展方向、人口控制和调整、产业结构调整、用地和空间结构调整、道路交通调整等。

城市总体规划是历史文化名城保护和建设的基础,也是整个国土空间规划体系的核心,因此,在编制总体规划之前,必须要对规划范围内的各类用地进行详细调查研究,并将其纳入相应的专项规划之中,只有这样才能使总体规划与相关的专项规划有机结合起来,实现历史文化名城保护与利用的协调发展,从而保证历史文化名城总体规划的实施效果。

10.1.4 历史文化保护的框架体系

所谓保护框架,就是历史文化名城所要保护的实体对象,以及实施保护规划所期望实现的目的。保护框架不仅要考虑到城市历史传统空间本身的稳定性,还要考虑到在未来发展过程中如何将传统文化融入城市空间框架之中。

保护框架由城市特色、自然环境要素、人文环境要素和人工环境要素构成。自然环境要素包括地形条件、水文状况及地质构造等;人文环境要素包括历史文脉、风土人情及建筑格局等内容。它们相互联系,构成了一个完整的整体。地理环境是人类赖以生存和发展的物质基础。自然环境要素是指富有特色的城市地貌与自然景观；人工环境要素是指人类创建活动中形成的城市物质环境和各种文物景点中体现出来的人工环境特征；人文环境要素是指人类精神生活结晶在环境中的体现，指居民在社会生活、风俗、生活情趣、文化艺术中体现出的人文环境特征。

保护框架重在保护城市空间，包括点（节）——古建筑与标志性构筑物（如牌楼、桥梁），人对城市空间主要参照物的感知与辨识；线（节）——传统街道、河流与城墙，人对城市主要感受通道或视野主要观赏轴线；面（区）——古建筑群、园林与传统居民群落以及有一定共性的城市地段与街区。三者相互联系又各自独立，构成了完整而系统的保护方式。三种不同类型的保护框架在其基本结构中发挥着不同的结构组织作用，从而形成了各具特色的城市景观。

10.1.5 建立具有适应性的保护体系

保护框架的含义就是把城市历史传统空间里有意义的建筑事物组织联系在一起，把历史上的发展因素和将来的发展因素综合在一起，形成一种旨在保护传统文化的城市空间构架。《历史文化名城保护规划标准》（GB/T 50357—2018）明确指出：历史文化名城保护规划要坚持整体保护理念，构建历史文化名城、历史文化街区和文物保护单位三级保护体系。

在实际工作中我们发现，在规划编制过程中，对城市历史文化遗存的保护重视不够，特别是对历史文化古城、历史文化街区和国（境）内外文物保护单位这三个层面的保护力度不够。从国家层面上看，我国已经有许多地区建立了各具特色的国家级历史文化景观保护区或区域级历史文化景观保护区；但由于保护意识薄弱，一些地方仍然没有把保护历史文化遗产作为一项基本工作来抓。在一些城市中，除历史文化名城之外，还有不同等级的历史文化名镇、名村、传统村落等重要古镇古村；其保护客体主要是由历史文化名城、名镇、名村或传统村落、街区及不可移动文物、历史建筑、历史地段等组成的有机整体；工业遗产、农业文化遗产、灌溉工程遗产、非物质文化遗产、地名文化遗产是保护与传承的综合载体。

《北京城市总体规划（2016年—2035年）》明确提出："以更开阔的视角不断挖掘历史文化内涵，扩大保护对象，构建四个层次、两大重点区域、三条文化带、九个方面的历史文化名城保护体系。"要坚持规划引领，建立完善符合首都实际的历史文化名城保护机制。北京市将进一步加大对历史文化名城保护工作的投入力度，到2025年基本完成全市范围内重要城镇风貌保护区划定任务。实现在保护中求开发，在开发中求保护，使历史文化名城的保护成果造福于更多的群众，强化老城、中心城区、市域及京津冀4个空间层次历史文化名城的保护，强化老城及三山五园地区2个重点区域总体保护，促进大运河、长城、西山永定河等9个重点区域历史文化名城的保护与利用，强化世界遗产及文物、历史建筑及工业遗产、历史文化街区及特色地区、名镇名村及传统村落、风景名胜区、历史河湖水系及水文化遗产、山水格局及城址遗存、古树名木等重点领域非物质文化遗产的合理开发与保护。

上海初步形成了较为完备的保护层次体系，以历史城区为主线，以历史城镇与村庄作为主要载体，系统地整合并保护各类型历史文化遗产以及承载历史悠久文脉与文化含义的空间肌理、自然及生活方式等，强调对物质和非物质文化遗产的综合保护，达到完整呈现不同历史时期发展沉积形成的城乡空间脉络文化风貌的目的。

南京在20世纪80年代初制定了5大级别的历史文化名城保护规划,初步构建起一个涵盖历史文化名城整体、局部及区域的全域、全要素、多层次的保护框架体系如图10-3所示。

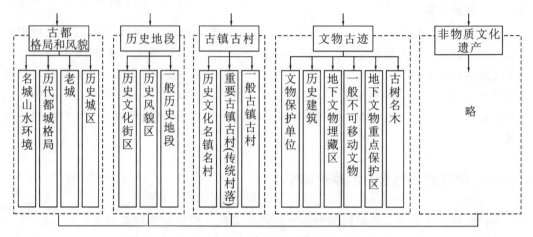

图 10-3 南京历史文化名城保护体系

(资料来源:南京市规划和自然资源局.南京历史文化名城保护规划四.2020.)

南京市历史文化名城保护框架按照"五类三级"进行构建。"五类"是指古都格局和风貌、历史地段、古镇古村、文物古迹、非物质文化遗产这五类保护内容。南京是我国著名古城之一,也是中国最具有代表性的文化名城之一。其特点主要有以下几个方面:①城市发展历史悠久,文化底蕴深厚;②自然环境优美独特;③旅游资源丰富。其中古都格局与风貌由名城山水环境、历代都城格局、老城、历史城区构成;历史地段由历史文化街区、历史风貌区、一般历史地段构成;古镇古村由历史文化名镇、历史文化名村、重要古镇、重要古村/传统村落、普通古镇、普通古村构成;文物古迹由文物保护单位、历史建筑、地下文物埋藏区构成;未批准公布的文物保护单位由不可移动文物/普通不可移动文物构成;地下文物埋藏区由非物质文化遗产保护单位、古树名木构成;非物质文化遗产保护对象由各级各类非物质文化遗产及其优秀传统文化代表工程构成;其他非物质文化遗产由其他非物质文化遗产构成。

建立以"三级"为主线,以指定保护和登录保护相结合,以规划控制为主的三级保护控制体系;对各类不同类型和等级的文化遗产采取分级保护管理办法,是我国《文物保护法》赋予各级政府的一项重要职责。根据这一规定,各地建立了相应的保护措施。其中指定保护对象包括历史文化街区、历史文化名镇名村、文物保护单位、历史建筑、地下文物埋藏区和非物质文化遗产的代表工程,并严格执行国家和江苏省有关规定;登录保护对象包括老城、历史城区、历史风貌区和重要古镇古村、未批准公布文物保护单位的不可移动文物、普通不可移动文物、地下文物重点保护区和古树名木,并依据地方性法规予以登录。对一般历史地段和一般古镇古村及其他价值较小的历史文化遗存的保护和管理,市城乡规划主管部门应当制定保护和管理要求。

10.1.6 历史文化名城保护规划中保护区的确定

历史文化名城保护规划的重要内容之一是划定保护区域。根据《中华人民共和国城市规划法》和国务院颁布的《文物保护法实施条例》等法律、法规规定：各级人民政府应当按照国家有关规定划定文物保护单位，国家实行重点保护名录制度。也就是对城市内的文物古迹、风景名胜、历史街区和古城区等，按照其自身保护范围与环境影响范围进行划分并提出相应的管理措施。

保护区范围和要求应当科学适宜。名城是一个国家或地区的政治、经济、文化中心，它不仅具有丰富的历史文化遗产，而且在城市建设和居民生活中发挥着重要作用。因此，必须把城市建设和保护结合起来进行研究和探讨，在保证经济发展的前提下，兼顾对历史文化的保存与延续。为此，应做好划定保护区的工作。清楚合理地确定保护区范围，制定严密完善的保护管理方法，不仅可以帮助城市建设和保护部门区分轻重缓急，采取不同的措施并集中进行资金投入，而且还可以通过约束、奖惩和宣传，得到建筑使用者的帮助和监督，从而把保护工作一起落到实处。

《中华人民共和国文物保护法》明确规定：文物保护单位的保护范围内不得从事其他建设工程，根据文物保护单位保护的现实需要，经省、自治区、直辖市人民政府批准，可在文物保护单位四周划定一定数量的建设控制地带，在该区域内新建建筑、构筑物不得损害其环境风貌。

对于现存文物古迹，根据其自身价值与环境等特征，通常设绝对保护区和建设控制区2个级别，对于具有重要价值或者环境要求非常苛刻的文物古迹，可增设环境协调区作为第3级保护区。

1. 绝对保护区

绝对保护区是指列在全国、省、市文物古迹、建筑、园林及其他自身范围内的一切建筑物和环境都应按照《文物保护法》的规定加以保护，不得任意改变其原来的状态、风貌和环境。对有价值的文物，应按照"修旧如旧"原则，严格履行审核手续。对已经破坏或毁坏严重的古建筑，不得再建设新的工程；已被列入国家级重点文物保护单位和省级重点保护单位的文物建筑及其周围地区，禁止新建、扩建。严禁未经批准擅自修建新址。对绝对保护区范围内影响文物原有面貌的既有建筑物和构筑物，要坚决予以清除，并确保符合消防要求。（见图10-4）

2. 建设控制区

建设控制区是指为保护文物自身完整与安全而必须对其周边路段进行管控，也就是在文物保护单位范围之外划定保护范围，通常根据现状建筑和街区布局的具体情况进行划定。其主要目的在于：①防止破坏；②保证历史文化遗迹的完整性和真实性；③提高环境质量和景观效果；④美化城市风貌。它用于控制文物古迹的周边环境，使此处的建设活动不致扰动文物古迹，通常指控制建筑物的高度、体量、形态和颜色。（见图10-5）

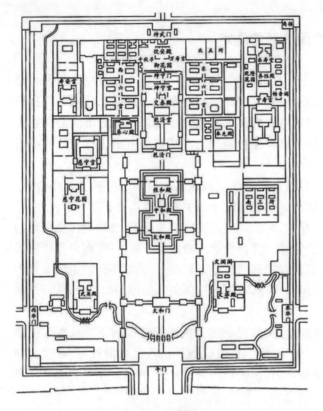

图10-4 故宫（绝对保护区）

（资料来源：网络）

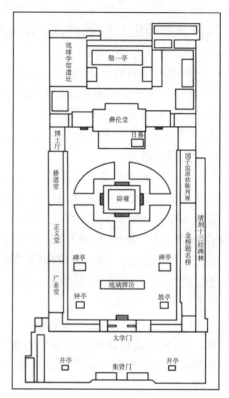

图10-5 国子监（建设控制区）

（资料来源：网络）

3. 环境协调区

对于具有重要价值或者环境要求非常苛刻的文物古迹来说，可以在建设控制区周边重新划定一条边界，同时对于此处环境进一步提出保护和控制要求，使保护对象和现代建筑空间之间能够获得合理的空间和景观过渡。确定保护等级及范围，不仅能确保文物保护单位自身的完整性，还能对其周边环境进行保护，使得周边建筑物、构筑物同文物保护单位之间有一个合理的间距及高度，协调好环境气氛。（见图10-6）

4. 划定保护区范围

界定保护区范围需要进行科学实地考察与论证，除保护对象价值评估外，在技术上应从以下几个方面进行调研与认定。

1）视线分析

正常人眼睛视力距离在50~100 m，如果观察个体建筑，清晰度距离在300 m之内。在此范围内，可以看到东西方向的景物，也可看到南北方向的景物，但不能看到东西和南北方向的景物之间的夹角小于60°角的圆锥面。在这个视野范围内可以看到许多不同颜色和形状的衬景，这些衬景有很高的清晰度，一般在300 m左右。人眼视觉系统对光线变化有一定程度上的敏感性和选择性，在不同条件下所看到的物体会发生相应改变，从而使观察者产

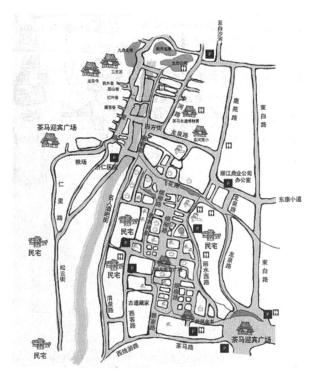

图 10-6　丽江束河古镇（环境协调区）

（资料来源：网络）

生一种心理感觉，并通过视觉器官反映到大脑中去。按上述视线分析原则，可制定 50 m、100 m 和 300 m 三个等级范围。

2）噪声环境分析

在确定保护范围时，既要符合视线要求，又要兼顾噪声等因素对古建筑造成的损害和对游览观赏者造成的扰动。调查研究表明：当干扰声超过一定强度时，人的耐受程度从 65～70 dB 不等，甚至出现听觉疲劳现象，如超过 80 dB，就会影响人体健康。建筑结构中某些构件存在缺陷时也会产生一定程度的振动和噪声，这些都将影响人们的正常生活和工作。从绝对保护要求看，游览景点的噪声控制在 45～55 dB 之间，才能达到宁静安全的目的。

3）城市噪声源的确定

根据保护规定，一级保护区不允许干道通过，二级保护区还排除了大型卡车通过，因此根据最低规定，距离重点保护点 100 m、噪声 50～54 dB 较为适宜，据此分析认为，50 m、100 m 和 300 m 是以噪声干扰为起点的 3 个级别划分保护区域。

4）文物安全保护的需要

国家和省（市）级文物保护单位实行绝对保护，按照文物保护规定在周边划定 50 m 保护范围内不得含有易燃、有害气体和与之性质不相适应的建筑物和设施。它对周边环境保护和景观的要求又可以划分为 50 m、100 m、300 m 等 3 个级别。其中一级保护区为国家重点风景名胜区，二级保护区包括省级和市级自然保护区，三级保护区则是对已破坏或正在毁坏的文物进行恢复治理后再划定出来的，四级保护区应作为重要历史文化名城的重点保护对象。

10.1.7 历史文化名城保护制度

历史文化名城保护规划的落实需要建立起一套涉及立法、管理、资金等多方面与之相配合的保护制度。世界各国保护实践证明,城市保护工作中获得的成功很大程度上取决于保护制度的完善。尽管各国的保护体系各不相同,但历史文化遗产保护制度通常都包含法律制度、行政管理制度、资金保障制度这三项基本内容,以及相应的监督制度、公众参与制度等。由于我国历史文化名城保护所涉及的范畴十分广泛,它包含了名城地域范围内文物及历史文化保护区的内容,因此这里将从整个历史文化遗产保护的角度,研究我国历史文化名城保护制度的有关问题。

我国历史文化遗产保护经历了文物、历史文化名城、历史文化保护区等各层次不断扩展与深化的过程,已经形成较为完整的保护体系。(见图10-7)

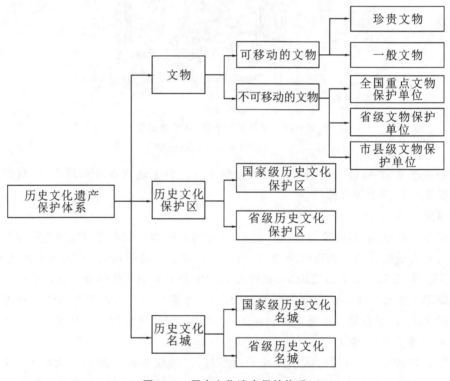

图10-7 历史文化遗产保护体系
(资料来源:作者自绘)

下面我们就从各个层面的保护对象、等级和保护管理机构设置方面进行相关阐述,全面认识中国历史文化遗产保护制度。

1. 文物保护的对象

我国文物保护范围包括可移动与不可移动历史文化遗存两个方面,从年代上看并不局限于古代,还包括近代和当代。我国是一个文明古国,拥有丰富多样的文化遗产资源,但随着社会经济的发展和现代化进程的加快,一些珍贵而有保存价值的文化遗产正在遭到不同

程度的破坏。《中华人民共和国文物保护法》规定:具有历史、艺术、科学价值的文物受国家保护:

(1)有重要科学价值的古文化遗址、古墓葬、古建筑、石窟寺及石刻、壁画;

(2)反映重大历史事件或革命运动的遗迹、遗物以及有重要纪念意义和教育意义的实物、图片、图表等;

(3)珍贵的艺术品或工艺美术品;

(4)革命文献资料中具有重要科学价值的手稿和古旧图书资料;

(5)反映不同民族社会制度及社会生产、政治、经济、军事、文化、教育、科技等方面情况的史料;

(6)有科学价值的古脊椎动物化石、古人类化石。

2. 文物保护的级别

依据《中华人民共和国文物保护法实施条例》,革命遗址、纪念建筑物、古文化遗址、古墓葬、古建筑、石窟寺、石刻及其他不可移动文物划分为全国重点文物保护单位和省、自治区、直辖市文物保护单位与市、县、自治县文物保护单位。

市县级文物保护单位名单由市县级人民政府或省级人民政府确定。市级文物单位由省文化和旅游厅统一管理并向社会开放;县(区)级文物单位由县(区)人民政府负责对其进行保护和利用工作。各级政府应建立相应的机构和人员组织。省级文物保护单位由省级人民政府报国务院批准公布。

国家文物局从地方各级文物保护单位中选择有重要历史、艺术和科学价值者列为全国重点文物保护单位或直接划定为全国重点文物保护单位并报请国务院批准公布。

3. 文物的保护机构设置

我国文物保护机构设置有国家、地方之分,国家文化行政管理部门国家文物局主管全国文物工作,对全国文物保护工作依法实施管理、监督和指导,县(市)以上地方人民政府设立文物保护专门机构而没有文物保护专门机构的,文化行政管理部门为文物保护行政管理部门。中央文物管理委员会(现更名为中央礼品文物管理中心)设于京、津、冀、鲁、豫、皖、苏、浙、皖、赣等地,负责研究制定有关文物保护方面的法律、法规;国务院各部门根据本地区实际情况制定本部门的文物保护法;各省、自治区、直辖市及计划单列市文化局(处),也要设立专门职能机构。国务院有关主管部门应当在各自的职权范围内承担相应职责。地方各级文物行政管理部门对行政区域内的文物进行管理。

4. 文物保护单位的保护管理

依据国家相关法律法规,文物保护单位的保护管理主要是实施法令所确定的常规保护任务,例如建立记录档案、设立标识、日常养护、巡查、督导以及保护任务的规划和决策,同时批准与保护单位有关的各类申请,例如改变保护建筑物的使用性质、翻修、重建、扩建或者大修以及保护范围内或者控制范围内的建设工程。

日常保护和管理工作根据保护级别的不同,分别实行不同的制度:属于国家文物保护范围内的文物行政管理部门和使用单位及其上级主管部门可设立保管所、博物馆和其他专门机构，无专门的保护管理机构时，由县级以上地方人民政府委托使用单位和相关部门承担，也可聘用文物保护员实施；对重要历史文化古迹及文物古迹（包括历史档案），可设专人负责管理，并按一定期限移交给当地文化部门或公安部门办理登记备案手续；属国家投资兴建的各类纪念建筑物和其他古建筑，由当地人民政府批准后，方可进行保护。

文物行政管理部门与城乡规划管理部门密切配合。文物保护单位的使用性质和保护级别不受文化行政管理部门管辖，但其所属的文物建筑的保护级别应经文化行政管理部门批准后报经人民政府批准，并向当地文化行政管理部门备案。

5. 以上海历史建筑的保护为例

1）历史建筑保护等级

上海的历史建筑包括经鉴定的历史文物、革命文物、优秀近代建筑等，分为下列3个保护等级：国家重点文物保护单位、上海市文物保护单位、上海市建筑保护单位。

2）历史建筑单体的保护

历史建筑单体的保护按保护等级和现实条件通常分为下列4类：

(1)不改变建筑物原外观，不改变结构体系，不改变平面布局及内部装修；

(2)不改变建筑物原外观，不改变结构体系，不改变基本平面布局，不改变富有特点的室内装修，允许对建筑物内其他部位进行适当改变；

(3)不允许改变建筑物原有外貌，建筑物内部允许进行适当改变，同时保留原有结构体系；

(4)在保留原建筑物整体性及风格特点的基础上，使建筑物外部分有适当改变，建筑物内部分有适当改变（但文物保护单位不宜这样做）。

3）历史建筑环境的保护

在处理好历史建筑自身保护的同时，也要控制好周边施工的环境。在"面控制"中，应将保护范围划分为建设控制地带和相邻两个区域，"线控制"是指在视觉走廊内设置道路、管道、管线等设施时，应遵循一定的原则和规范，并采用两种以上措施；历史建筑保护范围内不允许新建工程或者未经批准擅自改建或者扩建其他建筑，建设控制地带范围内新建或者改建或者扩建的建筑物或者构筑物必须与历史建筑在规模、体量、高度、颜色、材料、比例以及建筑符号上协调一致，并不损害其原有环境风貌，对环境有重大影响的新改建或者扩建项目应当经过专家小组审查，视觉走廊上应当保持不同需求的历史建筑视觉鉴赏效果，同时还应考虑到周边环境条件，使之与现有景观相衔接。总之，要把历史建筑作为一个整体来对待，既不能孤立地看待每一座建筑，也不能简单地用某一种方法去解决所有问题。因为每一座历史建筑都有其高度、形态、功能及其在城市中所处环境的差异，所以保护范围、控制地带与视觉走廊的确定都要认真分析其特征、原设计意图与环境因素，并根据地区改造的需要逐一进行研究与确定。

4）上海历史建筑保护的管理程序

(1)历史建筑保护主管部门。上海市文物管理委员会、市房地局、市规划局分别对文物保护单位、建筑保护单位、历史建筑进行保护和规划。根据《中华人民共和国文物保护法》及其实施条例的有关规定，结合本市实际情况，制定了上海城市房屋权属登记办法。凡申报历史建筑，提出历史建筑保护类别要求，划定历史建筑范围以及建设控制地带并进行建设管理等事项,按照历史建筑保护等级分别由市规划局会同市文物管理委员会或者市房地局进行管理。

(2)建筑修缮的管理。对于历史建筑,未经批准,不得进行维修、大修、改建和扩建。历史建筑的保护级别由市文物管理委员会或市房地局批准;历史建筑大修和改变原外观或结构体系、基本平面布局等改造,按照保护级别由市文物管理委员会、市房地局批准后报市规划局批准。

(3)历史建筑保护范围内的建设管理。禁止新建历史建筑或者未经批准改建、扩建历史建筑。具体规定如下:国务院公布的国家重点保护文物的地区(含重要文物古迹),由省级以上人民政府确定为国家级重点保护单位。特殊需要时,市级建筑保护单位应当报市规划局批准,市级文物保护单位应当经市文物管理委员会、市规划局审查并报市人民政府批准,全国重点文物保护单位应当报市文物管理委员会、市规划局批准。

(4)历史建筑建设控制地带内的建设管理。在优秀近代建筑建设控制地带内新建、改建和扩建建筑物、构筑物,须报市规划局审批;若属文物保护单位,其设计方案须征得市文物管理委员会同意。

(5)历史建筑拆除的管理。由于国家建设的特殊需要,历史建筑必须搬迁或者拆除时,经市规划局和市文物管理委员会、市房地局共同审查后报市人民政府批准,属于全国重点文物保护单位时,市人民政府应当报请国务院核准。搬迁或者拆除优秀近代建筑的,应当进行测绘、拍摄和保存材料;搬迁、拆除以及测绘和拍摄的费用应当纳入建设单位的建设规划。

从以上表述可以看出,当前我国国家和地方政府在文物保护单位、保护范围以及其建设控制地带行政管理等方面的职能划分和管理程序都有了比较清晰的规范,并且在城市建设管理方面基本上形成了和建设工程审批程序上的一致。

但由于"保护相关规划设计要求"通常仅有泛泛而谈和概念性文字描述,建筑形式、高度、体量和色调等都要和文物保护单位协调一致,"不能破坏原环境风貌"等,缺少较为详细的标准,规划行政部门对现实问题的自由裁量权过大,主观判断分量过多,导致保护管理实际效果和力度不佳。

10.2 城市特色塑造

中共中央、国务院《关于建立国土空间规划体系并监督实施的若干意见》提出"运用城市设计、乡村营造、大数据等手段,改进规划方法,提高规划编制水平",并明确指出城市设计对国土空间规划的编制工作和国土空间品质的提升具有重要意义。

自然资源部办公厅发布的《市级国土空间总体规划编制指南(试行)》是开展总体城市设计研究的基础工作之一,也是开展城市设计的重要依据。构建以人为核心的城乡规划体系,推动城乡一体化发展,会为实现全面建成小康社会目标提供有力支撑。以人与自然和谐相处为原则,深入研究市域生产、生活、生态整体功能关系,优化城市发展保护约束性条件及管控边界,统筹城镇乡村及山、水、林、田、湖、草、海自然环境布局,形塑有特色、有相对优势的市域国土空间整体格局及空间形态,立足当地自然及人文禀赋,强化对自然及历史文化遗产的保护,深入研究城市开敞空间体系、重要廊道及节点、天际轮廓线空间秩序管控指导方案,增强城市空间舒适性、艺术性及国土空间品质。

《国土空间规划城市设计指南》将城市设计界定为营造美好人居环境和宜人空间场所的重要理念与方法,是国土空间优质开发的重要依托,它贯穿国土空间规划与建设管理始终。人居环境作为人类生产、居住、游憩、交往等活动的空间性场所,是社会进步、科技发展、文化传承等活动的重要媒介。城市设计以人居环境为研究对象,以系统识别国土空间多层级特征为基础,以综合考虑国土空间多尺度元素内容为手段,以设计思维为工具,以规划传导为辅助,以政策驱动为动力,以优化国土空间整体布局为核心,以创造宜人空间为目标。

为此,立足国土空间规划"一优一弱"这一核心内涵,在高品质生活视角下,践行"以人民为本"这一根本理念,就必须提升国土空间的舒适性和艺术性,增强国土空间质量与价值,创造宜人场所与活力空间,从而达到塑造优质宜居优美人居环境之目的。

10.2.1 历史文化名城特色的认识

城市作为一定区域范围的政治、经济、文化中心,其产生与发展自诞生之日起就成为物质和精神共同的结晶。城市是一个国家或地区社会文化的综合成果,反映着这个国家或地区的历史、政治、经济、军事、科技、教育等各方面的状况以及人们对科学技术、生活方式、人际关系等问题的看法,也体现着这个国家或民族的哲学观点和宗教信仰。城市不仅是人类进行物质生产和居住的场所,也是人们从事各种活动的场所,是一个由多层组成的系统,包括了政治、经济、军事、科技、教育等各方面的内容,同时还包含了许多综合艺术的因素,这些艺术形式都与一定的自然地理环境相适应。历史文化名城选自国内几千个城市,所以除拥有城市一般的性质外,还拥有更加浓郁的特征。我国古代许多伟大的思想家都十分关注这个问题,并对其进行过论述。

历史名城的保护与发展,是一个复杂的问题。如果只从物质方面来理解,就容易把其特点简单化了;而从社会文化角度来分析,则会更深刻一些。历史文化名城的特征之一就是具有深厚的文化底蕴。只有明确了这一点,名城的保护才有可能得到传承、发展和升华。绍兴是古越地之一,历史上曾有越王勾践卧薪尝胆、"十年生聚,十年教训"之说,可见绍兴文化源远流长。绍兴人的生活习惯很有特色,饮酒品茗、吟诗作对,但随着生活节奏的加快,这种生活方式也随之改变了。

封建时期的绍兴,随着生产力和生产关系的发展变化,出现了以家庭为单位,以户为基础,以家庭为生产单位,以家庭为经营对象,以家庭为原料,以家庭为销售场所,以家庭为商品的"毡帽""锡箔""黄酒"等手工业,以及以家庭为中心的小型手工业作坊式生产和小生产。自产自销的生产体制下,有闲阶层以慢速度、缓节奏的方式生活着。乌篷船、花岗岩、砖瓦材料等在绍兴城的河道水网中穿梭往来,小街小巷粉墙黛瓦、石板小巷、水埠、拱桥相映成趣,构成了具有独特城市风貌的大宅院和居住街坊——简屋平房;这些都反映出封建时期人们对大自然的热爱之情。从建筑角度看,绍兴古城位于城东北约 10 km 处,东望越王勾践故里(今绍兴市),西至钱塘江源头天目湖畔。府山为绍兴城市的自然布局增添了天然情趣。

绍兴在漫长的历史发展过程中形成了自己独特的绍兴城市特色;绍兴是一个有着 2500 年建城史的江南古城,同时也是一座历史悠久、文化底蕴深厚的文化名城,它不仅具有良好的地理优势、人文资源优势,而且有独特的山水风光和人文景观。南方水乡自然条件、丰富物产资源、悠久历史传统、旧时代民众精神心理因循等诸多综合因素,形成绍兴朴素、典雅、闭塞、宁静等精神与物质文化城市特征。

10.2.2 历史文化名城特色的表现

历史文化名城的主要内容,决定了历史文化名城的特点。因此,要使一个城市具有鲜明、独特的个性和特征,就必须研究它的特色及其形成规律,并在此基础上创造出自己的风格和特点。一般历史文化名城有以下特点:

1. 文物古迹特点

历史文化名城的文物古迹特点主要体现为对历史文化内容与形态的表征。如开封不仅有众多的文物古迹,还以其深厚的宋文化而著称于世。宋朝东京城内的铁色琉璃塔、繁(音婆)塔等都是我国宋代的重要文物遗产之一;开封城不仅有众多的名胜古迹,还有深厚的文化底蕴和丰富的旅游资源,其中最著名的就是被列为国家级风景名胜区之一的世界文化遗产——开封博物馆(见图10-8)。又如安阳虽有各时代文物古迹遗留在城内城外,但以殷商遗址最为重要,它是中国历史上最早的都城遗址之一,所以殷墟王宫遗址、墓葬以及部分文物考古发掘陈列和遗址是这座古都最为显著的特点。

图 10-8　开封博物馆

(资料来源:网络)

2. 独特的自然环境

独特的自然环境主要体现为名城山川、秀水等特色风貌。如绍兴具有典型的水乡城市特色,承德地区则有典型的北国江南风光和皇家园林,这些都是由其独特的自然环境所决定的,如外八庙、承德十景等;又如杭州西湖(见图10-9)是湖光山色之美的代表。它们都有各自鲜明的特点,各具特色。又比如大理滨洱海、泉州紧依晋江,纵然都是依山而建,却由于山、水、景、气的差异形成了自然环境不一样的特点。

图10-9 杭州西湖

(资料来源:网络)

3. 城市的格局特色

城市的格局特色体现着一座城市的规划思想,比如国内多数城市构图方整、轴线清晰。商丘因外城环绕、河濠交错、路格密集而形成以道路为中心的府邸式的州府城市格局;如苏州(见图10-10)的水运发达,河渠纵横,排水方便,河塘密集,河港相通,河网密布,河沟交错,河道曲折多变,河面宽敞如流,河势开阔,河势弯曲处形成了以防洪为主,兼顾排洪和满足人们生产和生活需要的前街后河的双棋盘格局。

图10-10 苏州古运河

(资料来源:网络)

4. 城市轮廓景观

城市轮廓景观是指城市中的主要建筑和绿化空间。内容涉及名城主要入城方向和城市制高点景观特色,以及有代表性的建筑和建筑群体。陕西榆林城在驼山与榆溪河之间,城中有一条南北走向的街道,街道两侧分布着十座牌坊和楼阁,其中保存至今较完整的有四座。城中心是一座巍峨壮观的城楼,上面高悬着"靖边"二字。城墙上建有许多敌台,城内还有众多的烽火台。在这些军事防御设施中,最引人注目的当属关隘城堡。低层瓦房与长街相映成趣,碉楼高耸入云;南部有凌霄塔,构成边塞古城特有的苍劲轮廓。

5. 各地的建筑风格与城市风貌有很大差异

各地建筑风格因区域、气候、当地材料和民族的差异而千差万别,一般认为北方浑厚,南方亮丽,高原粗犷,水乡优美。西藏、山西平遥的大宅院和窑房都具有典型的明清建筑风格,同时也反映出中国传统文化对世界建筑史发展产生的影响和作用。从整体上看,我国各地建筑风格迥异,各具特色,其中有些特色鲜明,具有浓郁的民族性与地域性。例如近代名城上海外滩的西方文艺复兴式建筑、古典式建筑和摩登建筑,形成了一个美丽而独特的城市轮廓——城市里不同时期、不同国度的建筑形式成为一个丰富多彩的城市风貌和建筑景观风貌。

6. 名城在物质与精神上的特点

历史文化名城包含着绚丽多彩的文化艺术传统以及独特的传统社会基础——诗歌、音乐、舞蹈、戏曲、书法、绘画、雕塑、编织、印染、冶炼、菜肴、风味饮食、工艺美术、衣冠装饰、民俗、风情等构成名城特色。它们不仅为城市增添色彩,而且具有极高的审美价值和欣赏价值。

10.2.3 历史文化名城特色的要素分析

这些年,在历史文化名城保护和规划方面,一提到城市特色,还普遍流于对历史悠久、人文荟萃、风景秀美、物产丰饶的记述,很少深入了解名城特色内涵和与别的城市的区别。实际上,任何一个城市都有它自身的特点和个性,所以在建设和保护方面要有针对性。

以历史文化名城为对象,主要从以下三个方面进行探讨:第一,名城特色的含义;第二,名城特色的组成要素及其相互关系;第三,名城特色的结构特征。分析的水平,又是依据不同群体对于名城的认知情况,并经过考察研究得出的,即外延、本体与内涵。

所谓外延是指外来者——游人来到这座名城所获得的直接感觉;本体是指这座城市的市民对于在这座城市中成长与生活的情感与理解;内涵是指经过专业人员思考之后对于这座城市的理解与剖析。外延与本体之间存在着一种相互联系而又相对独立的关系。因此,要从宏观上把握这个城市的发展方向,就必须采用系统方法进行研究。

1. 意义

城市传统特征作为物质与精神之结晶,既包括其外观、建筑、历史遗迹等物质形式,也包括其文化传统、历史渊源等精神内涵,所谓意义即指这一部分精神。在现代社会中,许多国家都把保护与发展传统作为一项重要工作来抓,并制定了一系列法规政策加以保障,其中最主要的一个方面就是名城制度。名城制度就是要确立名城地位。从城市规划原理上讲,我们所要建设的城市应该是一个具有名城性质的城市。

以福州为例,一位游客所能感受到的福州,是古迹繁多、山清水秀、物产丰饶的旅游胜地,但对于城市居民而言,却是环境幽雅、生活便利、乡情浓厚的亲和家园;专业人员心目中的"文化名城",有着悠久的历史和发达的文化,有着丰厚的内涵。从旅游资源的角度来看,又可分为四个等级:自然型(山水城市)、历史文化型(名城名镇名村)、生态经济型(滨海休闲度假胜地)和综合型(综合旅游区)。经此三级感悟,对福州特色可下定论:源远流长、人文荟萃、东海之滨、福地宝城、海滨邹鲁、文儒之乡、山清水秀、风光旖旎。

2. 内容

要素在城市传统特征中占有特定地位,它是城市传统在物质形态上的反映。在现代社会中,城市发展主要靠资本、土地等有形资源来支撑,因此,研究城市的物质形态就成了一个非常重要的课题。什么叫城市?什么叫物质形态?这些城市物质形态都是由人去观察、去感觉、去思考、去感悟的。如形象,指的是城市面貌、城市轮廓、自然风光。

城市是一个综合的概念,它包括了人的各种感官所能感知到的一切事物和现象,如城市的风貌特色、经济发展水平、文化素养等,都可以用某一种语言来表达。

抽象,是将前面的感觉连接起来,加以揣摩,再借助其他文字、图纸、人的引荐,经过具有学识和专业头脑者的归纳和提炼,从而获得的关于城市变迁、城市格局和城市文化特征方面的信息。

3. 构造

传统的城市特征都是一系列有深刻内涵的因素经过某种组织关系所构成的,这种非物质组织就是结构。对结构进行分析与研究有助于我们认识城市的本质和规律,也可以为现代城市规划提供有益的借鉴。历史文化名城的构造主要有风貌构成、城市历史发展轴和城市特色构件。

历史文化名城尤其是那些年代较久或者地域较广的名城,它们的历史文化遗存或者风貌往往千差万别,那么应该根据它们的不同特征与状况,划出一定的区域,即风貌区划,利用这些区划还可以使得历史保护具有一定的针对性,对保护范围进行划分时有理有据。当我们对名城发展史进行研究时,我们可以从中寻找到它们发展的痕迹与烙印,它们会随城市变化而变化,有些并不显著,有些还会消失。如果我们能够厘清这一发展线索,并着意于现代名城的管理与强化,那么我们就能够将它们从肤浅中重新挖掘出来,将它们重新注入现实之中,以便给我们带来更多的启示。

每一幢建筑物都代表着一座历史文化名城的形象和风格,反映着一座历史文化名城的特色风貌。这些城市特色构件往往会给人留下深刻的历史联想和强烈的思乡情怀,具有深厚的文化内涵,它们不仅可以作为城市重要的构筑物,还可以成为城市的建筑装饰,形成独特的风貌特征,成为名点佳肴,展现独特的语言风情。我们应善于发现和提炼这类组件,一旦掌握城市特色组件,在做城市规划和设计的时候,我们就可以很好地对它们加以保护和利用,让它们不断有机地涌现于城市之中。名城是一个城市的缩影,也是一个城市发展变化过程的真实记录,因此,我们应该从这个角度出发来看待城市,不要一味追求千篇一律。

4. 确定保护目标和特色定位

历史文化名城的规划建设应以当地居民为主体,合理确定城市整体布局、道路走向、街道规模、建筑类型、色彩等要素,并根据不同区域特点,设计出符合当地实际情况的轮廓线和建筑风格。它们都会给人一种地域感和归属感,不仅反映出一个国家或区域发展水平和文明程度的高低,还体现了人们生活方式与审美情趣的变化。一方面,体现了不同时代、不同民族、不同地域所特有的乡土气息及传统民居的独特风貌(从自然环境与景观特色两方面对其进行分析);另一方面,总结出历史文化名城特色,基于城市所处的自然环境,如山、水、林、田、湖、草等空间格局的特征,并与道路和建筑的布局形态相结合,对城市的总体风貌提出了保护方案,发掘和浓缩了城市的历史文化元素符号和传统建筑的特征。

历史文化名城保护应遵循有针对性的保护原则。保护原则主要体现在以下三个方面。第一,保护历史真实载体的重要性。任何城市在发展过程中必然会留下一些珍贵的物质与精神财富。这些宝贵的遗产不仅承载着一个城市的文明历程,也记录了这座城市的兴衰变迁。因此,对其进行有效的保护显得尤为重要。第二,历史遗存是历史信息的载体之一,而且历史文化遗存具有不可再生的特点,因此对其进行有效的保护就显得尤为重要了,这也就是我们常说的保护历史信息。我们应以尊重和维护历史风貌为前提,在充分了解其现状与价值基础上进行科学规划和建设,确保城市历史文脉得以延续,实现可持续发展目标。第三,保护历史环境尤为重要。文物保护单位是重要的历史文化遗产,它包含着丰富的历史文化资源和独特的历史要素,其存在与发展都离不开一定的历史环境。历史文化遗存的整体状况是由其所在地区的自然和社会条件决定的,因此,对历史文化遗存进行保护时,应遵循以下原则:一是与当地的历史环境相适应,合理利用与永续利用是相辅相成的关系;二是在对历史遗存进行保护和利用时,不仅要考虑现有的利用方式,还必须考虑到目前的使用方式能确保今后保护与使用的可能性。

5. 保护空间格局

以保护和自然和谐为主的城市外在空间形态包括山林、河流、池塘等村落自然要素。历史文化名城名村应打破传统格局,保留其原有的历史风貌,并在合理的空间尺度下利用当地的自然景观,突出历史文化名城的特色风貌,同时结合当地的地形地貌、河湖水系、乡土景观、自然生态等营造良好的景观环境。历史文化名城应当不加宽传统街巷,路面铺装应当延续传统材质、规模和铺装方式,重要街巷应当不任意变更传统街巷方向、规模、地面铺装以及沿线建筑风貌,并提出特定的防护要求。

6. 保护特色风貌

塑造历史文化名城区域风貌特色,需本着"看得到山、看得到水、记得住乡愁",做到自然生态、建筑生态、人文生态全面保育。构建一个有机整体来协调各要素之间的关系,使之相互联系、相互制约,从而达到对历史文化名城自然环境的有效保护和利用,并在此基础上因地制宜地进行历史文化名城风貌的改造提升;对历史文化名城空间格局、街巷肌理、建筑布局以及建筑生态特色进行分析研究,总结出历史文化名城保护与利用中存在的问题并提出相应对策;注重景观风貌保护,完善城市绿地系统建设,建立山水林田湖生命共同体。在此基础上,加强对自然人文景观的整合利用,突出地域文化特征,打造富有地方个性的历史文化名城。自然景观保护应重点在铁路沿线、公路沿线、江河沿线、城镇周边、省界周边及景区周边等区域进行,避免"显山露水"。

10.3 案例解析——广西北海老城区古街区复兴工程

1. 基地概况

广西北海老城区古街区的特色建筑统称为骑楼,其主要特点是结合中国古代传统建筑与西洋建筑,采用券柱式,能避风雨防日晒,特别适应岭南亚热带气候,其商业实用性更为突出——既是道路向两侧的扩展,又好似铺面向外部的延伸。骑楼方柱子粗重厚大,颇有古罗马之风。建筑形式上一个更为重要的特点是花墙头,构图源于中国匾额,是一组梅花浮雕。同时,屋顶正中最高处安放龙或凤的吉祥物,可谓"中西合璧"。骑楼上部具有"天目",即内天井。北海骑楼属于粤派骑楼,这一派别骑楼的重要特点是简洁,精美,高照突出,和谐成熟。

按照可以查到的历史,老街已经经过了至少两次大的改造活动。第一次是针对珠海路的改造活动,修葺了部分破损严重的老楼,拓宽了路面,提升了道路的整体质量。第二次是针对海堤街(即滨海景区)的改造活动。但从整体上看,仍然缺乏必要的整体性和改造的彻底性。

2. 可行性分析

第一,从自身地理位置而言,良好的海湾景观,配合别具特色的骑楼建筑,势必使针对这一地区的改造建模设计充满乐趣,同时也富有深远意义。

第二,就自身现状而言,虽然老街经历了两次较大规模的改造工程,但环境卫生、古街区保护、新老街区交接区运营策略和景区服务产业发展等方面仍然存在诸多问题。这些看似棘手的矛盾,却为我们在新改造方案中使其恢复新生创造了绝佳的机会。

第三,粤派骑楼的造型特点与当地风土人情结合起来,这种独特的区位文化历史优势,为改建过程中做出独特的创意和新奇的构思提供素材。

第四,就提出创新改造的概念而言,北海老街似乎是实践某种结合居住和休闲旅游的综合街区理念的良好基地。因为当地面临的矛盾是十分突出的:既有外围新建街区对老街的强烈冲击,又有老区内部商用建筑向民用建筑转换时,对风貌建筑造成的巨大损坏。(见图10-11)

3. 改造方案设计

北海古街的改造设计应充分考虑老街复兴的几项关键要素,比如:恢复一些历史建筑原貌;街道基础设施改造;分析周边旅游资源,进行节点景观设计,以连接重要游览区域;进行一些重要公共设施的建设。

从平面规划角度,恢复老街固有的梳式布局形式,同时也能保证现代生活所必需的尺度距离;建造新骑楼建筑,以提升街区容积率,减少用地面积,增加街巷尺度,设计一定的景观空间,提升居民的生活质量。

从立面空间角度,当地大量的新建民居建筑取消了传统骑楼的立面装饰要素,虽然从经济角度考虑这种方式同当地人生活水平息息相关,但从区位优势考虑,却是破坏老街景区风

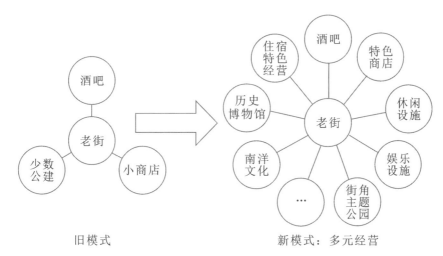

图 10-11 多元化经营（北海老街）

（资料来源：网络）

致的影响因素。

因此，具体的解决方法是，改良北海传统骑楼建筑单开间的营造模式。新骑楼可以采取三开间四层的结构模式：多位居民共享传统意义上的庭院空间，并因为街道尺度的释放，获得更大的公共活动空间，形成新的邻里交往模式。（见图10-12）

图 10-12　北海现状图

（资料来源：网络）

4. 方案解析

整体保护改造先确定历史街区范围，划定改建区界面。根据相似性，将其划分为许多模数式地块。每个地块对应一个新骑楼街区。根据老建筑走向等具体条件，设计安排新街区肌理走向，依据实际条件对街区模式进行适应性改造。通过轴线连接各街区景观，形成与老街主轴相对应的次轴体系，设计各节点景观，优化内部居住环境。方案做到了：

(1) 充分尊重前商后居的传统骑楼模式。

(2) 充分保护老街建筑背立面不受新建筑遮蔽。

(3) 充分理解传统骑楼中西合璧的建筑语汇。

课后习题

1. 历史文化名城的保护内容可划分为哪两类?
2. 城市规划在历史文化名城保护中的作用是什么?
3. 什么是历史文化保护的框架体系?
4. 如何保护历史文化名城的特色风貌?
5. 名城在物质与精神上的特点是什么?

第 11 章　生态修复与国土综合整治

11.1　生态保护与修复

由于部门事权所限,我国原生态恢复基本上是单要素生态恢复,例如矿山生态恢复和湿地生态恢复,但也注重问题取向的生态恢复项目,缺少系统性的生态恢复规划协调,这与山水林田湖草生命共同体建设理念存在一定距离。当前以"绿水青山就是金山银山"为主题的生态环境建设已经成为新时代经济社会发展的主旋律。在此背景下,实施系统的生态修复势在必行。近年来,国家层面相继发布《全国重要生态系统保护和修复重大工程总体规划(2021—2035 年)》《山水林田湖草生态保护修复工程指南(试行)》等政策文件,以转变传统单一要素的生态修复目标,进行系统性的生态修复。

11.1.1　生态修复原则

以生态保护总体格局清晰为前提,以生态功能退化、生物多样性下降、水土污染、洪涝灾害、地质灾害等为问题区,坚持山水林田湖草生命共同体思想,以陆海统筹为原则,确定生态系统修复目标,突出重点地区和主要项目,保持生态系统并改善其生态功能。

1. 坚持整体保护与系统修复相结合

确立山水林田湖草为生命共同体思想,根据生态系统整体性和系统性及其内在规律,统筹兼顾自然生态诸要素,山与山,地与地,陆与海和流域上、下游,实施整体保护、系统修复和综合治理。

2. 准确识别、分类施策

在生态功能空间上,以水源涵养、水土保持、生物多样性维护和防风固沙、洪水调蓄、海岸防护等为核心的生态系统服务功能,根据各类生态退化与破坏情况,按照生态系统恢复力的大小科学制定保育保护、自然恢复、辅助修复与生态重塑的生态恢复目标与措施,实现生态安全的维护与生态功能的增强。

在农业功能空间上,强调耕地和牧草地的生态作用,维护乡村自然山水;深入开展乡村全域土地综合整治,在重点生态功能区退耕还林、还草、还湖、还湿,修复退化土地生态功能,推动乡村国土空间格局改善,为生态宜居乡村建设作出贡献。

在城镇功能空间上,协调好城内外,维护与恢复城市自然生态系统,联通河湖水系,再造健康天然的河岸、湖岸与海岸,恢复原有自然洼地与坑塘沟渠,推进水利与市政工程生态化发展,健全蓝绿交织、贴近自然的生态网络,缓解城市内涝与热岛效应,提高城市韧性与通透力,改善人居生态品质。

在生态、农业、城镇3类空间毗邻或冲突区域,重视构建生态缓冲带,贯通生态廊道,充分发挥生态修复作用,推动形成点、线、面结合,生态功能相互支撑的国土空间格局。

3. 以自然修复为基础,积极推进人工修复

遵循生态系统演替规律,以自然恢复为主导,避免人为过多干预,注重实施以自然为基础的生态修复。按照"五位一体"总体布局和全面建成小康社会要求,把生态建设摆在更加重要位置。森林、草原、河流、湖泊、湿地、荒漠和海洋等自然生态系统与农田或其他人工生态系统之间具有良好的协同性,要加强上游(包括岸上岸下)到下游(包括河湖海洋)的系统性综合治理,提高其整体效益;宜耕则耕,宜林则林,宜灌则灌,宜草则草,宜湿则湿,宜荒则荒。

11.1.2 生态系统修复措施

1. 山地森林生态系统的恢复

以森林生态屏障体系建设为主线,对主要水源地森林或者沿海防护林进行生态保护,打造森林生态体系。实施退耕还林还草等措施来改善生态环境,提高生物多样性水平,增加森林植被覆盖度,增强抵御自然灾害的能力;加强水土保持工程建设与管理,确保水土保持量不减少;加强珍稀濒危动植物栖息地区域规划与管理,实施生态保护与修复工程,打造跨区域生态廊道等,促进生态系统功能提升。

划定生态保护红线区及蓝绿空间,鼓励企业参与植树造林,建设"森林城市"。一要加大造林力度,通过工程措施加快荒山荒地绿化步伐。二要加强林地管理,加大对生态公益林的投入力度,加快实施天然林抚育更新工程,落实好生态公益林"占一补二"政策,积极推进异地森林植被恢复工作。

2. 加强河湖及湿地生态系统的保护和修复工作

选取重要江河源头和水源涵养区以及滨海湿地等区域,重点流域和重要自然保护地作为生态保护与恢复单元,综合运用工程和生物、人工治理和自然修复等措施。

加强小流域、库塘、中游水系及农田水利建设,防止水土流失;干支流及上下游、左右岸和湖泊水库要加强协调与合作,理顺水体关系,推进水体修复。通过加强宣传引导,提升全民节水意识;健全管理机制,落实管护责任,强化监管执法力度;加快推进污水处理厂达标升级改造,提高污水处理率;积极推广高效节能技术,减少能源消耗。坚持"源头减排、全过程控制、综合治理"的原则,通过控源截污、清淤疏浚治理黑臭河道,提高水体安全和自净能力,改善水的生态功能;全面推进海绵城市建设,自然径流通道得到保护与恢复,公园绿地、水塘、湿地等公共海绵体及低影响开发工程设施被用于径流雨水的治理。

3. 加强海岸带及近岸海洋生态环境保护与修复

构建以海岸红树林、珊瑚礁、海草床和滨海湿地为主的海岸生态带,维护海洋生物多样

性并提高珍稀、濒危海洋生物及特色生态系统保护程度。加大海洋渔业资源养护力度,优化调整渔业生产结构,积极发展休闲渔业与观光旅游产业,提高渔民生活质量;加强海域使用管理,推进依法用海、科学用海,实施海洋功能区划。利用海岸线整治修复及重点海湾整治专项经费,加快沙滩整治、岸线修复及围填海工程生态修复。

4. 探索矿山生态系统修复新模式

对废弃露天矿山的生态修复应遵循"因地制宜,综合利用"原则,即宜林则林,宜耕则耕,宜景则景,宜建则建,同时还可以对这些类型进行有机组合和综合利用。

(1)在除险减灾的前提下,促进生态复绿与山体减灾化治理。

鉴于多数废弃露采矿山是开山采石宕口,为了消除隐患,应采用统一削坡的方法,削坡坡度减小至50°。削坡处理后的山体要及时进行维修和养护,并对已形成的宕口尽快进行修复,使其达到一定程度的消灾化。

在消险减灾前提下,通过山体加固、场地整理和建设排水系统来消除破损山体地质灾害隐患,并在山体原植被保护基础上,加大破损山体植被恢复力度,修复乡土植被群落,降低水土流失和丰富生物多样性。

(2)以矿山治理和综合利用为主线,主要是对区位条件比较优越的区域,实施相关的开发建设,把保护和发展结合起来。运用各类工程、技术和生物措施,在满足有关管理规定条件下,宕口的开发和建设功能要符合国土空间总体规划中对区域总体发展的定位,城市功能要逐渐向生态内部导入,突出其公共性,并避免城市生态资源私有化,同时规划要尽可能避免居住功能开发,宕口的开发主要集中于文化会展、体育园区、医疗疗养、科技研发、总部经济和宗教设施。根据不同功能区功能定位及用地布局要求,制定合理可行的土地利用结构和空间布局方案。结合土地使用政策,对各类土地实行差别化管理。同时要着力引导郊野公园的建设,适度发展休闲度假产业,突出宕口开发后续利益,鼓励复绿宕口和减灾宕口为市政设施预留场地,以适应市政设施开发的特殊需要。(见图11-1)

图11-1 矿坑修复图

(资料来源:自然资源局)

11.1.3 全国重要生态系统保护和修复重大工程总体规划

《全国重要生态系统保护和修复重大工程总体规划(2021—2035年)》明确,贯彻落实主体功能区战略,以国家生态安全战略格局为基础,以国土空间规划确定的国家重点生态功能区、生态保护红线、国家级自然保护地等为重点,突出对京津冀协同发展、长江经济带发展、粤港澳大湾区建设、海南全面深化改革开放、长三角一体化发展、黄河流域生态保护和高质量发展等国家重大战略的生态支撑,在统筹考虑生态系统的完整性、地理单元的连续性和经济社会发展的可持续性,并与相关生态保护与修复规划衔接的基础上,将全国重要生态系统保护和修复重大工程规划布局在7个重点区域:青藏高原生态屏障区、黄河重点生态区(含黄土高原生态屏障)、长江重点生态区、东北森林带、北方防沙带、南方丘陵山地带、海岸带。

1. 青藏高原生态屏障区

本区域位于我国西南部,涉及西藏、青海、四川、云南、甘肃、新疆等6个省(区),含三江源草原草甸湿地、若尔盖草原湿地、甘南黄河重要水源补给、祁连山冰川与水源涵养、阿尔金草原荒漠化防治、藏西北羌塘高原荒漠、藏东南高原边缘森林等7个国家重点生态功能区。

以推动高寒生态系统自然恢复为导向,立足三江源草原草甸湿地生态功能区等7个国家重点生态功能区,全面保护草原、河湖、湿地、冰川、荒漠等生态系统,加快建立健全以国家公园为主体的自然保护地体系,进一步突出对原生地带性植被、特有珍稀物种及其栖息地的保护,加大沙化土地封禁保护力度,科学开展天然林草恢复、退化土地治理、矿山生态修复和人工草场建设等人工辅助措施,促进区域野生动植物种群恢复和生物多样性保护,提升高原生态系统结构完整性和功能稳定性。(见图11-2)

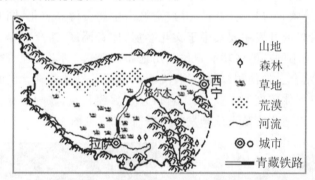

图11-2 青藏高原生态屏障区示意图
(资料来源:网络)

2. 黄河重点生态区(含黄土高原生态屏障)

本区域涉及青海、甘肃、宁夏、内蒙古、陕西、山西、河南、山东等8个省(区),包括1个国家重点生态功能区,即黄土高原丘陵沟壑水土保持生态功能区(四川的若尔盖草原湿地、甘肃的甘南黄河重要水源补给、青海的三江源草原草甸湿地生态功能区纳入青藏高原生态屏障区)。

遵循"共同抓好大保护,协同推进大治理",以增强黄河流域生态系统稳定性为重点,上游提升水源涵养能力、中游抓好水土保持、下游保护湿地生态系统和生物多样性,立足黄土高原丘陵沟壑水土保持生态功能区,以小流域为单元综合治理水土流失,开展多沙粗沙区为重点的水土保持和土地整治,坚持以水而定、量水而行,宜林则林、宜灌则灌、宜草则草、宜荒则荒,科学开展林草植被保护和建设,提高植被覆盖度,加快退化、沙化、盐碱化草场治理,保护和修复黄河三角洲等湿地,实施地下水超采综合治理,加强矿区综合治理和生态修复,使区域内水土流失状况得到有效控制,完善自然保护地体系建设并保护区域内生物多样性。

3. 长江重点生态区(含川滇生态屏障)

本区域涉及四川、云南、贵州、重庆、湖北、湖南、江西、安徽、江苏、浙江、上海等11个省(市),含川滇森林及生物多样性、桂黔滇喀斯特石漠化防治、秦巴山区生物多样性、三峡库区水土保持、武陵山区生物多样性与水土保持、大别山水土保持等6个国家重点生态功能区以及洞庭湖和鄱阳湖等重要湿地。

牢固树立"共抓大保护、不搞大开发"的理念,以推动亚热带森林、河湖、湿地生态系统的综合整治和自然恢复为导向,立足川滇森林及生物多样性生态功能区等6个国家重点生态功能区,加强森林、河湖、湿地生态系统保护,继续实施天然林保护、退耕退牧还林还草、退田(圩)还湖还湿、矿山生态修复、土地综合整治,大力开展森林质量精准提升、河湖和湿地修复、石漠化综合治理等,切实加强大熊猫、江豚等珍稀濒危野生动植物及其栖息地保护恢复,进一步增强区域水源涵养、水土保持等生态功能,逐步提升河湖、湿地生态系统稳定性和生态服务功能,加快打造长江绿色生态廊道。

4. 东北森林带

本区域位于我国东北部,涉及黑龙江、吉林、辽宁和内蒙古等4个省(区),含大小兴安岭森林、长白山森林和三江平原湿地等3个国家重点生态功能区。

坚持以"森林是陆地生态系统的主体和重要资源,是人类生存发展的重要保障"为根本遵循,以推动森林生态系统、草原生态系统自然恢复为导向,立足大小兴安岭森林生态功能区等3个国家重点生态功能区,全面加强森林、草原、河湖、湿地等生态系统的保护,大力实施天然林保护和修复,连通重要生态廊道,切实强化重点区域沼泽湿地和珍稀候鸟迁徙地、繁殖地自然保护区保护管理,稳步推进退耕还林还草还湿、水土流失治理、矿山生态修复和土地综合整治等治理任务,提升区域生态系统功能稳定性,保障国家东北森林带生态安全。

5. 北方防沙带

本区域跨越我国北方地区,涉及黑龙江、吉林、辽宁、北京、天津、河北、内蒙古、甘肃、新疆(含新疆兵团)等9个省(区、市),是"两屏三带"中的北方防沙带,含京津冀协同发展区和阿尔泰山的森林草原、塔里木河荒漠化防治、呼伦贝尔草原草甸、科尔沁草原、浑善达克沙漠化防治、阴山北麓草原等6个国家重点生态功能区。

以推动森林、草原和荒漠生态系统的综合整治和自然恢复为导向,立足京津冀协同发展需要和塔里木河荒漠化防治生态功能区等6个国家重点生态功能区,全面保护森林、草原、荒漠、河湖、湿地等生态系统,持续推进防护林体系建设、退化草原修复、水土流失综合治理、京津风沙源治理、退耕还林还草,深入开展河湖修复、湿地恢复、矿山生态修复、土地综合整治、地下水超采综合治理等,进一步增加林草植被盖度,增强防风固沙、水土保持、生物多样性等功能,提高自然生态系统质量和稳定性,筑牢我国北方生态安全屏障。

6. 南方丘陵山地带

本区域主要涉及福建、湖南、江西、广东、广西等5省（区），含南岭山地森林及生物多样性国家重点生态功能区和武夷山等重要山地丘陵区。

以增强森林生态系统质量和稳定性为导向，立足南岭山地森林及生物多样性重点生态功能区，在全面保护常绿阔叶林等原生地带性植被的基础上，科学实施森林质量精准提升、中幼林抚育和退化林修复，大力推进水土流失和石漠化综合治理，逐步进行矿山生态修复、土地综合整治，进一步加强河湖生态保护修复，保护濒危物种及其栖息地，连通生态廊道，完善生物多样性保护网络，开展有害生物防治，筑牢南方生态安全屏障。

7. 海岸带

本区域涉及辽宁、河北、天津、山东、江苏、上海、浙江、福建、广东、广西、海南等11个省（区、市）的近岸近海区，涵盖黄渤海、东海和南海等重要海洋生态系统，含辽东湾、黄河口及邻近海域、北黄海、苏北沿海、长江口—杭州湾、浙中南、台湾海峡、珠江口及邻近海域、北部湾、环海南岛、西沙、南沙等12个重点海洋生态区和海南岛中部山区热带雨林国家重点生态功能区。

以海岸带生态系统结构恢复和服务功能提升为导向，立足辽东湾等12个重点海洋生态区和海南岛中部山区热带雨林国家重点生态功能区，全面保护自然岸线，严格控制过度捕捞等人为威胁，重点推动入海河口、海湾、滨海湿地与红树林、珊瑚礁、海草床等多种典型海洋生态类型的系统保护和修复，综合开展岸线岸滩修复、生态环境保护修复、外来入侵物种防治、生态灾害防治、海堤生态化建设、防护林体系建设和海洋保护地建设，提高近岸海域生态质量，恢复退化的典型生态环境，加强候鸟迁徙路径栖息地保护，促进海洋生物资源恢复和生物多样性保护，提升海岸带生态系统结构完整性和功能稳定性，提高抵御海洋灾害的能力。

11.1.4 目前国内重要生态系统保护和修复重大工程

1. 青藏高原生态屏障区生态保护和修复重大工程

大力实施草原保护修复、河湖和湿地保护恢复、天然林保护、防沙治沙、水土保持等工程。若尔盖草原湿地、阿尔金草原荒漠等严格落实草原禁牧和草畜平衡，通过补播改良、人工种草等措施加大退化草原治理力度；加强河湖、湿地保护修复，稳步提高高原湿地、江河源头水源涵养能力；加强森林资源管护和中幼林抚育，在河滩谷地开展水源涵养林和水土保持林等防护林体系建设；加强沙化土地封禁保护，采用乔灌草结合的生物措施及沙障等工程措施促进防沙固沙及水土保持；加强对冰川、雪山的保护和监测，减少人为扰动；加强野生动植物栖息地生态环境保护恢复，连通物种迁徙扩散生态廊道；加快推进历史遗留矿山生态修复。（见图11-3）

图 11-3 青藏高原生态屏障区生态安全屏障保护

(资料来源:网络)

2. 黄河重点生态区(含黄土高原生态屏障)生态保护和修复重大工程

大力开展水土保持和土地综合整治、天然林保护、三北等防护林体系建设、草原保护修复、沙化土地治理、河湖与湿地保护修复、矿山生态修复等工程。完善黄河流域水沙调控、水土流失综合防治、防沙治沙、水资源合理配置和高效利用等措施,开展小流域综合治理,建设以梯田和淤地坝为主的拦沙减沙体系,持续实施治沟造地,推进塬区固沟保塬、坡面退耕还林、沟道治沟造地、沙区固沙还灌草,提升水土保持功能,有效遏制水土流失和土地沙化;大力开展封育保护,加强原生林草植被和生物多样性保护,禁止开垦利用荒山荒坡,开展封山禁牧和育林育草,提升水源涵养能力;推进水蚀风蚀交错区综合治理,积极培育林草资源,选择适生的乡土植物,营造多树种、多层次的区域性防护林体系,统筹推进退耕还林还草和退牧还草,加大退化草原治理,开展林草有害生物防治,提升林草生态系统质量;开展重点河湖、黄河三角洲等湿地保护与恢复,保证生态流量,实施地下水超采综合治理,开展滩区土地综合整治;加快历史遗留矿山生态修复。(见图 11-4)

3. 长江重点生态区(含川滇生态屏障)生态保护和修复重大工程

大力实施河湖和湿地保护修复、天然林保护、退耕还林还草、防护林体系建设、退田(圩)还湖还湿、草原保护修复、水土流失和石漠化综合治理、土地综合整治、矿山生态修复等工程。保护修复洞庭湖、鄱阳湖等长江沿线重要湖泊和湿地,加强洱海、草海等重要高原湖泊保护修复,推动长江岸线生态恢复,改善河湖连通性;开展长江上游天然林公益林建设,加强长江两岸造林绿化,全面完成宜林荒山造林,加强森林质量精准提升,推进国家储备林建设,打造长江绿色生态廊道;实施生物措施与工程措施相结合的综合治理,全面改善严重石漠化

图 11-4 黄河重点生态区生态保护和修复重大工程
（资料来源：网络）

地区生态状况；大力开展矿山生态修复，解决重点区域历史遗留矿山生态破坏问题；保护珍稀濒危水生生物，强化极小种群、珍稀濒危野生动植物栖息地和候鸟迁徙路线保护，严防有害生物危害。（见图 11-5）

图 11-5 长江上游重要生态屏障修复重大工程
（资料来源：网络）

4. 东北森林带生态保护和修复重大工程

大力实施天然林保护、退耕还林还草还湿、森林质量精准提升、草原保护修复、湿地保护恢复、小流域水土流失防控与土地综合整治等工程。持续推进天然林保护和后备资源培育，逐步开展被占林地森林恢复，实施退化林修复，加强森林经营和战略木材储备，通过近自然经营促进森林正向演替，逐步恢复顶级森林群落；加强林草过渡带生态治理，防治土地沙化；加强候鸟迁徙沿线重点湿地保护，开展退化河湖、湿地修复，提高河湖连通性；加强东北虎、东北豹等旗舰物种生态环境保护恢复，连通物种迁徙扩散生态廊道。（见图 11-6）

图 11-6　中国大、小兴安岭停止主伐,恢复东北生态屏障
(资料来源:网络)

5. 北方防沙带生态保护和修复重大工程

大力实施三北防护林体系建设、天然林保护、退耕还林还草、草原保护修复、水土流失综合治理、防沙治沙、河湖和湿地保护恢复、地下水超采综合治理、矿山生态修复和土地综合整治等工程。坚持以水定绿、乔灌草相结合,开展大规模国土绿化,大力实施退化林修复;加强沙化土地封禁保护,加快建设锁边防风固沙体系和防风防沙生态林带,强化禁垦(樵、牧、采)、封沙育林育草、网格固沙障等建设,控制沙漠南移;落实草原禁牧休牧轮牧和草畜平衡,实施退牧还草和种草补播,统筹开展退化草原、农牧交错带已垦草原修复;保护修复永定河、白洋淀等重要河湖、湿地,保障重要河流生态流量及湖泊、湿地面积;加强有害生物防治,减少灾害损失;加快推进历史遗留矿山生态修复,解决重点区域历史遗留矿山环境破坏问题。

6. 南方丘陵山地带生态保护和修复重大工程

大力实施天然林保护、防护林体系建设、退耕还林还草、河湖湿地保护修复、石漠化治理、损毁和退化土地生态修复等工程。加强森林资源管护和森林质量精准提升,推进国家储备林建设,提高森林生态系统结构完整性;通过封山育林草等措施,减轻石漠化和水土流失程度;加强水生态保护修复;开展矿山生态修复和土地综合整治;加强珍稀濒危野生动物、苏铁等极小种群植物及其栖息地保护修复,开展有害生物灾害防治。

7. 海岸带生态保护和修复重大工程

推进"蓝色海湾"整治,开展退围还海还滩、岸线岸滩修复、河口海湾生态修复、红树林、珊瑚礁、怪柳等典型海洋生态系统保护修复、热带雨林保护、防护林体系等工程建设,加强互花米草等外来入侵物种灾害防治。重点提升粤港澳大湾区和渤海、长江口、黄河口等重要海湾、河口生态环境,推进陆海统筹、河海联动治理,促进近岸局部海域海洋水动力条件恢复;维护海岸带重要生态廊道,保护生物多样性;恢复北部湾典型滨海湿地生态系统结构和功能;保护海南岛热带雨林和海洋特有动植物及其生境,加强海南岛水生态保护修复,提升海岸带生态系统服务功能和防灾减灾能力。

8. 自然保护地建设及野生动植物保护重大工程

落实党中央、国务院关于建立以国家公园为主体的自然保护地体系的决策部署,切实加强三江源、祁连山、东北虎豹、大熊猫、海南热带雨林、珠峰等各类自然保护地保护管理,强化重要自然生态系统、自然遗迹、自然景观和濒危物种种群保护,构建重要原生生态系统整体保护网络,整合优化各类自然保护地,合理调整自然保护地范围并勘界立标,科学划定自然保护地功能分区;根据管控规则,分类有序解决重点保护地域内的历史遗留问题,逐步对核心保护区内原住居民实施有序搬迁和退出耕地还林还草还湖还湿;强化主要保护对象及栖息生境的保护恢复,连通生态廊道;构建智慧管护监测系统,建立健全配套基础设施及自然教育体验网络;开展野生动植物资源普查和动态监测,建设珍稀濒危野生动植物基因保存库、救护繁育场所,完善古树名木保护体系。

9. 生态保护和修复支撑体系重大工程

加强生态保护和修复基础研究、关键技术攻关以及技术集成示范推广与应用,加大重点实验室、生态定位研究站等科研平台建设。构建国家和地方相协同的"天空地"一体化生态监测监管平台和生态保护红线监管平台。加强森林草原火灾预防和应急处置、有害生物防治能力建设,提升基层管护站点建设水平,完善相关基础设施。建设海洋生态预警监测体系,提升海洋防灾减灾能力。实施生态气象保障重点工程,增强气象监测预测能力及对生态保护和修复的服务能力。

11.1.5　国土综合整治与生态修复的重点任务的类型

1. 耕地与农用地综合整治

大力开展农用地综合整治,适应发展现代农业和适度规模经营需要,优化农用地结构布局,统筹推进低效林草地和园地整理、耕地提质改造、宜耕后备资源开发及农田基础设施建设等,减少耕地"碎片化",增加耕地数量,提高耕地质量,改善农田生态环境。

深入推进建设用地整治,统筹农民住宅建设、产业发展、公共服务、基础设施等各项用地需要,有序开展农村宅基地、工矿废弃地、地质灾害搬迁点、城镇低效用地以及其他闲置低效建设用地整治,优化农村建设用地结构布局,促进农村闲置土地盘活利用,提高节约集约用地水平,腾出建设用地空间优先用于支持农村新产业新业态融合发展用地,为城乡统筹发展和农村新产业新业态发展提供用地保障。在建设用地整治中,注重保护好历史文化村落、传统建筑、街巷空间等,留住乡村美丽历史人文风貌。

整体实施乡村生态保护修复,按照山水林田湖草整体保护、系统修复、综合治理的要求,在坚持生态保护的基础上,优化调整生态用地布局,保护和恢复乡村生态功能。开展各类乡村生态修复工程,提高自然灾害防御能力,保持乡村自然景观和农村风貌。

注重乡村历史文化保护,充分挖掘乡村自然和文化资源,保留村庄特有民居风貌、农业景观、乡土文化,注重农耕文化传承,保护历史文脉。按照土地利用总体规划确定的目标和用途,以土地整理、复垦、开发和城乡建设用地增减挂钩为平台,推动田、水、路、林、村综合整治,改善农村生产、生活条件和生态环境,促进农业规模经营、人口集中居住、产业聚集发展,推进城乡一体化进程。

土地综合整治事关长远、牵动全局,只有拓宽视野,整体谋划,创新思路,统筹推进,才能实现"政府得土地、农民得实惠、城乡得发展"。全域土地综合整治,不仅能促进耕地保护和土地集约节约,还能改善农村生态环境,为农业农村提供发展空间,助推乡村振兴,是践行绿水青山就是金山银山理念的最佳典范。2020年9月27日,自然资源部办公厅为确保全域土地综合整治试点工作的顺利开展,印发《自然资源部办公厅关于进一步做好全域土地综合整治试点有关准备工作的通知》。

2. 矿山环境治理与生态恢复

要把矿产资源开发利用和生态环境保护放在同等重要的地位,采取矿产开发和环境保护协调发展、矿山生态环境保护与次生地质灾害治理相结合、以防为主、防治相结合的策略,构建矿山生态环境动态监测体系,加强监督管理,严格环境影响评价及地质灾害危险性评估制度、土地复垦制度、排污收费制度等,积极开展矿山生态环境综合整治,改善矿山生态环境现状。

1)避免和减轻矿产资源勘查开发对生态环境的破坏

落实矿山开发"六禁三限"准入条件。禁止在自然保护区、重要风景区、重要地质遗迹保护区、文物保护单位、矿产资源及生态功能保护区等区域开采矿产资源,对生态环境造成破坏性影响或不可恢复利用的矿产资源,如冶金矿及土法炼油、炼焦、炼硫等项目,严格落实安全生产责任制,强化监管执法力度。坚持以人为本,依法依规管理,加强矿山安全监管工作,严厉打击各类非法违法违规行为,确保实现矿山环境综合治理目标。完善相关法律法规体系,制定《煤矿安全规程》,建立矿区应急救援机制,提高防灾减灾能力,加大宣传力度。限制在地质灾害易发区内、地质灾害危险区内、崩塌滑坡危险区内、泥石流多发区内以及容易造成自然景观破坏区域内采石采砂取土,限制在基本农田保护区内取土烧砖瓦,生态功能保护区内露天采矿等活动。

矿产资源开采项目必须进行地质灾害危险性评估和矿山环境影响评价,加强生态环境保护工作,防止和减少地质灾害对周围大气、水源、土地及草原、森林等造成危害。根据《中华人民共和国土地管理法》《国务院关于加强地质工作的决定》(国发〔2006〕4号),国土资源部(现划归自然资源部)提出了开展建设项目地质灾害危害预评估的要求。其主要任务是:摸清现状条件下可能发生的各类灾害种类及其分布情况,制定详细规划,编制建设用地总体规划,严格审查报批,落实责任。按照"谁开发谁保护,谁污染谁治理,谁破坏谁恢复"的原则编制矿产资源开发利用方案、水土保持方案、土地复垦和矿山地质灾害防治方案以及环境影响评估报告,并向有关部门申报审批。同时,建立健全矿山生态环境恢复治理的履约保证金制度。

2)加强现有矿山和闭坑矿山的生态环境治理和保护

矿山企业应当履行环境保护、土地复垦、植被恢复和水土保持的义务;要严格执行有关法律、法规及国家有关政策规定,防止生态破坏和环境污染;健全矿山地质环境保护的监督管理体系和法治管理体系;开展全区矿山环境调查工作,建立以国有重点矿山地质环境保护为基础的矿山环境数据库系统;对新建或改建的矿山,企业要加强矿山环境保护与污染防治工作,加大技术改造力度,提高矿山生态环境及管理水平;加强对矿山开发过程中产生的地质灾害防治工作,建立健全安全生产责任制,强化矿山环境治理与保护的监督检查力度。加大执法力度,严厉打击违法开采行为,促进矿业可持续发展。健全矿产资源有偿使用制度,规范矿产资源开发利用秩序,合理开发利用矿产资源,提高资源利用率。对于废弃矿山,应积极运用多渠道资金加快矿山生态环境恢复和整治。

3)加大矿山生态环境恢复治理与土地复垦力度,开展试点工程

在分类指导和区别对待原则下,构建多元化、多渠道矿山环境保护投入机制,开展矿山生态环境修复治理示范项目,复垦矿山破坏土地,开展矿山三废综合治理和综合利用;调查治理矿山开发过程中引发的次生地质灾害、采空区和煤层自燃、植被破坏和水土流失。同时要加大宣传力度,增强全民环保意识;加快立法进程,为开展矿山环境治理提供法律依据;加大资金和科技投入,以达到提高矿区环境质量、促进经济发展的目的。

3. 闲置低效建设用地整治

这里参考《安徽省批而未供、闲置和工业低效土地全域治理攻坚行动方案》。

为进一步盘活存量建设用地,优化土地资源配置,提高土地利用效益,决定实施批而未供、闲置和工业低效土地全域治理攻坚行动。

1)实施目标

2022—2023年,全面查清全省批而未供、闲置和工业低效土地情况,建立批而未供和闲置土地工作台账,形成工业低效土地处置清单,编制完成低效用地再开发专项规划,"一地一策"制定分类处置方案,依法依规开展清理处置工作;全省批而未供和闲置土地年处置率不低于15%,全省单位国内生产总值建设用地使用面积年下降率达到5%,工业用地亩均税收力争年增长10%以上。到2024年底,全省工业用地亩均效益、亩均税收明显提高,节约集约用地水平全面提升,重大项目用地保障能力显著增强。省级以上开发区综合容积率不低于1.0,其中国家级开发区综合容积率不低于1.2。

2023年起,除特殊工业用地外,合肥市新上工业项目用地容积率一般不低于1.5,滁州、马鞍山、芜湖、宣城、铜陵、池州、黄山市新上工业项目用地容积率一般不低于1.2,淮北、亳州、宿州、蚌埠、阜阳、淮南、六安、安庆市新上工业项目用地容积率一般不低于1.0。各地新建高标准厂房用地容积率一般不低于2.0,按工业用地管理的研发项目用地容积率一般不低于2.5。

2)重点任务

(1)调查建库和编制规划。

①各市、县(市、区)全面查清批而未供和闲置土地权属、位置、面积、规划用途等情况,逐宗逐地块分析批而未供和闲置原因,建立工作台账,实行闭环管理、动态更新,并纳入国土空间规划"一张图"。

②省级自然资源主管部门负责牵头制定具体办法,合理确定工业低效土地再开发范围、类型、认定原则、工作程序、实施途径等。

③各市、县(市、区)根据土地利用现状,结合第三次国土调查成果,衔接国土空间规划和相关专项规划,摸清工业低效土地的规模结构、权属性质、开发建设、固定资产投资、亩均效益、企业现状等情况,形成工业低效土地处置清单。组织编制再开发专项规划,明确再开发目标、空间布局、开发强度、时序安排、效益评价等,并制定分年度实施方案,报省级自然资源主管部门备案。

(2)分类处置批而未供土地。

①加快土地供应。对因建设项目未落实造成批而未供的,各地要加大招商引资力度,加

快供地进度。对已征收但不具备供地条件的,各地要加快土地征迁、基础设施建设等前期工作,限期满足供地条件。

②完善供地手续。对依法批准转用和征收的政府投资城市基础设施和公共设施用地、不能按宗地单独供应的道路绿化带和安全隔离带等代征地以及不能利用的边角地,经批准后直接核发《国有建设用地划拨决定书》。对经营性建设用地未供先用的,在严格依法查处到位后,按有关规定重新组织招标拍卖挂牌出让。

③据实核销批文。对因规划、政策调整等不再实施具体征收行为的土地,经市、县级人民政府组织核实现场地类与批准前一致的,在处理好有关征地补偿事宜后,可由市、县级人民政府逐级报原批准机关申请撤回用地批准文件。

(3) 清理处置闲置土地。

①因政府或政府部门原因造成闲置。各地要制定"一地一策"处置方案。其中因规划和政策调整、建设条件变化造成的,各地应采用安排临时使用、协议收回、延长动工开发期限、调整土地用途或规划条件、置换土地等方式进行处置。

②因企业原因造成闲置。各地要及时采取帮扶、约谈、收取闲置费、无偿收回等措施,督促企业限期开发。自然资源主管部门做出责令缴纳土地闲置费、收回国有建设用地使用权决定后,土地使用权人在法定期限内未申请行政复议、提起行政诉讼,又拒不缴纳土地闲置费、拒不交回土地使用权的,依法申请司法机关强制执行。

③其他原因造成闲置。因司法查封无法开工建设的,各地要积极主动与司法机关协商,达成处置意见,待查封解除后落实相关处置措施。

(4) 整治提升工业低效土地。

①加速"腾笼换鸟"。对可以收回、收购、置换等方式纳入政府土地储备库的,经与用地单位协商一致后,收回全部或部分建设用地使用权。对纳入工业低效土地处置清单,符合规划要求、产权关系清晰、无债务纠纷等具备转让条件的土地,进行项目嫁接,引导进入土地二级市场,转让全部或部分建设用地使用权。

②推动"复合开发"。在符合国土空间规划和用途管制要求前提下,推动不同产业用地类型合理转换,探索增加混合产业用地供给。同一宗土地兼容2种以上用途的,可依据建筑面积占比或功能的重要性确定主用途,并依据主用途确定供应方式。经批准利用现有房屋和土地,兴办文化创意、科技研发等新产业新业态的,可执行继续按原用途和土地权利类型使用土地的5年过渡期政策,经市、县级人民政府批准,也可采取协议出让方式供地。此类土地再开发后确需分割转让的,各地可根据产业容量、市场需求等,合理确定可分割转让比例,最高不得超过50%,在土地有偿使用合同中明确约定相关要求。经批准改变用途的产业用地,签订国有建设用地使用权出让合同变更协议或重新签订国有建设用地使用权出让合同,补缴国有建设用地使用权价款,按规定办理不动产登记。

③挖掘"发展空间"。在满足规划要求、确保安全的基础上,各地可结合实际,逐步提高本区域特别是省级及以上开发区工业用地容积率,打造一批综合容积率3.0左右的科技孵化器、运营中心。鼓励工业项目利用地下空间建设仓储、停车场以及生活配套设施等,鼓励新型产业社区和按照工业用地管理的研发类项目建设一层以上的地下空间,不收取相应地下空间土地出让金。各地可设立地下空间建设用地使用权,地下空间建设用地使用权划拨、出让、租赁、作价出资(入股)等,均参照地表建设用地使用权资产配置相关规定执行。地下

空间所涉建设用地使用权、建(构)筑物所有权、地役权、抵押权以及其他不动产权利可依法办理不动产登记。在不改变使用性质、符合规划条件和国家产业政策的前提下，多层标准化厂房可以转让、出租和抵押。在人口净流入的大城市和省政府确定的城市，经城市人民政府同意，在确保安全的前提下，可将产业园区中工业项目配套建设行政办公及生活服务设施的用地面积占项目总用地面积的比例上限由7%提高到15%，建筑面积占比上限相应提高到30%，提高部分主要用于建设宿舍型保障性租赁住房。对闲置和低效利用的商业办公、厂房、仓储、科研教育等非居住存量房屋，经城市人民政府同意，允许改建为保障性租赁住房，不变更土地使用性质，不补缴土地价款。

④推进"提质增效"。对投资强度、建设周期达不到约定要求的在建项目，各地要采取有效措施，督促企业限期开发建设；对容积率、亩均效益达不到约定要求且具有开发潜力和市场前景的已竣工投产项目，各地要督促企业限期提高效益，到期仍未履约的，依法追究其违约责任。

⑤鼓励"退散进集"。鼓励市场主体收购相邻多宗低效工业用地地块，进行集中规划利用。引导零星分散的工业企业向工业园区集聚，推进产业链和产业集群发展，提升亩均效益。鼓励建设使用高标准厂房，用地规模小于1.5公顷且适宜使用高标准厂房的工业项目，一般不单独供地。

(5) 实施工业项目用地全程管理。

①确保工业用地增量。各地每年出让的工业用地占年度土地出让总量的比例一般不低于20%，盘活腾出存量工业用地主要用于工业发展。

②实施带项目审批。各地在申请审批批次用地时要明确具体项目，防止产生新的批而未供土地。

③推行"标准地"供应。各地在完成"标准地"区域评估的基础上，明确出让地块容积率、亩均税收等标准，企业对标竞地、按标用地。严把土地供应关口，确保土地供应时土地权利清晰，安置补偿落实到位，没有法律经济纠纷，地块位置、使用性质、容积率等规划条件明确，具备动工建设所需的通电、通水、通路、土地平整等基本条件。对于规划建设条件明确的工业项目，可将建设工程设计方案、施工图设计方案纳入供地方案，简化有关报建手续，推动"交地即开工"。

④强化监管。实施《国有建设用地使用权出让合同》《工业项目用地产出监管合同》"双合同"监管，加强建设用地划拨决定书履约监管，督促建设用地使用权人按期开发建设。

⑤分类管理。持续深化"亩均论英雄"改革，依法推动土地要素差别化、市场化配置。按照土地集约利用评价和亩均效益评价结果，对工业项目用地进行分档管理、分类服务。对优先发展类(A类)企业的新增项目用地予以优先保障，对鼓励提升类(B类)、规范转型类(C类)企业的新增项目用地予以倾斜支持，对调控帮扶类(D类)企业的新增项目用地原则上不予安排。开展开发区土地集约利用专项评价，评价成果作为开发区升级、扩区的重要依据。

4. 流域水环境保护与综合治理

水环境保护事关人民群众切身利益，为落实《中华人民共和国国民经济和社会发展第十四个五年规划和2035年远景目标纲要》提出的"深入打好污染防治攻坚战"，"加强长江、黄河等大江大河和重要湖泊湿地生态保护治理"要求，切实提高水环境质量，突出太湖、丹江口、滇池、洞庭湖等重要湖泊保护治理,2021年12月,国家发展改革委会同有关方面组织编制了《"十四五"重点流域水环境综合治理规划》。

《"十四五"重点流域水环境综合治理规划》明确,到2025年,基本形成较为完善的城镇水污染防治体系,城市生活污水集中收集率力争达到70%以上,基本消除城市黑臭水体。重要江河湖泊水功能区水质达标率持续提高,重点流域水环境质量持续改善,污染严重水体基本消除,地表水劣V类水体基本消除,有效支撑京津冀协同发展、长江经济带发展、粤港澳大湾区建设、长三角一体化发展、黄河流域生态保护和高质量发展等区域重大战略实施。集中式生活饮用水水源地安全保障水平持续提升,主要水污染物排放总量持续减少,城市集中式饮用水水源达到或优于Ⅲ类比例不低于93%。

(1)切实削减入湖污染负荷。加强主要入湖河道整治,构建环湖截污系统,加大氮磷等主要污染物防控力度。提升湖区城乡生活污水和垃圾处理能力,优化种养业布局和结构,逐步提升农业绿色发展水平。强化太湖、巢湖等蓝藻水华防控,加强白洋淀、洞庭湖、鄱阳湖、乌梁素海等农业面源污染治理,加强丹江口库区及上游水源涵养,推进滇池、洱海等高原湖泊污染防治。

(2)推动产业绿色发展。改变传统粗放型生产消费模式,调整区域流域产业布局,培育壮大节能环保产业、清洁生产产业、清洁能源产业,因地制宜发展高效农业、现代服务业。在太湖等有条件的湖区积极发展现代服务业,在洞庭湖、鄱阳湖、乌梁素海等大力发展高效生态农业,在青海湖、洱海、抚仙湖等开展生态产品价值实现路径探索,推进重要湖泊流域绿色发展。

(3)探索建立生态补偿机制。尊重湖泊生态系统完整性和流域系统性,因地制宜推进生态保护补偿机制建设、产业布局谋划等工作,推进湖泊流域地表地下、城市乡村、水里岸上协同治理,加快形成湖泊生态环境共保联治格局。进一步健全生态保护补偿机制,综合考虑山、水、林、田、湖等自然生态要素,发挥中央资金引导和地方政府主导作用,完善补偿资金渠道。

(4)推进试点流域截污控源。系统开展截污整治,严控城镇、工业、农业等废水直排。加快补齐城镇生活污水和垃圾处理设施短板弱项,在有条件的地方推进雨污分流。完善工业园区污水集中处理设施,推动工业污染全面达标排放。加强农业面源污染治理,防治畜禽养殖污染。推进污染较重河流和城乡黑臭水体综合治理,加强入河排污口整治。

(5)促进生态保护与绿色发展相协调。严守生态保护红线、环境质量底线和资源利用上限。加强城乡饮用水水源地保护,切实保障饮用水安全。根据流域资源禀赋和发展需求,加强生态环境分区管控,科学调整城镇空间、产业布局和结构、人口规模和分布等,推动流域高质量发展。

(6)以保护修复长江生态环境为首要目标,推进长江上中下游、江河湖库、左右岸、干支流协同治理。以三峡库区及上游、沱江、乌江等为重点,加强总磷污染防治,推进府河、螳螂川、南淝河等重污染河流综合治理。以汉江、乌江、嘉陵江、赣江等支流和鄱阳湖、洞庭湖等湖泊为重点,加强农业面源污染防治,加快发展循环农业,强化周边畜禽养殖管理。提高城镇污水垃圾收集处理能力,提升重点湖泊、重点水库等敏感区域治理水平。

(7)统筹推进黄河流域生态保护,加强干支流及流域腹地生态环境治理。以渭河、汾河、涑水河等污染严重支流为重点,加大污染防控力度,推进干流及主要支流水质较差河段、二三级支流等"毛细血管"水环境综合治理。以河套平原、汾渭平原、引黄灌区、乌梁素海、东平湖等为重点，开展农田退水污染综合治理，加大农业面源污染治理力度，提高农业用水效率。

（8）推动城镇污水垃圾收集处理设施建设。补齐城镇污水垃圾收集管网短板，加快城中村、老旧城区、城乡接合部和易地扶贫搬迁安置区生活污水垃圾收集设施，加快消除收集处理设施空白区。推进污水资源化利用，开展污水资源化利用示范城市建设。开展城市雨洪排口、直接通江入湖的涵闸、泵站等初期雨水污染控制，鼓励有条件的地方建设初期雨水调蓄池，降低初期雨水影响。推进污泥无害化资源化处置，逐步压减污泥填埋规模。

（9）加大农业农村污染防治力度。结合人居环境整治，有序推进农村环保基础设施建设，提高已建设施运行水平。鼓励有条件的地区先行先试，适度优化种植结构，开展规模化种植业、养殖业污染防治试点，探索符合种植业特点的农业面源污染治理模式。规划工业化水产养殖尾水排污口设置，在水产养殖主产区推进养殖尾水治理。

11.1.6　案例解析——内蒙古乌梁素海流域生态修复治理

2021年，乌梁素海流域保护修复案例，入选中华人民共和国自然资源部与世界自然保护联盟（IUCN）联合发布的《基于自然的解决方案中国实践典型案例》。全国最大生态修复试点工程乌梁素海流域生态修复项目正式进入整体验收阶段。

1. "三重"修复治理生态

乌梁素海流域西部是浩瀚的乌兰布和沙漠，南部是奔流的黄河，东部是葱郁的乌拉山国家森林公园，北部是连绵的阴山山脉和辽阔的乌拉特草原，中部是沃野千里的河套平原，这些组成了一个山水林田湖草沙共融共生的生命共同体。

为改变乌梁素海面貌，中国建筑一局（集团）有限公司（简称中建一局）从过去单纯的"治湖泊"转变为系统的"治流域"，从保护一个湖到保护一个生态系统，一体化、系统化修复是乌梁素海生态综合治理的逻辑起点。

2018年起，当地统筹乌梁素海流域山水林田湖草沙综合治理，聘请国内顶级专家参与编制全流域综合治理规划，以实施生态保护修复国家试点工程为契机，大力推进点源、面源、内源污染源头治理以及综合治理、系统治理。

"生态修复包含沙漠治理、林草修复、矿山地质、堤路修筑、农田面源和城镇点源污染综合治理等5种业态治理，包含9个子工程，工程难度、施工环境对我们均提出严峻挑战。"中建一局乌梁素海流域生态修复项目总工程师梅晓丽说。乌梁素海流域生态修复工程在国家第三批山水林田湖草工程中排名首位，是全国最大山水林田湖草沙生态修复试点工程，沙漠治理面积居全国同类工程之首，治理面积约1.47万平方千米。

中建一局围绕"修山—保水—扩林—护草—调田—治湖—固沙"的系统路径开展生态修复，创新性地提出"4233"生态修复治理模式，即4步走标准化沙漠治理，林草修复2大神器，矿山3重治理，海堤整治3步施工。通过荒漠化治理稳固沙丘、林草修复，改善区域土壤及气候条件，巩固治沙成果；通过修复矿山环境遏制地表水土流失，保证植被覆盖度，减少区域土壤沙化；通过海堤治理还原水体生态，保证水体安全。

2. 一体化、系统化修复

乌梁素海流域系统治理,联动岸上岸下、上游下游,加强"山水林田湖草沙"要素之间的联系,增强生态系统连通性,整体优化水污染治理、水源涵养、防风固沙、水土保持、生物多样性保护和农牧产品供给等多重生态系统服务功能,是当前生态安全屏障建设的重要任务,也是乌梁素海流域山水林田湖草沙生态保护修复试点工程的重要特色。从生态、生产、生活过程入手,以提升农产品质量和生态系统服务功能为着力点,将乌梁素海流域建设成"人与自然和谐共生的现代化"的美丽中国建设实践案例。

乌梁素海项目团队统筹治理 1.47 万平方千米的广袤土地,系统推进多业态综合治理,将山水林田湖草沙与人类之间的关系通过生态耦合的原理进行有效联通,增加生态系统的多样性,提高系统的自我修复能力,以此来实现生态系统的健康可持续性发展。乌梁素海生态修复工程对黄河流域和华北地区生态安全发挥了积极作用,为我国乃至全球生态修复的本地化应用提供了示范和借鉴。

3. 以生态修复助力乡村振兴,生动实践"绿水青山就是金山银山"

乌兰布和沙漠周边植被稀少,荒漠化严重,生态系统严重失衡,可耕地面积不断缩小,当地村民、牧民缺少收入来源。在生态综合治理过程中,中建一局设立一万亩人工种植"扶贫示范林区",累计为当地 1200 余人提供了就业机会,并教授村民沙漠种植和滴灌安装操作技术,引导更多群众运用学到的技术自主创益增收,彻底摆脱贫困。据了解,该工程子项乌兰布和沙漠治理区被评为国家第四批"绿水青山就是金山银山"实践创新基地,并被自然资源部《社会资本参与国土空间生态修复案例(第一批)》列入全国唯一入选的山水林田湖草沙综合治理项目。

4. 基层干部群众环保意识提高为生态治理注入持久动力

乌梁素海流域生态治理的深入推进,既提升了水质,也提高了当地干部群众的环保意识,这种思想观念、生产生活方式的转变,将为乌梁素海流域生态治理注入持久动力。

5. 撬动社会资本分区分类施行

乌梁素海流域生态保护修复工程根据流域内不同的自然地理单元和主导生态系统类型,分成乌兰布和沙漠、河套灌区农田、乌拉山、阿拉奔草原、环乌梁素海生态保护带、乌梁素海水域 6 个生态保护修复单元,针对各单元主要生态问题,在消除不当人类资源开发利用活动、切断点源污染的基础上,将乌梁素海流域生态系统治理与绿色高质量发展紧密结合起来,创新投融资模式,强化社会资本合作。

在乌兰布和沙漠,针对沙区生态系统脆弱、土地沙化极易反弹、防沙带屏障还不牢固等问题,实施草方格沙障固沙等防沙治沙和水土保持工程,并开展产业治沙,防止沙漠东进。针对河套灌区农业面源污染、耕地土壤盐碱化加剧等问题,实施排干沟污泥疏浚、建设生态驳岸和生态浮岛等工程,同时开展农田控药、控水、控膜,实施盐碱地综合治理。针对乌拉山矿山环境问题突出、林草植被退化、水土流失严重等问题,开展地质环境、地质灾害整治和植被恢复。针对阿拉奔草原退化加速甚至沙化、水土流失等问题,采取撒播草籽、围栏封育、禁牧等措施。针对环乌梁素海生态保护带功能退化问题,在湖滨带建设水源涵养林,对生态脆弱的固定、半固定沙丘进行撒播草籽、围栏封育,建设鸟类繁殖保护区,实施湖区河口自然湿地修复与人工湿地构建工程。针对乌梁素海内源污染严重、水面萎缩等问题,加大生态补水力度,增加湖区库容,提高水体自净能力,同时开展芦苇、沉水植物收割及资源化利用,开展湖区立体化养殖等。

乌梁素海流域光照时间长、昼夜温差大、四季分明,水土光热组合条件得天独厚,绿色农牧业资源优势极大。长期以来,该地农畜产品品牌小、散、乱,"河套"名声在外却没有得到很好利用。为此,当地以品牌建设为引领,全力建设河套全域绿色有机高端农畜产品生产加工服务输出基地,创建并全面打响"天赋河套"农产品区域公用品牌,积极发展现代农牧业、清洁能源、数字经济、生态旅游和生态水产养殖。

乌梁素海流域生态保护修复工程围绕"山、水、林、田、湖、草、沙"等生态要素,对流域内1.63万平方千米范围实施全流域、系统化治理,形成"一带(环乌梁素海生态保护带)、一网(河套灌区水系网)、四区(乌兰布和沙漠、乌梁素海、阿拉奔草原、乌拉山)"的生态安全格局,优化了自然生态系统要素的空间结构,提升了重要生态要素的生态功能。巴彦淖尔已从河湖污染防治保障人类健康的生态文明建设1.0时代,进入流域多要素系统治理提升生态功能的生态文明建设2.0时代,并积极向人与自然和谐共生的生态文明建设3.0时代发展。

《IUCN基于自然的解决方案-全球标准使用指南》提出8条准则,乌梁素海流域山水林田湖草生态保护修复工程充分体现了这些特征。

聚焦多目标,基于不同层面和尺度进行系统规划和设计,形成了多功能生态风貌。乌梁素海项目统筹山水林田湖草沙全要素、全地域治理,通过分区精准施策,兼顾流域内粮食生产、环境保护和经济发展等生产、生活和生态多重目标,实现了区域多种生态系统服务协同促进。夯实了不同生态系统之间"山、水、林、湖、草、沙"的要素稳定性,提升了农业空间和生态空间之间"田、渠、林、草、湖"的要素协同性,强化了区域和流域生活、生态、生产空间之间"人、地、业"的要素整体性,初步达成尊重自然、顺应自然、保护自然,人与自然和谐共生的状态。(见图11-7)

图11-7 乌梁素海流域生态保护修复工程

(资料来源:网络)

采取技术、经济、管理等综合措施,形成多方参与、协同治理的格局。乌梁素海项目实施不仅设计了技术方案,而且充分考虑了经济可行性与管理制度合理性、创新投融资机制与实施模式,吸引了各利益相关方的共同参与。由市级政府统一协调实施和监管,确保协同共治、专款专用。锁定政府支出责任(中央、自治区、市级财政奖补资金),撬动社会资金投入,采用公开招标形式确定投资人,创新运用"产业基金＋项目公司"模式,利用市场化方式化解资金压力,激发市场活力,提升生态修复实力,实现资源资本化、生态产业化、治理长效化的治理目标。此外,巴彦淖尔市委、市政府推动建立黄河流域河套灌区、汾渭平原生态保护和现代农业高质量发展交流协作机制,开启共抓黄河生态大保护、携手现代开展生态监测与风险防控,以跨学科专业和知识为支撑,便于交流复制和推广。乌梁素海项目开展了生态环境物联网、传输网络和大数据平台建设,动态监测流域各生态要素的状态,建立生态风险管控体系,为流域生态保护修复提供数据支撑和决策支持。项目遵循可持续发展理论和生态系统可持续管理等相关理论思想,以生态本底和自然禀赋为基础,以问题识别、目标设定、工程布局、措施优选、适应性管理为抓手,根据流域特点因地制宜开展生态保护修复工作,成为中国北方干旱半干旱地区流域治理的典范,探索出的经验与模式为类似区域提供了借鉴。

11.2 环境保护规划

贯彻生态文明理念,以实现生态保护为前提,环境保护规划着重对大气环境、水环境、声环境以及固体废弃物等指标进行界定,并提出环境污染防治措施。其中,大气污染物总量控制目标是首要任务。根据《中华人民共和国大气污染防治法》规定,我国对空气中二氧化硫等11种主要污染物质实施了不同程度的削减措施。而规划环境影响评价作为一个独立的专项规划,与环境保护规划是不同的。

11.2.1 规划目标

1. 大气环境质量目标

环境空气质量基本符合国家《环境空气质量标准》(GB 3095—2012)目标,所有环境功能区均达到标准。在此基础上,按照污染物排放总量控制原则,对北京市重点城市大气环境污染进行了分类分级评价与分区管控研究。结果表明:北京大气污染主要受机动车尾气污染影响。其中一类环境空气功能区主要为自然保护区和风景名胜区,属于特殊保护或生态保护红线区域内的自然保护地,其他三类环境空气功能区分别为居住区、商业交通居民混合区及文化区、工业区和农村地区。

除了以上两种环境空气功能区(含污染性工业),其他具体区域特别是钢铁和石化类重化产业区也属于规划需重点关注的范围,目前状况下它们的环境空气质量未达到以上标准,应在规划期采取更多环保措施以达到规划目标。

2. 水环境质量目标

江河、湖泊、水库及其他有使用功能的地表水水域的水质,应当符合《地表水环境质量标准》(GB 3838—2002)关于水环境功能区划分和保护的目标(见表11-1)。

表 11-1 水环境功能区分类保护目标

分类	适用范围
1	主要适用于源头水、国家自然保护区
2	主要适用于集中式生活饮用水地表水源地一级保护区、珍稀水生生物栖息地、鱼虾类产卵场、仔稚幼鱼的索饵场等
3	主要适用于集中式生活饮用水地表水源地二级保护区、鱼虾类越冬场、洄游通道、水产养殖区等渔业水域及游泳区
4	主要适用于一般工业用水区及人体非直接接触的娱乐用水区
5	主要适用于农业用水区及一般景观要求水域

对于规划期内仍使用地下水地区，相应地需要满足《地下水质量标准》(GB/T 14848—2017)的分类要求。

3. 声环境质量目标

达到国家《声环境质量标准》(GB 3096—2008)规定的各功能区标准，一类区噪声平均等效声级昼间不高于 55 分贝(A)，夜间不高于 45 分贝(A)；二类区昼间不高于 60 分贝(A)，夜间不高于 50 分贝(A)；三类区昼间不高于 65 分贝(A)，夜间不高于 55 分贝(A)；四类区昼间不高于 70 分贝(A)，夜间不高于 55 分贝(A)。

4. 固体废弃物控制目标

加强固体废弃物综合利用，确保危险废物与医疗废物得到安全处置，提高生活垃圾、污水厂污泥与电子废物处置水平。

11.2.2 环境污染防治措施

1. 大气环境污染防治措施

优先发展无污染一类工业，适度发展轻污染二类工业，禁止建设重度污染三类工业项目。严格控制污染工业企业产生的有害物质和粉尘等污染源，减少污染物排放总量；建立和完善清洁生产体系，大力推进工业废气污染治理工作；实施清洁能源工程，积极开发新型能源——天然气、液化石油气等清洁能源；全面做好机动车尾气污染防治工作，定期监测机动车尾气排放情况，禁止超标车辆上路行驶，强制淘汰尾气排放未达标出租车辆，实施以天然气代替汽油。

加大对扬尘污染源的治理力度，实施重点行业污染治理工程。对钢铁冶炼及焦化企业进行停产改造，淘汰落后产能，提高环保标准，加大执法力度，严厉打击违法排污行为。开展"蓝天保卫战"行动。加大对工业窑炉、锅炉等的治理力度，完善消烟除尘设备和设施，加强建筑工地及建筑材料的清洁运输管理，加强施工现场的环境管理，严格控制施工扬尘；加强城市绿化，减少裸露面，防止自然扬尘；逐步完善城市燃料结构，提升城市燃气率。

2. 水环境污染防治措施

逐步限制地下水开采并鼓励具备条件的区域优先利用地表水；计划采用雨污分流排水体制以降低环境污染；实施清洁生产以提高水的重复利用率，降低废水排放量；鼓励中水回用；市政绿化、道路降尘、车辆清洗用水、部分基建用水及设备冷却水可以利用污水处理厂治理中水；加强生活污水和工业污水治理，工业与生活污水经工业与生活污水处理厂单独治理达标。通过以上措施，实现水资源优化配置与高效利用。同时，要建立完善的节水技术体系，推广节水型社会建设模式；加快水价改革步伐，促进节约用水，全面整治水环境。

3. 声环境污染防治措施

加强饮食服务场所、文化娱乐场所、农贸市场和家庭装修等社会生活噪声控制，新居住小区在加强生活区管理和降低公共活动噪声对居民及其他敏感对象影响的前提下，规划和建设集中区。

城市干道、快速路、高速公路和铁路沿线应设置绿化隔离带，以降低交通噪声；大力发展城市公共交通，降低城市车辆拥有量；大力整治商业网点、娱乐场所和饮食业户等生活噪声源，规范企业的经营活动，减少噪声滋扰；改革和完善建筑施工审批制度，加强建筑施工噪声监管；加强道路交通管理，治理交通噪声；加大对夜间施工噪声和其他社会生活噪声的治理。

4. 固体废弃物污染防治措施

建立垃圾分类收集系统以达到固体废弃物处置"减量化、资源化、无害化"目标。

(1)优化城市生活垃圾处置模式。焚烧和卫生填埋相结合是处理城市生活垃圾的主要方法。垃圾焚烧是目前我国主要的垃圾处理技术，应积极推广使用。在不影响市容市貌和环境卫生条件下，适当降低焚烧炉温度，减少污染物排放量，提高能源利用率。对固体废弃物进行分类处理和回收利用，其中金属的回收利用主要集中在集聚区内的垃圾中转站或垃圾填埋场，其他则采取卫生填埋处置；到规划期末，全县城镇生活垃圾处理无害化处理率达到100%；医疗废物、工业危险废物和综合性危险废物处理中心基本建成并投入使用，综合利用处置危险废物能力显著增强，全面推进危险废物管理信息化建设。

(2)加强回收交换和综合利用。建立生产者责任延伸制度和完善的可再生废旧物资及再生资源回收利用制度；建立以旧货交易市场为核心的物资交换中心，完善再生资源回收体系结构，提高其综合利用率；加大对再生产品生产企业的扶持力度。加快发展循环经济，完善生态产业体系。开展节能减排工作，实现可持续发展。积极推广使用清洁能源和新技术，大力发展环保产业。强化一般工业废物治理，打造废弃物资再生利用产业基地，形成再生资源再生利用产业链，拓展再生资源再生利用、工业废物资源化利用。

11.3　土地整理与整治规划

11.3.1　土地利用规划

我国古代兴起了土地利用规划。《禹贡》中有全国各地因地制宜整顿土地的记载,相传大禹以山川之高下、大小之势分九州于全国各地,化解了水之自然灾害,为农业生产创造了良好条件,这可能就是中国历史上第一个土地利用规划。西周晚期,田块规划就已经重视日照、水源条件而产生了"井田制",井田规划作为中国早期土地利用规划之雏形,体现了那个时代田赋管理中组织土地利用之要求。春秋战国时期,随着社会经济的进步,国家政治中心向南方转移,开始形成以城市为依托的区域性政治经济文化中心,土地制度随之发生重大变化。《周礼》中记载了大司徒绘制的土地之图,把全国划分为九州土壤,分别称为"土会""土宜""土均""土圭"等,这些都说明土地规划是土壤研究的基础,也是我国封建社会土地利用规划的一项重要内容,是政府工作的一部分。

新中国成立初期,我国对土地利用进行了初步的规划与管理,其中包括对国有农场、农场土地等方面的全面规划。1954年国家实行土地统一管理,任何组织或个人不得侵占或者破坏耕地。农业合作化时,在废除了人民公社之后,国家又恢复了人民公社时期的土地利用规划,并通过制定相应的土地利用规划来指导农业土地利用和发展农村集体经济,为其提供良好的土地条件。1950—1970年,我国学者对土地利用规划理论进行了研究,但由于受历史原因影响,其研究多采用苏联模式或计划模式。自20世纪80年代以来,我国从土地资源调查到农业区划,从土地利用总体规划到农村土地利用规划都做了许多努力,土地利用规划的理论方法也有了初步的进步。1986年建立了国家土地管理局,这表明土地利用规划和管理已开始步入正式轨道,进入了一个崭新的土地利用规划发展时期。1987年政府提出"要十分关心和合理使用每一寸土地,认真保护好耕地",同年《中华人民共和国土地管理法》的颁布施行,正式奠定了土地利用规划应有的法律地位,也逐步建立了全国、省、地、县、乡五级规划体系,此后又有了一定程度的发展变化。

从整体上看,改革开放后我国从上到下共开展了三轮土地利用规划工作,规划思想和实践重点都有较大变化。

1. 首轮土地利用总体规划,重点是保证建设用地

在计划经济和商品经济双轨制条件下,这一轮土地利用规划的特征是为发展经济服务。随着改革的深入和社会主义市场经济体制的逐步确立,这种特点越来越明显地表现出来。为了适应新形势对土地资源利用提出的要求,我国初步明确了土地利用规划编制的基本步骤,并对我国土地利用规划编制内容与方法进行了探索,构建了土地利用规划五级编制体系,为我国土地利用规划编制打下了基础。

2. 以耕地总量动态平衡为主线,编制第二轮土地利用总体规划

本轮土地利用规划以耕地保护为主,实现耕地总量动态平衡,由上至下修编审批,逐步控制耕地保有量、建设用地占用总量及其他主要用地指标,使各等级规划形成一个整体系统;确定指标加分区的土地利用模式,县、乡级规划采用用途分区的方式来确定每块地的使用范围,为落实土地用途管制打下基础;另外,出台土地利用规划编制工作有关规程及土地利用规划审批方法。

3. 以集约用地为主线,制定了国家第三次土地利用总体规划

面对快速城镇化的需要和耕地保护之间矛盾的严峻现实,为了强化土地管理,更好地发挥土地利用总体规划作用,促进土地合理利用,新一轮土地利用总体规划修编工作于2005年开始进行。新的土地规划理念强调以市场为基础、以政府为主导、社会参与的原则,在技术导向上体现出更多的公共政策;规划中增加了一些约束性指标和预期性指标来引导土地利用的发展方向,并在战略研究、土地利用规划等方面提出了相应的保障措施和政策设计,改变了"重编制、轻实施"的现象;突出强调土地要素在经济社会可持续发展中的基础性地位,增强规划对资源环境承载能力的支撑能力。注重通过制度创新解决土地利用过程中的利益冲突,实现规划利益相关方共赢,增加了规划的可操作性。坚持以指标为主的原则,科学界定指标在空间管制中的地位;从单要素限制向综合管控过渡,"多规合一"成为发展趋势。在坚持用途管制基础上,将土地功能区划分为控制性详细规划、城镇开发边界和农用地分区规划三个层次。在对建设用地进行空间管制时增加了土地利用空间管制分区和用地空间的限制条件,并以基本农田为重点控制建设用地;耕地保护和节约集约用地是规划目标的重要组成部分,具有综合性强的特点。耕地保护是实现土地节约集约利用和控制建设用地扩张的基础工作,也是处理好土地利用与经济发展、生态环境保护之间协调关系的关键。

改革开放以来,我国土地利用规划经历了一个由简单到复杂、从分散到集中的演变过程,初步形成了以国家为主导、省(市)为主体、县(市、区)为基础、乡(镇)为补充的四级规划体系和以"指标+分地"为主的土地利用规划模式,并在全国范围内开展了土地利用总体规划编制试点工作,推动了土地利用规划理论研究和制度建设。但从总体上看,目前我国的土地资源管理工作还存在一些问题,如对土地利用规划重要性认识不足,土地利用规划缺乏法律保障等,这些问题制约着我国土地利用规划水平的提高。随着我国统一国土空间规划体系的确立,这些土地利用规划的重要理念和方法在实践工作中得到更好的传承和发扬。

11.3.2　全域土地综合整治重点

全域土地综合整治是我国国土空间规划体系的重要专项任务,同时又与生态修复密切相关,且整治任务、目标及布局要求均需贯彻到村庄规划之中,所以县域层面上进行乡村振兴战略背景下的土地综合整治研究显得尤为重要。

1. 农用地整理

把增加农田数量、提高农田质量、改善农田生态作为总目标,突破了传统村组的限制,把以往分散的农田连成片,对中低产农田实施连片改造开发,把农田基础设施建设与土地开发整理、农业综合开发与水土治理协调结合在一起,为大规模农业生产提供有效的发展空间。

加快高标准农田建设步伐。按照"田成方,渠成网"的总体要求,加快实施新农村水利基础设施建设工程;加强农田水利工程建设管理,积极推广节水灌溉技术,大力推行节水型社会建设,开展小型水利工程改造;以旱涝保收、高产稳产为目标,以节水高效为主线,重点抓好田间工程建设项目前期工作,积极推进农业综合开发项目、土地整治项目、灌区项目等高标准农田建设项目的实施,加快农用地整理步伐;充分利用荒滩地,大力发展经济作物、植树造林,促进养殖水面的全面改造,增强综合生产能力及抗御自然灾害的能力。

以食品加工、休闲农业为重点,提升园地综合效益;按照农业产业布局指导新开发的园地集中统一、集约开发。对于低效林地和受损林地,要适当改造利用。通过土地整治项目实施,促进生态文明建设和产业升级,实现可持续发展。

完善土地利用规划管理。结合《中华人民共和国土地管理法》、国务院关于开展新一轮土地利用总体规划修编工作的通知要求,对历史形成的未列入耕地保护的园地和残次林地以及其他适宜发展的农用地进行评价论证,并将其列入土地整治范畴,增加耕地占补平衡使用。

2. 建设用地整理

(1)关于农村居民点的整理。严禁大拆大建,要与村庄布局规划相结合,根据村庄分类梳理农村建设用地整治潜力,在城乡建设用地增减挂钩政策的推动下,充分尊重农户意愿,有序推进农村宅基地整治、农房建设协调、农村居民点布局合理、农村居民生产生活条件改善等工作。

(2)推进城镇开发中的低效用地利用。采用生态修复和闲置工业搬迁改造再复耕的方式,整理矿废弃地等低效闲置建设用地。

整治验收合格的建设用地用于农民安置和农村基础设施建设等公益事业,并将建设用地转为一、二、三产业融合发展的新产业新业态;建立"三权分置"改革试点。土地制度改革是推动新型城镇化和农业现代化的重要动力。节余建设用地指标,按城乡建设用地增减挂钩政策执行。

3. 乡村生态环境整治

乡村生态保护修复作为在过去土地综合整治基础上增加的一项整治任务,应把土地综合整治和生态保护修复有机结合起来。在整治过程中,应增强生命共同体理念,采取农田耕作层剥离及生态培肥相结合,生态沟渠路塘、生物通道、生物池及生物栖息地设计相结合,农田渍水净化系统建设相结合等生态工程综合整治措施,以保护生物多样性,维持农田生态系统平衡,增强农业生态服务功能,增强防御自然灾害能力。

4. 土地整理潜力分析

土地整理潜力是指对现有集中连片的耕地区域、分散的农村居民点、各项建设用地和未利用土地,进行田、地、水、路、林、村等综合整治,提高土地利用效率,可增加的各项用地面积。其内涵是在某种特定的土地用途下,一定时期和一定生产力水平下,通过采取行政、经济、法律和技术等一系列措施使待整理、复垦和开发的土地资源增加可利用空间而提高其生产能力,降低其生产成本和改善其生态环境。

(1)以农用地整理、废弃地复垦和未利用地开发后所增加的有效耕地面积代表土地整理潜力，这是我国目前主要采用的评价方法。

(2)以农用地上种植作物的理论产量与实际产量的差距表示农用地整理潜力。

(3)划分等级衡量耕地整理潜力，这种方法是一种定量化的评价方法。目前，我国对这种方法的使用还处于初期探索阶段。

(4)以建设用地整理后所增加的有效用地面积代表建设用地整理潜力。

(5)以建设用地内部土地闲置率来评价建设用地整理潜力。

(6)以废弃地复垦和未利用地开发的难易程度及复垦开发后增加土地面积的价值(如可带来的经济利益、是否宜于农林牧业的发展、自然和区位条件等)来评价其复垦和开发的潜力。

(7)以土地整理的综合生产能力提高和生态环境改善来评价其整理潜力。

(8)利用计算机、3S技术等高科技对土地整理潜力进行评价。

11.4 案例解析——世茂洲际酒店

上海佘山世茂洲际酒店(又名世茂深坑酒店)位于上海市松江国家风景区佘山脚下，建造于原本为采石矿的深坑之上，为了将原始深坑的粗粝质感和周围自然环境相融合，酒店室内采取"矿·意美学"的理念进行设计，将原生粗犷的岩石崖壁与缥缈雅致的山水自然相结合，打造出专属于世茂深坑酒店的意境文化。

佘山世茂深坑酒店位于上海市松江区，这是一个约五个足球场大小的深坑，曾是日本侵略者的采石场。新中国成立后，这个深坑被废弃了多年，成为历史遗留下的环境"伤疤"。这么多年来，人们一直在苦苦寻求着让深坑成为青山绿水的解决办法。坑深88米，建造这样一个上下高度落差巨大的深坑酒店是一项极其复杂、浩大的工程，因其深度将带来许多建筑技术难题，其中包括消防、防水、抗震等问题。2018年，这座世界上海拔最低的五星级酒店在这个深坑横空出世。(见图11-8)

图 11-8　佘山世茂洲际酒店 1
(资料来源:网络)

作为一项历史悠久的工业活动，采石业伴随着漫长的文明进程而发展，见证了人类活动对自然的干扰、掠夺和破坏。采石工业剥离表层植被，剧烈改变地形，造成水土流失、景观破坏和生态环境破碎化,是生态退化研究中的一种重要类型。

矿坑花园的总体面积为4.3公顷左右,由高度不同的四层级构成:山体、台地、平台、深潭。其中:山体表面较平整、无层次且风化相对严重,无明显纹理和凸凹,无裂纹,立面有直开的矩形通风口,显突兀;台地上植被茂盛,靠近岩壁的位置现状留有洞库的出入口6个;平台部分为采石留下的断面,地势较平,边缘有生长良好的水杉林;深潭面积在1公顷左右,与平台层高差约52米,潭水清澈,有自然形成的岛屿和植被。

矿坑花园面临的改造问题:第一个挑战是修复严重退化的生态环境。场地内植被稀少,物种贫乏,岩石风化,水土流失严重;第二个挑战是充分挖掘和有效利用矿坑遗址的景观价值。因此,如何重新建立矿坑和人们之间的恰当联系成为设计师需要思考的问题。

设计师选择用"加减法"应对采石矿坑特殊形态的生态修复设计:采取"加法"策略通过地形重塑和增加植被来构建新的生物群落,针对裸露的山体崖壁,设计师没有采取常规的包裹方法,而是尊重崖壁景观的真实性;在出于安全考虑的有效避让前提下,设计师采取了不加干预的"减法"策略,使崖壁在雨水、阳光等自然条件下进行自我修复。对于存留的台地边缘挡土墙,设计师用锈钢板这种带有工业印记的材料对其进行包裹,形成有节奏变化和光影韵律的景观界面。在中国山水画和古典文学的审美启示下,该项目采取现代设计手法重新诠释了东方自然山水文化以及中国的乌托邦思想。不同于西方"静观"的欣赏方式,东方传统更强调可观、可游的"进入"式山水体验。

设计师在平台区设置一处"镜湖",倒映山体优美的曲线,从四周都可以观看,增大了观景视域。为了改造山体稍显枯燥的立面,依山而建一个水塔,有效地调整了节奏,并有泉水从山中流出,增加生趣。对应水塔,在镜湖另一侧坡地顶端设置望花台,可以在镜湖的水光中看一年四季山景变幻。(见图11-9)

图11-9 佘山世茂洲际酒店2
(资料来源:网络)

同时,在东侧山壁之上开辟出一条山瀑,水从山顶一泻而下,与岩石撞击时发出美妙的水流声。呼应山瀑,援引中国古代"桃花源"的意境,依序设置钢筒—栈道——线天。

这条惊险的游线,通过蜿蜒的浮桥进入山洞,穿过隧道便来到世外花园。这条游览路线既精彩刺激又宁静宜人,各种自然之态均包含其中。

课 后 习 题

1. 生态修复的原则是什么?
2. 生态系统修复的措施有哪几种?
3. 目前国内重要生态系统保护和修复重大工程有哪些?请重点介绍一项。
4. 全域土地综合整治的重点是什么?

第 12 章　规划传导与实施保障

12.1　实　施　政　策

　　国土空间规划实施是一个全面的理念,是把事先协调一致的行动纲领、既定方案付诸实践的过程。这就要求我们对国土空间规划实施有更高的认识,要以科学发展观为指导,树立正确的指导思想。城市规划实施与城市发展有着密切的关系,两者相互影响,相互制约,共同推动整个建设性行为。城市建设是全社会的公共投资与商业性投资相结合的产物,它由政府主导,以公共部门为主体,以私人部门为补充,通过城市规划实施来完成。

　　国土空间规划对整个国家的经济、政治、文化等各方面都有很大影响,它不仅可以对城市的建设和发展起指导作用,而且还能通过其自身的控制作用来规范城市社会的各项建设活动。因此,如何将科学有效的编制方法运用于实践是摆在我们面前亟待解决的问题之一。编制计划是为了使计划得以落实,也就是说,是为了使计划在城市建设与发展进程中发挥作用。

　　国土空间规划的编制与实施是一个复杂的过程,其中涉及很多方面的内容,需要进行全面的监督检查,尤其是对法定规划的实施情况进行监督检查。监督检查主要由政府、法律和行政、立法机构组成。行政监督检查由城乡规划主管部门负责组织实施,其他任何单位和个人不得从事建设活动,也不得影响城市规划实施。法律监督制度的建立和健全必须以相应的法律为依据。立法机构监督检查由地方各级人民政府向同级人民代表大会常务委员会或者乡镇人民代表大会报告国土空间规划执行情况并接受监督,城市人民代表大会及其常务委员会有权定期或者不定期检查规划执行情况,对实施规划进度、规划执行管理执法等提出批评指正和建议,督促城市人民政府改进或者提高。社会监督是指城市内一切机构、单位或个人对计划执行情况进行组织、管理及监督的活动。任何单位或个人对于与自己有利害关系的建设活动能否达到计划要求,有权向计划主管部门提出建议,计划主管部门或其他相关部门对于检举或控告,应及时接受,并组织查证办理。

12.1.1　建立自然资源全流程一体化管理机制

1. 完善国土空间规划编制体系

　　建立由总体规划、详细规划、专项规划组成的国土空间规划统一体系。其中,市、区、镇村三级主体功能区划是城乡统筹发展的重要抓手,也是城乡规划工作中必须要解决好的关键问题。在市土地空间总体规划的指导下,建立"市—县—市—镇—街"土地空间总体规划编制工作体系;详细规划根据总体规划编制工作,在特定地块使用范围及开发建设强度方面进行实施性布局;专项规划在总体规划基础上协同推进并衔接详细规划。建立国土空间总体规划"纵向传导、横向联系、滚动落实"的传导机制。

2. 构建国土空间规划"一张图"体系

将自然资源、经济社会和空间规划相关现状与规划数据进行融合,形成国土空间总体规划"一张图",确保国土空间规划信息精准有效和国土空间管理全覆盖。通过分析当前国土资源信息化现状和存在问题,结合国家层面对国土空间规划数据需求及我国实际情况,提出国土空间规划数据库建设原则与方法,并从技术路线、数据组织方式等方面进行详细阐述。在"一张图"的基础上,促进各部门之间协同合作,将自然、人口、经济、土地、设施等多种基础信息融合在一起,集成多种空间规划信息并互联互通信息共享。

3. 完善规划实施和管理机制

逐步开展各类自然资源用途转用审批工作。在不同层次国土空间总体规划使用区划的基础上,确定需要进行转用和征用的地区范围,并编制成片土地利用时序。在土地利用规划实施过程中,对耕地和其他建设用地实行分类管制。按照《全国主体功能区规划》确定的生态保护红线划定要求,加强基本农田保护区内建设项目占用耕地质量监督检查。在农用地转用报批工作的基础上,对林地、水域、湿地和其他自然资源使用转用报批工作流程进行梳理,明确各资源转用报批工作规则和条件,循序渐进地推进各要素使用转用和收取工作。

建立常态化的"体检"制度。2008年以来,全市全面建立了市、县(区)、乡(镇)三级管理的体检评估机制;建立"一年一次体检,五年一次考核"常态化体检考核机制,督查管控边界及约束性指标执行情况,及时警示违反规划管控行为,每年开展一次计划执行情况体检,体检结果作为次年计划执行依据,每隔5年开展一次综合考核,作为近期建设计划依据,通过开展城市体检和5年考核,及时发现计划执行中存在的问题,及时调整计划制定内容,保持计划制定的科学性和可执行性,并搭建体检数据信息平台,奠定计划执行动态纠偏基础。

12.1.2 国土空间规划实施的内涵

国土空间规划实施是指把事先经过协调的行动纲领以及既定的方案付诸实际行动,以达到规划在国土空间保护和利用中的调控、指导作用,确保社会经济的高效、有序、持续发展,推动提高人民美好生活质量的目的。国土空间规划在我国已经推行多年,取得了显著成效。但是在具体执行过程中也出现一些问题,需要进一步完善和改进。在国土空间规划实施过程中,需要加强对国土空间的规划管理和监督检查。规划管理包括编制国土空间规划、组织规划实施及按法定程序批准国土空间规划等内容。

国土空间规划实施过程涉及了很多方面的问题,如公众参与、公共行为等,这些问题需要公共部门和社会公众共同解决,只有这样才能确保国土空间规划顺利实施。但是,由于各种原因,我国国土空间规划实践中往往出现"政出多门"的现象,因此我们必须对这种情况加以重视并解决。国土空间规划的实施组织和管理以政府为主,但并不等于规划完全由政府部门负责执行,许多建设性活动都要通过城市内各种组织、机构、群体乃至个人去完成。私人部门在这些建设性活动中发挥着重要的作用,它们参与到了国土空间规划的制定过程之中。私人部门参与规划的主要目的是获得具有公益性特点的公共设施项目,以达到维护和促进私人或团体利益目的为出发点,并以此作为开发建设的依据。国土空间规划在实质投入、开发活动落实的同时,各组织、机构、团体或个人以监督各种建设和保护活动为手段,还有利于及时纠正规划执行中存在的偏差,确保规划目标得以实现。

12.2 规划实施传导

2020年自然资源部印发的《市级国土空间总体规划编制指南(试行)》非常具有针对性,对传导内容、传导方式等做了清晰定义,整体形成布局传导、控制线传导、指标传导、名录传导和政策传导5种传导方式,这为规划编制工作提供了依据,也为如何发挥好规划承上启下、上传下导的功能指明了前进方向。

1. 布局传导与用途管制

布局传导就是将上一级计划的战略意图与同级计划的发展理念转换到空间投影上,用空间布局方式清晰地表现出来,形成多个图纸来引导下位计划。通过梳理现有相关研究文献,总结基于行政区划单元(市)层面开展布局传导工作的主要做法与经验,提出下一步需重点关注的问题:一是统筹协调;二是加强试点示范;三是因地制宜。布局传导需要有相应的实施政策和考核机制来保障,也要与区域发展战略相结合,与国土空间格局相协调,体现"将每一寸土地都规划清楚"的理念。

在此基础上,编制市级布局传导指南,主要从总体格局、空间分区、设施布局三方面进行研究。其中总体格局是指城市发展与自然生态环境相协调;空间分区是指以一定尺度范围为单位进行分类分级并划定相应层级的开发建设单元;设施布局则强调各要素之间的联系方式及其相互关系。三者相辅相成,共同构成整体体系,逐层递进,步步深入。总体格局以主体功能定位为导向,从地理格局、传导生态、农业(粮食)、工业(能源)、旅游(文化)、社会(教育)、产业(科技)、环境(环保)、特色(城镇)等方面进行构建,形成由地上地下、陆海协调发展的战略预留与结构性安排相结合的开放式、网络化、集约型、生态化的总体格局。空间分区的表达深度存在一定的差异性,需要下位规划逐步深化实施;"市级指南"明确市域层面以结构性传导为重点,通过厘清7类一级分区进行空间区块功能与用地准入等原则性安排;对于中心城区与海洋发展区,要厘清二级分区并提出功能布局原则性安排,保障中心城区与海洋开发区整体功能布局能够向分区规划或者县级国土空间总体规划进行有效传导。设施布局以公共服务设施、市政基础设施和防灾减灾设施以及其缓冲空间为重点,保证各项设施和安全设施的总体布局和大致趋势科学合理。

2. 控制线传导,加强底线约束

控制线传导就是执行上位规划中所设定的各种底线要求,用刚性控制线准确地表示和传导区域、分布和边界的一种方法。它在土地整理中应用广泛,能有效解决项目落地难问题,实现土地利用总体规划与基本农田划定及耕地占补平衡制度的衔接;可以减少审批环节,降低用地成本和风险;可作为国土空间用途管制的手段之一。控制线传导方法简单实用,便于推广,效果明显。控制线通过"一张图"的形式将各部门联系起来,形成一个统一协调的监督实施系统,实现了从上至下的上下级沟通与反馈,为各级规划和项目提供依据,确保了下位规划的安全底线和开发保护格局的有效落实。

市级指南将控制线传导分为资源环境约束、公共空间引导和基础设施预控三部分。资源环境约束方面主要包括上位规划提出的各项指标要求和生态保护红线、永久基本农田保护线、城镇开发边界"三条控制线"及历史文化保护线和矿产资源底线;公共空间引导方面主要包括市域结构性绿地、城乡绿道、市级公园、中心城市绿线蓝线等内容;基础设施预控方面则包括洪涝风险控制线、市域基础设施用地控制线及中心城区重要基础设施黄线等。基础设施预控内容包括道路网络优化与提升工程、交通体系完善工程、防洪排涝设施建设、水安全保障及应急预案编制等。市级指南根据分级事权和刚性程度差异,采用差异化划定控制线。以"三条控制线"为例,生态保护红线和永久基本农田保护线在市级总体规划中整体确定其大小、分布和界限,下位规划需要严格执行;城镇发展边界在市级总体规划中划为市辖区城镇发展界限,整体提出县级人民政府所在乡镇及各类开发区城镇发展界限引导方案,县级总体规划根据引导方案划分出县级以下城镇发展界限,既要保证城镇发展界限在市级水平上具有"刚性",又要保证城镇发展的"弹性";城镇发展引导方案既要体现城镇发展的传导能力,又要体现城镇发展界限的弹性。

3. 指标传导与监督评估相结合

指标传导就是贯彻上位规划所规定的量化要求,通过总量、人均、地均和目标的量化形式,在同级规划中加以明确,并将其配置到下级规划中去的一种传导。指标传导主要包括经济增长型指标传导、人口控制型指标传导以及资源环境约束型指标传导等 3 种类型。其中,经济指标是最直接且应用最为广泛的传导载体。指标传导一般分为 2 个阶段。第一阶段为前期准备;第二阶段为执行实施,反馈调整,完成效果及评价。指标传导应遵循的基本原则包括:合理界定各级规划编制范围,科学设置各级规划编制数量及规模,合理设定各级规划编制内容,合理划定各级规划编制时间点,合理设置各级规划编制强度,合理设置各级规划实施力度,严格把握各级规划实施效果,合理设置各级指标传导的"上下限",加强对各级规划分解落实情况的监督检查,确保省级规划顺利落地。指标传导的预期性较强,但由于其本身具有很强的调配性,因此其传导方式也较为复杂,既要体现在与各级专项规划的衔接上,又要体现在与下位规划和上位规划的衔接上,还要体现在与其他规划之间的衔接上,同时还需要考虑到目标的约束性和预期性。

编制市级指南中的各项指标传导,包括资源环境约束、空间结构优化、公共空间提升及综合防灾保障。其中,资源环境约束主要依据上位规划要求,以资源环境容量为基础,提出传导耕地、永久基本农田、林地、建设用地、水资源及能源资源消耗总量等控制指标;空间结构优化则是通过调整开发保护格局和发展策略,优化市域用途结构和中心城区用地结构;公共空间提升主要依据中心城区"以人为本"的规划理念,确定公共服务设施用地总量、居住用地面积、绿地及开敞空间总量、覆盖率等指标;综合防灾保障的主要内容是根据自然灾害的状况,制定防灾减灾目标及设防标准、各项重大防灾设施的建设标准。

4. 名录传导利于实施操作

名录传导就是在上位规划实施过程中,有针对性地提出需求,并将名称、区域、分布和责任主体用名录形式进行细化和清晰表述的一种传导方法。名录传导在规划编制过程中需要与下位规划和专项规划紧密结合起来,才能发挥其应有的传导作用。

市级指南中增加资源环境约束、城乡风貌塑造及实施机制三个方面的内容。生态文明建设中需分层次开展国家级自然保护区及湿地公园名录申报工作;乡村振兴战略中应完善农村人居环境整治类项目的遴选方法与标准。资源环境约束中需要做好上位规划与本地实际相结合,根据自身资源情况合理划定自然保护地和无居民海岛名录;城乡风貌塑造方面,应合理利用现有的历史文化资源,保护好市域历史文化遗产;在实施机制上需要明确两个清单,即专项规划编制清单和重点建设项目清单。

5. 政策传导落实的具体需求

政策传导就是贯彻上位规划中所制定的准则、原则、措施和其他各种要求,便于执行的各种文件、细则和标准以明确和传递的一种途径。政策传导机制由三个要素构成:主体(政府)、客体(企业)、媒介(媒体)。其中主体即各级政府,客体则指企业和媒体,而媒介是载体。三者缺一不可,相辅相成,相互补充,共同发展。政策传导具有较强的指导性和严格的管控要求,不同类型的政策需要采用不同的传导方式构建相应的传导体系。

根据市级指南内容,从政策传导方式、规划编制、管控措施、空间结构、功能布局、风貌塑造、设施配置等方面提出具体建议。政策传导主要体现为对城市总体规划层面相关内容的细化落实、专项规划层面有关要素的协调完善、控制性详细规划层面相关规定的明确贯彻以及综合管理层面有关制度的贯彻落实四个层次。具体可分为目标导向、指标设置、方案实施、结果反馈、评估监督。在管控措施上,建立用途准入标准、正负面清单;在空间结构上,明确建设用地集约使用措施、地类变换措施;在功能布局上,明确公共服务中心系统标准、服务设施以及开敞空间的配置标准以及布局需求,明确中心城区绿地系统分布以及调控需求,明确社区公共设施以及公园绿地均衡性分布需求;在风貌塑造上,明确保护利用需求,明确山水人文格局导向以及调控原则,明确特色景观区域调控需求;在设施配置上,明确重要基础设施分布需求、廊道调控需求以及防灾减灾设施分布需求。

五类传导方式各有侧重,布局传导注重战略性和结构性安排,控制线传导重点突出底线性和约束性元素刚性传递,指标传导重点突出目标性和考核性任务分配,名录传导重点突出专项性和独特性特定内容,政策传导重点突出细致化和全面性特定需求,五类传导方式互相配合,共同构架市级指南系统化传导体系(见图12-1)。

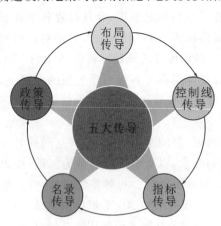

图 12-1 五种传导方式
(资料来源:网络)

12.3 实施时序

国土空间总体规划近期年限与发展规划相一致,规划至2025年。要实施国土空间规划发展保护战略,依据5年规划确定近期城市发展战略,圈定近期更新改造、新建地区及其他重点地区,在此基础上引导编制成片征收、收储、供应和更新5年专项规划,建立发展战略意图空间全链条传导机制,在与国民经济社会发展规划、城乡建设及其他部门5年规划的衔接引导中,结合全域全要素需求,制定包括城市更新、土地整治和生态修复在内的全方位行动计划,形成基础设施和公共服务设施、防洪排涝工程在内的重大工程清单,协同推进以规划为统领的高质量空间发展。

从国土空间规划体系来看,总体规划属于长远规划,其期限大多为15~20年,甚至还包含有较远前景的愿景。而当前我国正在开展新一轮土地利用总体规划修编。如何做好新形势下的土地管理与利用规划?这是摆在各级政府面前的一项重大课题。国土空间总体规划是要勾画出一幅长期的蓝图,而在经济与社会发展的实践进程中,又要经过一个又一个的近期规划,才能在全面制定城市发展目标与战略的前提下,持续实现对城市全部建设的统筹安排。城市规划工作的特点如下。

首先,要反映城市规划对于中心城区建设与开发的导向与调控作用,不仅要从开发需要出发,合理地安排城市功能与布局,而且还要处理好保护与开发的关系,对于各种资源与环境进行有效的保护与空间管制,并通过强制性的条款予以明确规定。

其次,要处理好提高中心城区发展效率、维护公共利益、改善民生、完善公共服务以及优化基础设施配置等与城市规划的公共属性之间的关系。

再次,从前瞻性和操作性出发,从长远角度对中心城区进行规划实施,并从控制角度加强规划管理,确保规划落实。

城市建设作为一项长期、复杂的工作,必须循序渐进、分期分批地进行,才能最终达到规划所要达到的目的。它需分阶段进行,根据前期目标建设情况及其他各种因素来决定下一阶段的发展方向及目标、战略等,具体地说,通常可以划分为近、中、远、未来4个发展战略。必须以城市规划为研究对象,对其进行全面分析与探讨,这样才能使各阶段相互关联、相互促进,有助于实现城市总体规划目标、推动城市可持续发展。

12.4 案例解析——"上海2035"规划传导机制和实施框架体系

2017年12月15日,国务院批复《上海市城市总体规划(2017—2035年)》(以下简称"上海2035"),要求"上海市人民政府要坚持一张蓝图干到底,以钉钉子精神抓好规划的组织实施"。"上海2035"批复后,上海市规划和自然资源局组织相关研究单位,以《中共上海市委、上海市人民政府关于建立上海国土空间规划体系并监督实施的意见》为统领,重点围绕构建规划实施框架体系和传导机制,开展总体规划实施相关制度的研究工作,并得到了国土空间规划主管部委的充分认可。(见图12-2)

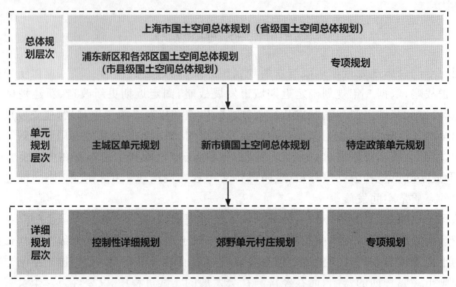

图12-2 上海市国土空间总体规划编制审批体系

（资料来源：作者自绘）

1. 突出全面综合，系统完整建构规划实施框架体系

建立由空间维度、时间维度、政策维度三个维度构成的规划实施框架体系。

1）空间维度

在总体规划层次上强调战略引领，这是一个凝聚社会共识，引领城市、区县及专业系统今后20年甚至更长时期发展战略蓝图的发展纲领。

单元规划层次起到承上启下的关键作用，它对各类用地布局优化配置、合理利用公共资源、保护生态空间、完善公益性设施、提升文化风貌等方面进行了重点部署，为项目建设提供了科学有效的空间引导与落地管控的管理平台。

详细规划层次明确实施导向，为建设项目阶段规划土地审批管理提供法定依据。它以"一张图"为基础，将项目建设过程中涉及的各类用地信息进行整合和集成，建立基于GIS平台的专项规划编制成果动态监管与更新机制，提升规划审查效率和质量。在此基础上提出了技术框架、系统架构、功能结构、模块设计、方法步骤、关键技术、保障措施等。

2）时间维度

增加"国土空间近期规划"和"年度实施计划"，在时序上分解落实"上海2035"的规划目标、指标和任务，并有序衔接国民经济和社会发展规划及市委、市政府年度重点工作。构建"上海2035"实时监测、实时评估、动态维护机制，确保各环节统筹衔接、互动支撑，实现全过程、常态化、制度化管理。

3）政策维度

针对国土空间保护、土地高质量利用、区域规划协同等多个重点领域，研究制定"四梁八柱"政策法规性文件，以空间政策协同保障"上海2035"实施。

2. 加强技术创新,确保规划实施的有效传导

1)合理确定管控要素

落实"上海2035""底线约束、内涵发展、弹性适应"的发展理念,强化"目标(指标)—策略—机制"的逻辑框架。突出指标体系管控,实现纵向上的逐层分解和时间维度上的全过程传导。突出四条控制线,将生态保护红线、永久基本农田、城市开发边界和文化保护控制线等四条控制线作为空间资源配置和管控的核心要素,实现空间治理。突出城市设计,将城市设计理念和方法贯穿规划编制和管理全过程,提升空间品质。

2)明确空间维度各层次规划逐层传导机制

(1)成果框架加强衔接。各层次规划的成果框架均突出了承上启下的特点,既承接上层次规划的主要内容,也明确对下层次规划的指引内容,相当于下层次规划的规划编制任务书,指导下层次规划的编制工作。(见图12-3)

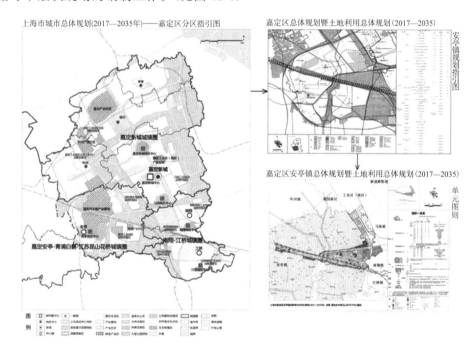

图12-3 不同规划层次的成果衔接

(资料来源:网络)

(2)成果深度逐层细化明晰,用地表达区分不同规划层次。总体规划层次,借鉴主体功能区规划,以功能引导区表达。单元规划层次,对于居住、商办、工业等经营性用地,以功能引导区表达,为下层次规划预留弹性,对底线型、公益性设施则直接落实到地块图斑。详细规划层次,面向开发建设,以地块图斑表达。(见图12-4)

同一层次的规划也根据实际情况进行分类引导。如为落实"双增双减",主城区单元规划对所有公益性设施均落实至控规图则深度,镇总规更强调对近期建设项目的指导,重点对近期实施的公益性设施深化至控规图则深度。

(3)构建空间管控体系。将四条控制线、指标体系、城市设计等要求结合空间规划体系

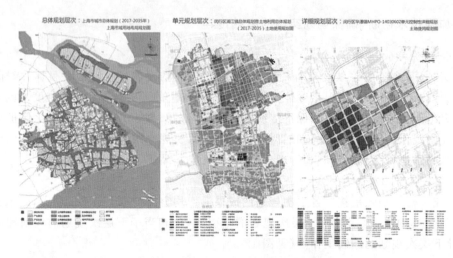

图 12-4 不同规划层次的用地表达深度

(资料来源:网络)

逐层落实,统筹各类要素资源空间配置,兼顾刚性和弹性。

(4)建立时间维度闭合动态的传导机制。结合已开展的近期规划和年度监测工作,探索在时间维度上的具体落实。两项工作均围绕"上海2035"确定的目标和指标展开。年度监测重点围绕97项规划实施监测指标开展评价,近期规划将全市总规明确的目标、指标和策略自2035年进行回溯,分解落实到2020年、2025年,并构建"目标—战略—行动"的内容框架。

两项工作相互支撑,形成"近期规划—年度监测和定期评估—新一轮近期规划"的动态机制。监测和评估过程如发现问题,可及时通过编制专项近期规划进行调整。

3. 近期建设规划的定位、基本任务、编制原则、期限和内容等

1)近期建设规划的定位和基本任务

(1)近期建设规划的定位。我国目前正处于社会主义现代化建设的关键时期,要实现经济振兴、社会进步,必须坚持"抓住机遇、深化改革、扩大开放"的方针。而在这一过程中,城市规划起着至关重要的作用。城市总体规划确定了城市各类建设项目的布局和规模,并在此基础上编制了城市的远期规划,它是整个城市发展的大轮廓、大控制要素之一。

而近期建设规划则是根据城市总体规划制定的目标和任务,结合本地区经济、社会等条件,对近期城市总体规划进行调整和完善,使之与总体规划协调配合,形成阶段性规划。当前我国正处于经济体制改革和经济增长方式转变时期,随着各项改革措施的逐步深入发展,各种利益关系将更加复杂多样。这些变化给城市规划管理带来了许多新情况、新问题。因此,近期建设规划就是对城市近期全部建设进行战略部署,是城市总体规划所指导的近期实施计划,规划时间短,从而对建设项目具有更精确的预见能力,并能进行更精细的综合规划设计来指导城市的近期建设。

(2)近期建设规划的基本任务。

①明确近期内实施城市总体规划的发展重点和建设时序。

②确定城市近期发展方向、规模和空间布局、自然遗产与历史文化遗产保护措施。

③提出城市重要基础设施和公共设施、城市生态环境建设安排的意见。

2)近期建设规划的编制原则

(1)正确处理近期建设和长期发展、经济发展和资源环境条件之间的关系,重视生态环境和历史文化遗产保护,贯彻可持续发展战略。

(2)制定和实施与城市国民经济和社会发展相适应的各项规划和政策,保证各项社会事业健康协调地发展,确保各项社会事业任务完成,保证财力的合理使用,促进市场经济发展。

(3)有利于维护广大人民群众的合法权益,促进公共利益的实现,提高城市综合服务功能和改善人居环境。

(4)严格按照城市总体规划进行编制,不违反总体规划强制性内容。

3)近期建设规划的期限

近期建设规划的期限一般为五年,原则上与国民经济和社会发展计划的年限一致。城市人民政府依据近期建设规划,可以制定年度的规划实施方案,并组织实施。

4)近期建设规划的内容

近期建设规划编制的核心内容主要包括以下几个方面。

(1)制定建设近期目标。依据城市总体规划、社会经济发展计划和国家城市发展的方针政策,合理制定城市建设的近期目标。近期目标是政府工作的行动纲领,同时也是评价近期规划实施情况最直接的依据。

(2)预测近期发展规模。提出近期内城市人口及建设用地发展规模。

(3)调整和优化用地结构。调整和优化用地结构,确定城市建设用地的发展方向、空间布局和功能分区。

①提出近期内城市和功能分区用地结构的调整重点,将城市用地结构调整与经济结构调整升级结合起来,合理安排各类城市建设用地。

②综合部署近期建设规划确定的各类项目用地,重点安排城市基础设施、公共服务设施、经济适用房、危旧房改造等公益性用地。

(4)确定近期建设重点及建设时序。依据城市建设近期目标,进一步确定近期城市建设重点及建设时序。对建设开发时序的调控主要是经过对土地资源、基础设施及服务条件的充分分析,结合本地区的经济发展预测,在总体规划的框架内划定各阶段城市开发建设的范围。

(5)提出重要设施的建设安排。根据城市建设近期目标,确定近期建设的重要市政基础设施和公共服务设施项目选址、规模等主要内容,同时提出投资估算与实施时序。

①确定近期内将要形成的对外交通系统布局以及将开工建设的车站、港口、机场等主要交通设施的规模和位置。

②确定近期内将要形成的城市道路交通综合网络以及将开工建设的城市主、次干道的走向、断面,主要交叉口形式,主要广场、停车场的位置和容量。

③综合协调并确定近期城市供水、排水、防洪、供电、通信、消防等设施的发展目标和总体布局,确定将开工建设的重要设施的位置和用地范围。

④确定近期将要建设的公益性文化、教育、体育等公共服务设施等。制定近期建设项目的投资计划和投资估算。近期建设规划应与城市经济能力、财力等实际情况相结合,合理制定建设规模、速度及总投入,重点、及时解决关系广大市民生产生活的热点问题,努力提高城

市建设投资的社会效益。

5) 确定近期规划目标

通过对规划执行情况的评价,充分认识和理解当前形势,并结合规划总体目标,把比较抽象的规划目标变成指导各种资源的保护和利用、指导各种工程的布局以及指导建设时序等具体政策,并由此制定出近期规划目标。中期规划是未来5年或更长时期内城市土地利用总体规划的重要组成部分,也是最有可能实现土地集约利用与生态环境保护协调统一的阶段。近期规划目标应符合国民经济和社会发展五年计划,并在国土空间总体布局中协调其他部门近期计划及其他有关内容。

6) 建立年度实施计划

制定国土空间规划执行年度计划,配合土地利用年度计划和国民经济和社会发展规划以及城乡建设年度计划和年度重点项目,对相关工程进行空间同步实施,形成"一图分头执行"合力,扎实推进国土空间规划执行管理工作。

7) 制定规划实施政策

为了确保近期规划执行的有效性,必须围绕其目标与任务,制定相关政策体系与动态管理机制。从目前情况来看,我国在城市规划管理方面仍存在诸多问题,这些问题的解决对于推进城市可持续发展具有重要意义。为此,应通过完善法律法规建设来实现对其的有效监管,加强顶层设计,如刚性管控指标监控、考核及反馈机制,各部门均衡协调机制,加强规划执行监督机制。

8) 土地利用与城乡建设年度计划

近期规划是近期土地出让和开发建设的重要依据,土地储备、分年度计划的空间落实、各类近期建设项目的布局和建设时序,都必须符合近期规划。近期规划的重点内容之一,就是确定土地利用年度计划与城乡建设年度计划。

土地利用年度计划根据国民经济和社会发展规划、国家产业政策、国土空间总体规划,以及建设用地和土地利用的实际情况来编制,一般以1年为期,属于近期规划的具体化。土地利用年度计划是对近期规划所确定的年度实施计划做出的具体安排,一般包括新增建设用地量、土地整治补充耕地量、耕地保有量等的部署,其中新增建设用地包括建设占用农用地和未利用地。此外,城乡建设用地增减挂钩和工矿废弃地复垦利用,一般也纳入土地利用年度计划管理。

城乡建设年度计划是根据国土空间总体规划、国民经济和社会发展规划,以及城乡的资源条件、现状问题、发展条件等,明确城乡空间建设用地的年度重点与重要项目安排。重点安排公益性用地(包括城乡基础设施、公共服务设施用地,保障房、危旧房改造用地等),编排重要的公共设施与项目建设计划,并据此制定城乡建设用地年度计划。

课后习题

1. 国土空间规划实施的内涵是什么?
2. 规划实施传导的五种方式是什么?
3. 城市规划工作的特点是什么?

参 考 文 献

[1] 程茂吉,陶修华.市县国土空间总体规划[M].南京:东南大学出版社,2022.
[2] 黄焕春,王世臻.国土空间规划原理[M].南京:东南大学出版社,2021.
[3] 张京祥,黄贤金.国土空间规划原理[M].南京:东南大学出版社,2021.
[4] 市级国土空间总体规划编制指南(试行)[S].2020.
[5] 彭震伟,张尚武,等.城市总体规划[M].北京:中国建筑工业出版社,2019.
[6] 刘冬.城市总体规划设计实践指导书[M].北京:北京理工大学出版社,2018.
[7] 全国城市规划执业制度管理委员会.城市规划原理[M].北京:中国计划出版社,2002.
[8] 赵晶夫.城市规划管理工作的创新与实践[M].南京:南京出版社,2020.
[9] 翟国方,等.城市公共安全规划[M].北京:中国建筑工业出版社,2016.
[10] 王景慧,阮仪三,王林.历史文化名城保护理论与规划[M].上海:同济大学出版社,1999.
[11] 贾宁,薛杨,张捷,等.县级国家历史文化名城文物保护评估报告[J].中国文化遗产,2019(3):19-32.
[12] 安国辉,等.土地利用规划[M].北京:科学出版社,2016.
[13] 安国辉,张二东,安蕴梅.村庄规划与管理[M].北京:中国农业出版社,2009.
[14] 黄建中,王新哲.城市道路交通设施规划手册[M].北京:中国建筑工业出版社,2011.
[15] 王勇.城市总体规划设计课程指导[M].南京:东南大学出版社,2011.
[16] 中国城市规划设计研究院.中国城市规划设计研究院六十周年成果集|规划设计·工程设计[M].北京:中国建筑工业出版社,2014.
[17] 吴志强,李德华.城市规划原理[M].4版.北京:中国建筑工业出版社,2010.
[18] 胡莉华,王珺.城市规划常用资料速查[M].2版.北京:化学工业出版社,2016.
[19] 汤铭潭.小城镇基础设施统筹与专项规划[M].2版.北京:中国建筑工业出版社,2013.